U0161086

未来发酵食品：内涵、路径及策略

夏小乐　陈　坚等　编著

科学出版社

北京

内 容 简 介

本书针对传统发酵食品这一我国重要的民生产业，系统介绍了白酒、黄酒、酱油以及食醋等传统发酵食品的产业格局、区域发展差异和产业升级所面临的问题；按照《中国制造 2025》战略方针，对我国未来发酵食品产业的核心内涵、技术和产业驱动要素进行了系统分析；从"绿色"和"智能"两个方面，系统介绍了智能微生物体系、食品感知、精准营养风味等食品交叉新技术，探究了智能制造工业 4.0、物联网、大数据分析等智能制造新技术在传统发酵食品产业升级中的应用，并阐述了未来发酵食品产业转型升级的政策保障。本书共分为七章，通过系统调研分析，以翔实确凿的数据、条理清晰的图表、深入浅出的表述，全面阐述了我国传统发酵食品产业的未来发展道路。

本书可为传统发酵食品领域的研究人员、企业家、管理人员和关心支持传统发酵产业发展的各界人士提供参考。

图书在版编目 (CIP) 数据

未来发酵食品：内涵、路径及策略/夏小乐等编著. —北京：科学出版社，2022.4

ISBN 978-7-03-071802-0

Ⅰ. ①未… Ⅱ.①夏… Ⅲ. ①发酵食品–研究 Ⅳ.①TS26

中国版本图书馆 CIP 数据核字（2022）第 042265 号

责任编辑：李秀伟 / 责任校对：张亚丹
责任印制：吴兆东 / 封面设计：刘新新

科 学 出 版 社 出版
北京东黄城根北街 16 号
邮政编码：100717
http://www.sciencep.com

北京中科印刷有限公司 印刷
科学出版社发行　　各地新华书店经销

*

2022 年 4 月第 一 版　　开本：720×1000 1/16
2022 年 7 月第二次印刷　　印张：19 3/4
字数：398 000
定价：198.00 元
(如有印装质量问题, 我社负责调换)

前　言

　　为了应对粮食安全、公共健康和生态环保等重要的民生问题，未来食品生产制造必须更高效、安全、健康、可持续，同时也应当满足人民群众的营养、安全、文化精神需求。开门七件事，"柴米油盐酱醋茶"，传统发酵食品产业因其工艺传统、风味独特、富有民族特色得到人民群众的广泛喜爱并获得持续稳定发展，是非常重要的民生产业，且日益成为我国食品领域的一张文化名片。2019 年我国传统发酵食品行业总产值超过 1.5 万亿元，约占食品工业的 11%，约占总 GDP 的 1.5%。传统发酵食品行业主要包括白酒、黄酒等酒类制造行业及酱油、料酒、食醋、酱类等调味品制造行业，涌现出了一批如茅台、海天、恒顺等国内外知名品牌。当前，我国传统发酵食品产业主要采用传统多菌种混合固态开放式发酵，半机械化操作，存在生产效率低且能耗高、产品形象陈旧、品质不稳定、食品安全风险较高等问题。随着国内外大环境的变化，生产方式、消费模式等产生了巨大的变化，尤其是合成生物学、大数据、人工智能与绿色制造等新技术不断涌现。"未来已来"，传统发酵食品行业如何拥抱变化、拥抱未来是全行业乃至全国人民都十分关心的问题。

　　为全面贯彻《中国制造 2025》战略方针，满足新时期新的业态和人民群众的新需求，努力提升发展层次，推动与智能制造、绿色制造深度融合，推动产业间绿色循环链接，对进一步促进传统发酵食品这一极具特色的民族产业，尤其是促进经济尚欠发达地区中小食品企业可持续健康发展具有极为重要的意义。我国传统发酵食品产业目前正逐步向智能制造、绿色制造、新生活消费方式转型，但是在产业转型升级过程中存在诸多问题，如①核心关键技术不清晰，研发创新投入不足；②产业整体能耗高，绿色制造体系不完善；③智能制造升级困难，产业链整体较为薄弱；④产业离散度高，企业盈利能力不足；⑤诸如电商、餐饮结构与消费方式变化会带来产业发展的不确定；⑥新的生产方式和现有经济与社会管理制度不匹配。这些问题均制约着产业进一步快速发展。

　　未来发酵食品行业如何更智能、健康、绿色，转型升级路径是什么，核心关键技术应当如何突破？本书针对上述关键问题，基于中国工程院战略研究与咨询项目、国家重点研发计划项目、国家自然科学基金重点项目等的研究成果，力图在分析我国传统发酵食品现状的基础上，从智能制造、绿色制造、核心关键技术及政策保障 4 个方面阐述未来发酵食品产业的全貌，不仅涵盖了未来食品发酵科学技术领域，还针对文化需求、市场新业态等做了阐述。本书分为 7 章，其中第 1 至第 3 章阐述了传统发酵食品产业的现状、内涵与未来发展趋势，第 4 章主要介绍了未来发酵食品产业的智能制造升级，第 5 章阐述了传统发酵食品产业的绿色制造升级，第 6 章介绍了未来发酵食品产业的核心关键新技术，第 7 章就未来发酵食品产业转型升级的政策保障措施进行了阐述。

　　本书是多位教师与研究生合作的成果，陈坚院士负责全书整体框架设计与文稿审定，高玲、夏小乐撰写了第 1 章，曾伟主、吴剑荣及夏小乐撰写了第 2 章，吴剑荣、夏小乐撰写了第 3 章，陈洁撰写了第 4 章，陆震鸣撰写了第 5 章，王颖好、夏小乐撰写了第 6 章，朱晋伟撰写了第 7 章，龙梦飞参与了全书校对工作，还有多名研究生参与了资料搜集、图片与格式整理等工作，本书的完成离不开作者所在江南大学及其生物工程学院各位前辈、同事的指导与帮助，在此一并表示衷心感谢。

　　由于科技与社会日新月异，尤其是未来发展趋势难以判断，鉴于作者知识水平有限，相关积累不多，本书难免存在一些不足之处，敬请各位读者予以指正、批评。

编著者

二零二二年一月

目　　录

第1章　绪　　论

高　玲　夏小乐

　　全球数十年相对平稳发展之后，新冠肺炎疫情让食品生产和供给问题暴露在公众眼前。新冠肺炎疫情只是全球食品系统面临的挑战之一，人口增长、气候变化、自然资源退化、饥饿和营养不良等因素，都影响着未来食品生产和供给。此外，食品的安全与营养也影响着人们的健康。营养缺乏与营养过剩作为两个极端同时存在于人类饮食之中，缺铁性贫血、佝偻病等营养缺陷性疾病和糖尿病、肥胖等过营养性疾病均为我国目前较为普遍存在的食源性疾病。随着工业的发展与环境的污染，食品安全问题日益突出，抗生素的滥用、加工方式的多元化、农药化肥的残留等，使人们不得不重新重视食品的安全问题。因此，食品成为人类未来生产方法和生活方式改变的代表性物质。未来食品通过解决全球食物供给和质量、食品安全和营养等问题，满足人民对美好生活的追求，其标签应该是"更安全、更营养、更方便、更美味、更持续"[1]。

　　发酵食品作为食品的重要组成部分，具有悠久的发展历史，是人们利用有益微生物经过一段时间的发酵加工而制得的一种风味独特的食品[2]，如酸奶、奶酪、食醋、酱油、豆豉、腐乳、纳豆、泡菜、米酒、啤酒、葡萄酒等。食品发酵不仅可以通过微生物作用实现低价值食品原料的再利用，提高原产品的经济价值，延长食品的保质期，还能丰富食品的口感层次，提升食品的营养和保健价值[3]。例如，原始乳制品由于乳糖含量高、口感适应范围窄、易变质、保存期短等特点限制了乳制品的普及。经过微生物发酵后，乳制品实现了易于吸收、口感较佳、便于保存和营养均衡的转变，使其可食用性和营养性大幅度提升；并且发酵乳制品中富含益生菌，能抑制有害菌繁殖，延长乳制品保质期，同时还具有调节人体肠道功能和提升人体免疫力的健康功效[4]。此外，人们烹饪中经常用到的酱油、醋等调味品都是通过微生物发酵制成的发酵食品，能够在满足人们味觉需求的同时，最大限度地保留原材料中的有益成分[5]，如生产酱油的大豆中含有黄酮，酿造醋的原料大米中包含膳食纤维等。而腐乳、豆豉、黄酱等调味品则通过微生物发酵使食物的口感变得丰富，且兼具助消化、抗氧化、抗血栓等功能，实现美味与营养价值的统一[6]。酒是产值最大的发酵食品，它也是通过对粮食进行微生物发酵生产出的兼具食用和精神价值的发酵饮品[7]。酒不仅具有活血化瘀、安神镇定的作用，适量地饮酒还可以使人保持心理上的愉悦感，从而促进心理健康[8]。另外，伴随着现代微生物培养技术更为成熟，发酵食品的生产不再受地域、气候等自然环境的限制，并且具有产量高、生产周期短、成本低和安全性高等特点，易于实现高效、绿色的工业生产。

因此，在人们注重饮食健康的当今和将来，发酵食品作为动植物源食品的优良代替品和营养补充剂，不仅可以缓解未来贫困地区人们对食物供给的需求，还能满足人们对未来食品营养、风味的需求及发挥预防胃肠疾病、糖尿病和肥胖等慢性疾病的保健功效[9]；是未来食品供给、食品营养健康、绿色可持续发展的重要方向。

1.1 未 来 食 品

民以食为天，食品是维持人类生存和发展的基石。食品工业是人类的生命工业，也是永恒不衰的工业，食品工业现代化和饮食水平是反映人民生活质量及国家文明程度的重要标志。随着全球经济发展和科学技术进步，世界食品工业取得长足发展，截至 2019 年全球加工食品市场规模达到 502 亿元。改革开放以来，我国食品工业快速发展，已经成为我国现代工业体系中首位产业和全球第一大食品产业，2018 年我国食品行业总产值高达 11.4 万亿元，充分体现了我国国民经济发展和人民生活水平的提升[10]。一方面，人们更加注重个人健康，越来越多的消费者认识到健康生活方式对于营养健康的重要性。2018 年全球在健康食品产业的消费高达 74 681 亿美元，其中高收入国家和地区（如北美和欧盟）在健康食品产业支出最高，占全球市场总量的 55%。发酵食品作为人类智慧的结晶，是人类饮食结构的重要组成部分，因其独特风味和丰富营养及健康功能而受到了人们的喜爱，需求量与产量以每年 20% 的速度不断增长。另一方面，人们对可持续食品的认同逐步增强，他们不仅关心环保和社会可接受的食品生产方法，也关注绿色包装和制造商对可持续发展的承诺[11]。当前，人们对绿色食品的认知度已超过 80%，其中植物性食品和替代蛋白质食品（如纯素食、素食和弹性素食）都是消费者热衷尝试的营养绿色类型[12]。创新和数字技术的应用正在不断扩大，个性化的食品生产成为现实，可以针对性地满足自身的营养需求，给消费者带来丰富多样的新产品。总之，随着经济的发展和社会整体福利水平的提高，全球食品消费正朝着健康、可持续和数字化的方向发展[13]，人们对食品的需求已经从基本的"保障供给"向"营养与健康"转变（图 1-1），消费选择也从数量型向质量型转变，传统型向新颖型转变。

但是，随着全球人口的增长，食品工业发展对化石能源等不可再生资源的大力开采，以及食品加工造成的资源浪费、环境污染和温室效应等全球性问题[14]，给未来食品的安全、营养和可持续供给等方面都带来了巨大挑战（图 1-2）。主要

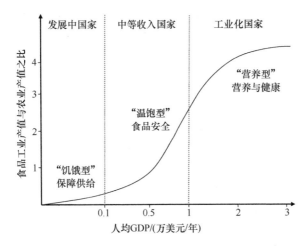

图 1-1　食品工业随社会发展（人均 GDP）的变化趋势

图 1-2　未来食品面临的挑战

表现在：①人口增长与粮食供应不足。到 2050 年全球大约会有 20 亿新增人口，大约有 8.2 亿人长期营养不良，全球食品必须增长约 60%，粮食产量增加 50%，全球蛋白质增量达到 30%~50%，才能满足地球上近 100 亿人的需求。②资源损耗与浪费。食品生产需要全球 40%的耕地，但全球 25%的农田已经退化，而且每年有 13 亿 t 的食物被浪费。③生态效应与气候变化。食品生产产生的温室气体约占人类产生的温室气体的 30%；世界上 70%以上的饥饿人口生活在气候变化最为严重的地区，给食品的供给带来严峻挑战。④公共健康。由于各地经济发展不平衡，既有营养素供给量不足而导致各种营养缺乏病，如缺铁性贫血、佝偻病及维生素A、维生素 B_2 缺乏等疾病；同时又存在因营养过剩与失衡而导致的"富贵病"，如代谢综合征和过度肥胖等疾病[15]。世界卫生组织统计显示，2019 年全球有超过20 亿人缺乏必需的微量营养素，超过 20 亿人超重或肥胖，超过 1.44 亿儿童发育不良，因现代饮食方式产生的慢性疾病而造成年死亡人数增加了 500 万。

因此，为了解决未来食品供给、营养安全和可持续生产等问题，未来食品技术应该是食品合成生物学、人工智能、增材制造、医疗健康、感知科学等技术的完美交叉与融合[1]。它通过对食品微生物基因组设计与组装创建人工细胞和多细胞人工合成系统，将可再生原料转化为重要食品组分、功能性食品添加剂和营养化学品，建立脱离石油化学工业路线的新模式；利用智能化高通量筛选与智能化装备实现食品加工过程自动监测与控制；同时结合食品感知科学、智能控制技术、个性化营养和 3D 打印技术构建新食品安全和营养的智能监管系统，大幅度提升传统发酵食品生产率，满足质量稳定性的需求，减少温室气体的排放及能源与资源消耗，并且提升食品生产与制造的可控性，有效避免潜在的食品安全风险和健康风险；最终实现人类对未来食品的美好追求及食品工业的可持续发展[16]。

1.1.1 食品发展现状概括

食品工业是一个最古老又永恒不衰的常青产业，在世界经济中一直占有举足轻重的地位。随着全球经济的发展和科学技术的进步，世界食品工业取得长足发展。随着经济水平的发展和人民生活水平的提高，食品人均购买能力和支出逐年提高，食品市场的需求量实现了快速增长，食品工业生产水平得到快速提高，产业结构不断优化，品种档次也更加丰富。我国食品工业在中央和各级地方政府的高度重视下，在市场需求的快速增长和科技进步的有力推动下，已发展成为门类比较齐全，既能满足国内市场需求，又具有一定出口竞争能力的产业，并实现了持续、快速、健康发展的良好态势[17]。当前，我国食品产业产值位居全球第一，是国民经济的支柱产业。中国食品行业总产值由 2013 年的 9.2 万亿元增至 2019 年的 12.1 万亿元，占全国 GDP 的 9%，对全国工业增长贡献率达 12%，拉动全国工业产值增长 0.8 个百分点。开门七件事，"柴米油盐酱醋茶"，传统发酵食品与人民群众生活息息相关。以发酵食品为例，2019 年传统发酵食品总产值超过 1.5 万亿元，约占食品工业的 11%，白酒销售更是超过 6000 亿元，纯利润超 1000 亿元，逐渐成为我国轻工食品领域的一张文化名片，广受国际社会关注（图 1-3）。

在科学技术高速发展的时代，人们对食品的要求不断提高，人们不再以解决温饱为主要目标，而是以营养健康、安全、智能、绿色和舒适可口为主要追求[18-20]，具体表现如下。

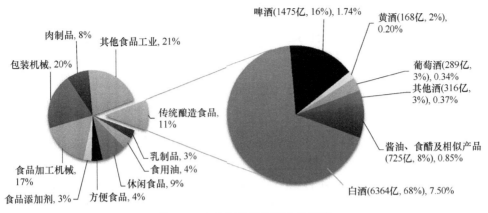

图 1-3 2019 年传统发酵食品产值

1）营养健康化。据世界卫生组织研究和《柳叶刀》报道，膳食是仅次于遗传影响人类健康的第二大因素，约 16% 的疾病负担归因于膳食。食品营养与健康是民众最关心的问题之一，也是促进人类全面发展的必然要求。全球健康食品产业的价值已经达到了 7690 亿美元。我国在中国共产党第十八届中央委员会第五次全体会议中提出了"推进健康中国建设"的重要思想，将国民的营养健康上升到国家战略层面。《"健康中国 2030"规划纲要》《国民营养计划（2017—2030 年）》《健康中国行动（2019—2030 年）》等国家相关规划纲要的相继出台，为我国营养健康食品产业营造了良好的营商环境[21]。我国食品营养健康产业将在 2022 年达到 2000 亿元规模，成为推动经济发展的新引擎。随着现代发酵技术和营养组学对发酵食品抗氧化、降血脂、提高免疫力、防止肠胃疾病等健康营养功能的证实，促进了人们对发酵食品的喜爱和消费升级。以发酵调味品为例，全球每年营业额高达 2400 亿美元，占食品工业总额的 12% 左右。

2）产品安全升级。食品安全是影响国民健康的主要问题之一，受到群众广泛关注[22]。发酵食品中食品安全问题出现相对较早，1983 年我国黄酒中被检测出氨基甲酸乙酯超标，引起了我们对食品安全技术的重视，是我国食品安全检测技术发展的开始。而经过数十年的发展，特别是在 973 计划"食品加工过程安全控制理论与技术的基础研究"等项目支撑下，一大批研究者通过阐明危害物生成途径和转化规律的分子基础，明确了加工食品安全性预警机制与风险等级确定依据，最终形成了食品安全加工全程优化与控制标准。针对我国食品加工过程中存在的食品安全问题，从危害物产生、危害物监测与评估、危害物消除等方面系统深入地探讨了食品加工过程安全控制的相关理论与技术；尤其是食品中广泛存在的危害物，在检测方法、生成机制及控制理论和技术方面都取得了突破性进展，为我国食品加工过程的安全控制从"被动应付型"向"主动保障型"转变提供了重要的科学与技术支撑，标志着我国食品安全技术已经达到较高水平。

食品的安全升级不仅包括食品科技上的巨大成就，也包含食品产业安全的监管方式不断发展[23]。特别是伴随着互联网+时代的来临，食品安全监管进入大数据时代。基于海量的食品安全数据，监管方式正发生智能化变革，食品安全监管由分段监管、人工监管、以罚代管、事后监管、主渠道监管向全产业链监管、循"数"监管、全方位监管、事前事中监管和全面监管转变[24]。通过分析目前食品安全数据的应用现状与发展趋势，构建基于大数据的食品安全风险管控系统，建立跨部门、跨地区、跨层级的数据信息共享机制，实现从农田到餐桌全链条的风险管控及监管资源的配置，提高食品安全监管效率。

3）生产工艺智能化。随着生产方式的转型与科技创新水平的提高，传统的食品加工生产方式也正面临转型升级的需求，以智能为导向的食品加工和质量控制技术成为食品界关注的焦点。国内食品工业从手工走向自动化，一系列自动化生产设备的研发让食品生产的自动化程度日益提升。智能化设备进一步优化了复杂的食品加工流程，提高了加工质量，成为食品行业发展新动力。2015~2018年，国内遴选出的智能制造点示范项目达到307个，项目内生产效率提升平均达到38%，生产线能源利用率平均提升16%，企业运营成本平均降低21%，产品研制周期平均缩短31%，产品不良率平均降低26%。我国传统发酵食品产业也正向智能制造转型升级中，大型酱油企业在发酵、酿造、灌装、仓储等环节基本实现自动化，以及部分生产环节初步实现数字化制造，达到了工业3.0水平，走在了行业的前列。例如，海天味业建有时速达4.8万瓶的全自动智能包装生产线10余条，集结机器人码垛、无压力输送、十万级全封闭洁净灌装、高精度检测设备全程监控、智能立体仓库、智能化的塔式圆盘制曲系统等高科技配置（图1-4），人均年产酱油超过300t；同时应用"无线射频识别及条形码识别技术"，实现了立体仓库的入库业务、出库业务及库存调拨的全过程管理自动化，有效提高供应链和物流的运作效率。

智能化塔式圆盘制曲　　　　　智能化灌装　　　　　智能化包装

图1-4　智能化酿造装备

4）全过程制造绿色化。随着人们环保意识的增强，环境问题已经成为世界各国关注的热点。追求"绿色、生态、环保"日益成为消费的基本取向和选择标准，绿色食品受到了广大消费者的欢迎，市场需求呈现加速增长的态势。在消费需求和品牌影响的拉动下，绿色食品越来越多地进入大型连锁超市、专营店和电商平台，满足日益个性化、多元化的消费需求。截至 2018 年年底，全国绿色食品企业总数13 206 家，绿色产品品种总数突破 3 万个，绿色食品国内销售额已达到 3866 亿元。随着《中国制造 2025》《绿色制造工程实施指南（2016—2020 年）》等政策的出台，进一步推进了我国绿色产品、绿色工厂、绿色园区和绿色供应链的建设。2017～2019 年，工业和信息化部陆续发布了 4 批绿色制造名单，包括绿色工厂 1402 家、绿色设计产品 1097 种、绿色园区 119 家、绿色供应链管理示范企业 90 家。其中，食品领域的绿色工厂有 119 家，占总量的 8.5%。据预测，绿色食品的生产每年减少农药使用约 9.4 万 t，减少农业用水 200 亿 m^3，减少二氧化碳排放 3438 万 t，有力地保障了中国生态安全、缓解了水资源紧缺和全球变暖的趋势。

总之，随着科技和经济社会的发展，未来食品的需求、食品工业科技的创新都正朝着"营养健康、安全、智能制造、绿色制造"的特征不断前进。

1.1.2　未来食品行业发展趋势

人们对未来食品的高需求对全球食品产业提出了新的挑战，也带来了新的机遇。如何应对这些变化，将挑战转化为机会，实现更大的发展，是未来食品行业面对的重大课题。

1. 食品营养健康的突破将成为食品行业发展的新引擎

食品除为机体提供必不可少的能量，满足人们日常所需的基本物质外，还应为机体提供一定的营养，以保障人体的健康。食物营养是身体健康最重要的因素之一，体内各种营养素过多或过少，或不平衡引起机体营养过剩或营养缺乏及营养代谢异常都会引起营养性疾病，如营养失调症、肥胖症、维生素缺乏症等。而在物质高度发达的今天，饮食中营养摄入往往过多或者各种成分摄入比例不合理。因此未来食品的发展趋势并非简单增加食品的营养物质含量，而是提升普通食品的营养价值和保健功能，通过营养组学、蛋白质组学与营养个性化，实现抗氧化、降血脂、提高免疫力、防治肠胃疾病等健康功能。发酵食品是人们利用有益微生物加工制造的一类食品，在发酵过程中，微生物可以产生含量丰富的低聚糖与小分子肽等生物活性物质，同时保留了食品中原有的营养成分，对人体的营养健康具有促进作用（图 1-5）。例如，养乐多中含有丰富的益生菌，其经过强化培养的"干酪乳酸杆菌代田株"能够抵抗胃液、胆汁等的强力杀菌作用，并以活性状态到达人体的肠道内，从而调节肠内生态平衡，改善便秘和腹泻症状，促进新陈代谢，增进身体健康[25]。酒酿（甜米酒）也是一种备受欢迎的固态发酵食品，含有丰富的糖、氨基酸、微量元素及维生素 C、维生素 A、维生素 D、维生素 E、维生素 K 等，对于促进新陈代谢、补血养颜及舒筋活血具有重要作用。此外，食用酒酿对于高血脂及慢性关节炎等慢性疾病也有一定的缓解作用。纳豆作为一种传统的健康发酵食品，含有丰富的皂青素，因而具有改善便秘、降低血脂、降低胆固醇、软化血管、预防高血压和动脉硬化等功能；纳豆中还含有游离的异黄酮类物质及多种对人体有益的酶类，如过氧化物歧化酶、过氧化氢酶、蛋白酶、淀粉酶、脂酶等，它们具有溶栓、抗凝血、降血压、保护神经细胞等生理功效。

图 1-5　发酵食品营养健康功效

2. 食品物性科学的进展将成为食品制造的新源泉

食品物性学是主要研究食品原料、中间产品、半成品及成品的力学、光学、电学和热学等物理性质的一门科学[26]。食品物性科学可以通过了解食品的组织结构和生化变化，实现对食品品质客观评价并改善食品质量。因此，推动食品物性学发展的是食品工业的发展和需要。传统的食品加工，人们往往靠感性经验来把握食品的各种性质。未来食品因其"更持续"的特征，食品的生产必然会走向规模化与产业化，单纯依靠感性经验已无法满足食品行业快速发展的需求。在此背景下，对食品物性科学的研究成为未来食品蓬勃发展的必然之选。乳酸菌在发酵肠中的运用就是食品物性学的应用实例之一。通过在香肠中添加乳酸菌，使其 pH 不断降低，同时亚硝酸盐与硝酸盐的分解速率加快，产生的一氧化氮与肌红蛋白、血红蛋白形成亚硝基肌红蛋白与亚硝基血红蛋白，从而使香肠具有美丽的樱桃红与玫瑰红颜色[27]。红曲霉经发酵可形成优质的天然食用色素——红曲色素，红曲色素由于其可食用、稳定性强及抗菌性与抗氧化性的优点在食品生产中广泛应用；特别是在肉制品、调味品、酒类及面制品中的应用，红曲米、红曲面包、红曲酒等都是利用红曲色素生产的食品。复合调味品是指通过不同呈味成分的物性分析特点，决定不同成分之间的调配比例，从而得到满足不同调味和独特风味需要的调味品。因此，复合调味品也是一类针对性很强的专用型调味料。鱼香肉丝、麻婆豆腐、烤牛肉、红烧猪肉等不同菜肴的风味特点，都可以通过加入专用的复合调味品表现出来，使未来饮食更加方便化。除此之外，通过对大豆等农产品植物进行物性重构的再加工，将其制作成具备与真实动物肉外形、口感、口味相似的"植物肉"，也是食品物性科学发展示例之一，与传统肉食相比，"植物肉"生产过程中的碳排放与能量消耗大大降低，并且其中膳食纤维丰富，脂肪含量较低，因而特别适合素食人群或者肥胖人群食用，缓解饮食方式导致的公共健康问题。

3. 食品危害物的检测与控制将成为安全主动保障的新支撑

根据世界卫生组织的定义，食品安全问题是"食物中有毒、有害物质对人体健康影响的公共卫生问题"。当代社会，以人为本已经成为主要的时代理念，人们越来越重视健康，相应的食品安全也越来越重要。食品安全要求食品对人体健康造成急性或慢性损害的所有危险都不存在，是降低疾病隐患、防范食物中毒的一个跨学科领域。目前，致病微生物和其他有毒、有害因素引起的食物中毒和食源性疾病是我国乃至全球食品安全的主要威胁。因而，对食品中的危害物进行检测与控制愈加重要。近年来，食品安全的检测技术不断更新，新的基因组学技术、数字 PCR、基因芯片与传统检测技术结合[28-30]，可以快速、准确地检测食品中致病菌与危害代谢物。"十二五"期间，我国的食品安全与控制技术取得了较大的成就。食品加工过程危害物的产生与控制机理机制研究从宏观向分子层面转变，从分子水平揭示食品加工过程危害物形成及阻断机制，从而较好地控制了食品加工过程中典型危害物的形成。在生物毒素、食源性致病微生物检测及防控等方面也取得了重要突破[31, 32]，揭示了多个信号途径在主要食品产品中真菌毒素合成的调控作用及其机理，明确了多种典型生物毒素及其主要代谢产物在食品中的吸收、分布和代谢途径。此外，基于差异蛋白质组学、DNA 指纹和 DNA 条形码、特征性多肽识别、同位素分析、光谱法、色谱法等真实性鉴定技术的发展对于打击食品造假贩假具有重要意义。食品危害物非定向筛查和高通量检测共性关键技术的发展为全面、有效地检测食品危害物奠定了基石。

4. 食品感知科学与个性化营养的突破将成为食品发展的新目标

人们最终选择食物，往往是希望从食物中获取愉悦、满足、释放、灵感等享受。因此，食品感知科学是未来食品的重要研究领域[33]。它是基于食品的感官特性和消费者的感觉研究，探究感官交互作用和味觉多元性；解析大脑处理化学和物理刺激过程，从而实现感官模拟、理解感官的个体差异，评估感官/消费者的方法学。例如，酸、甜、苦、咸、鲜5种味道的神经元结构的确定使得食品感知科学在酒产品上头和口干机理的鉴定方面得到了成功应用，该研究成果为找出酒产品中引起上头和口干的物质成分，了解其造成宿醉反应的机制并找到减轻饮后上头、口干的干预措施，提升酒产品饮后舒适度提供了重要指导。另外，营养保健倡导专家委员会（ENAC）创始人兼主任Sandeep Gupta表示，"我们正踏入个性化营养的时代，科学可以决定哪种食物适合我们。它不只有助于体重管理，更重要的是有助于管理我们的整体健康和福祉"。个性化营养是指根据个人基因构成，确定人体对不同食物产生的反应，来定制个性化饮食的概念[34]。随着科技发展，生物数据能以各种方式进行收集。例如，通过可穿戴设备收集基本数据，如身体活动率或身高体重；家庭检测试剂盒能收集DNA、血液中的营养水平、血型，甚至是肠道微生物菌群等数据。目前在个性化营养方面，欧洲和美国处于最前沿位置，亚洲则呈现增长的趋势，日本、韩国和新加坡等国家的活跃度最高。例如，英国基因检测公司DNAFit、加拿大生物科技公司Nutrigenomix和美国食品电商公司Habit等初创企业都在为用户提供基于个人DNA分析的定制化、个性化饮食服务。一旦该领域的研究和技术有所突破，那么人类将从当前食品供应"一刀切"的状态，向真正的个人量身打造的饮食方向转变，且自由控制体重也将可以实现。

5. 食品加工智能化装备的革命将成为食品工业升级的新动能

以物联网、云计算、移动通信、大数据、深度学习等为代表的信息技术/人工智能（artificial intelligence，AI）技术，以绿色能源为代表的新能源技术，以3D打印技术为代表的数字化智能制造等技术系统的出现和发展，推动着新一轮产业革命来临。在当今全球产业革命浪潮的推动下，面向智能制造的转型已经成为中国在全球制造业竞争新格局下，打造中国制造新优势并实现由制造大国向制造强国转变的必选路径。因此，我国推出了中国制造强国发展规划，先后发布了以智能制造为主攻方向的《中国制造2025》和以"两化"（信息化和工业化）深度融合为主线的《关于深化"互联网+先进制造业"发展工业互联网的指导意见》及《新一代人工智能发展规划》等一系列战略国策，以促进我国制造业的转型升级和人工智能发展。酱油是我国整个传统发酵行业中自动化和智能化进展最快的行业。由加加食品集团主导的"发酵食品（酱油）数字化工厂"获批2017年智能制造综合标准化与新模式应用项目并于 2020 年验收通过。该项目建成了集数字化、智能化、柔性化，数据可采集、信息可追溯，管控一体的 20 万 t 酱油生产数字化工厂（图 1-6），引领了行业智能制造、绿色制造发展的经典模式，可以在酱油生产、发酵食品等行业加速推广应用。

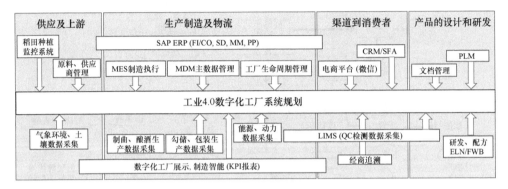

图 1-6　工业 4.0 数字化工厂系统

SAP ERP. 企业资源计划系统；FI. 财务会计；CO. 管理会计；SD. 销售与分销；MM. 物料管理；PP. 生产计划；MES. 骏美生产制造执行系统；MDM. 主数据管理；CRM. 客户关系管理；SFA. 销售自动化；PLM. 产品生命周期管理；KPI. 企业关键绩效指标；LIMS. 实验室信息管理系统；QC. 质量控制小组；ELN. 电子实验记录本；FWB. 利益关系

6. 食品全链条技术的融合将成为食品产业的新模式

全链条技术通常是指完整地参与生产的全过程。食品全链条主要是指食品加工生产出口的全过程：从原料投入、过程运输（如冷链、保鲜）、产品高精加工与质量控制。食品全链条技术的实现，有利于实现食品工业的统一性、规范性与整体性。因此，食品全链条技术，对于控制食品安全、保证食品质量、提升食品的生产效率及减少生产过程中的能源消耗等都具有重要意义。随着食品工业的规模化与产业化，食品企业的规模也在不断扩大，这为食品全链条技术的发展提供了可能与基础。目前，中国计量大学已经建立食品添加剂计量溯源全链条，通过计量关键技术、标准物质、测量方法与成果应用全链条研究了食品添加剂，并得到了广泛应用。

玉米深加工（图 1-7）是食品全链条技术的具体表现[35]，通过酿造原料全值化利用技术，集成应用提取、分离、干燥等各类型过程加工技术，覆盖原料预处理、发酵、糟醅回收利用、后期加工、包装等生产全过程，有效提升生产各环节的资源利用率，减少浪费。在农产品加工领域，中粮屯河股份有限公司作为我国最大的番茄制品供应商，构建了从种植、机械采收、加工、物流、品牌推广、食品销售的完整全链条格局，真正实现了食品从"地头到餐桌"的全方位加工模式，解决了农户种植、企业采收所带来的种子研发落后、优良品种和先进种植技术推广难度大及质量参差不一的问题。对于保证产品质量、减少生产成本及推进绿色制造都具有重要意义。

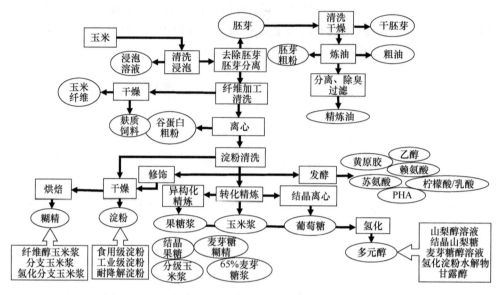

图 1-7　玉米深加工示意图

1.2　未来发酵新技术

随着工业 4.0 时代的到来，未来食品产业正朝着"更安全、更智能、更绿色"的特征发展。如何应对未来食品安全供给、营养健康、绿色等特征所面临的巨大挑战，亟须建立可持续的食品制造新模式替代传统食品获取方式，既能大幅降低食品生产对资源和能源的需求，减少温室气体的排放，又能提升食品生产与制造的可控性，有效避免潜在的食品安全风险和健康风险。在此目标的驱动下，集合合成生物学、智能发酵、质量安全主动防控、过程优化与控制技术及绿色制造技术为一体的未来食品发酵新技术应运而生（图 1-8）。

1.2.1　合成生物学技术

在传统食品制造技术基础上，采用合成生物学技术对食品微生物基因组设计与组装、食品组分合成途径设计与构建等[16, 36]，创建具有食品工业应用能力的人工细胞和多细胞人工合成系统，将可再生原料转化为重要食品组分、功能性食品添加剂和营养化学品，来解决食品原料和生产方式过程中存在的不可持续的问题，促进食品工业向脱离石油化学工业路线的新模式发展，实现更安全、更营养、更健康和可持续的食品生产方式。针对传统发酵食品，在解析传统酿造机理的基础上，提出通过酿造微生物的人工组合与调控，完全可以在现代工艺条件下生产出

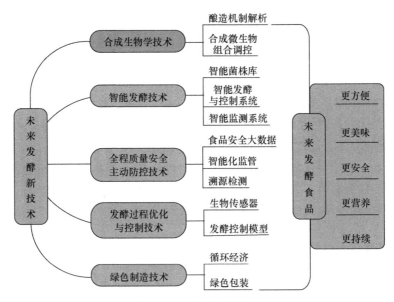

图 1-8　未来发酵新技术

与传统工艺类似的优质发酵产品，如日本龟甲万株式会社采用纯种接力发酵革新了日式酱油的生产，极大地提高了生产效率，品质易控，基本实现了酱油酿造的信息化和智能化。目前发酵食品正在向纯种发酵发展，如欧美等国家和地区已制成用于酸奶和发酵肠的纯种发酵剂，使发酵易于控制，发酵效果好，产品质量高，提高了劳动生产率及竞争力。目前我国的腐乳生产也改变了传统的豆腐毛坯的制造方法，使用优良菌株进行纯种培养，同时应用生物工程技术达到自动化连续生产、稳定产品质量，打破传统腐乳形态、风味，实现质构重组腐乳。

1.2.2　智能发酵技术

　　发酵智能化技术与装备体系及发酵智能化工业新模式是未来发酵工程领域的重要发展趋势。发酵智能化技术与装备体系主要包括高通量筛选技术及装备、基于过程实时监测的发酵过程及装备、基于数据深度学习的智能化控制系统和高效产物分离及"三废"无害化与资源化处理技术及装备。利用智能化高通量筛选与智能化发酵过程及装备将实现发酵过程智能化菌种构建、反应过程智能化实时在线控制及目标产物的高效分离。发酵智能化工业新模式主要包括在信息层面建立核心数据库、在过程层面建立多尺度生物过程自动监测与控制的智能生物反应器，在装备层面建立自动化车间并进行自动化工业规模生产[37]。

　　目前，海天味业的生产线数据采集/管理系统、智能立体仓库、机器人码垛系统和极速灌装系统的建立使得传统发酵食品原料发酵、酿造、灌装、仓储等环节正在或者部分生产环节实现互联网或数字化管理。帝亚吉欧与 Thinfilm 联合推出的"智能酒瓶"，旨在通过使用印有 Thinfilm 公司 OpenSense™ 技术的传感器标签来增强消费者的体验，该技术可以检测每个瓶子的密封状态和打开状态，并能够向用智能手机阅读标签的消费者发送个性化信息。天地壹号苹果醋生产基地采用先进的物联网技术，结合传感器技术和无线通信技术，将发酵控制技术与信息系统相结合，通过计算机程序能够清楚显示果醋发酵系统的工作状态，达到实时准确的检测控制目的。高度自动化的生产线使得员工的主要工作由生产转变为检测，生产工序则由智能系统根据上传到计算机的数据进行复杂的操作来进行。这一系统的应用不仅能够节省大量劳动力，还可以降低手工操作造成的误差，使果醋发酵过程更为稳定，大大提高了果醋的产品质量[38]。

1.2.3 全程质量安全主动防控技术

目前，我们处于信息爆炸的时代，也称为大数据时代。在此时代背景下，基于海量的食品安全数据，监管方式正发生智能化变革[39]。基于科学的食品安全问题定位，食品安全监管由分段监管、人工监管、以罚代管、事后监管、主渠道监管向全产业链监管、循"数"监管、全方位监管、事前事中监管和全面监管转变[24]。基于非靶向筛查、多元危害物快速识别与检测、智能化监管、实时追溯等技术的不断革新，食品安全监管向智能化、检测溯源向组学化、产品质量向国际化方向发展，并通过提升过程控制和检测溯源，构建新食品安全的智能监管体系。例如，基于物联网技术的食品质量溯源系统充分结合数据同步技术、二维码技术等，对食品的生产制造、物流中的数据信息建立相关数据库，实现对食品生产加工、运输物流、销售等重要环节的数据采集分析，为生产商、用户之间的食品安全质量数据信息的传输、共享提供了重要保障，有助于消费者及时准确地了解视频的质量信息，保证消费品的稳定可靠，也大大提升了企业跟踪产品的能力，最终改善自身生产工艺。

1.2.4 发酵过程优化与控制技术

为了满足人们对未来发酵食品美味、健康、持续的要求，除了应当采用先进的发酵生产技术外，对食品发酵过程的优化控制也是不可或缺的。不同于传统技术，如培养环境优化、基于微生物代谢特性的分阶段培养、基于反应动力学的流加发酵、基于辅因子调控的过程优化和基于代谢通量分析的过程优化，新一代的发酵过程优化控制重点关注多参数在线监测、实时分析与联动控制，计算流体力学模拟并结合细胞生理优化，统计分析建模、参数预测与风险评估、代谢流组学分析与过程优化，以实现发酵食品生产过程中全程的质量监测、分析与控制。另外，基于先进材料发展的新一代生物传感器迅猛发展，如活细胞数量检测仪、显微摄像仪、电子嗅传感仪、在线近红外传感仪等，显著增强了发酵过程在线实时监测过程的能力。计算机技术的迅猛发展，大量发酵数据的应用也为发酵过程的优化控制带来了新的机遇，通过统计分析与数据建模，才能实现产品质量最高、生产力最大、成本消耗最低的生产过程。目前，应用于微生物发酵控制的模型主要为人工神经网络。人工神经网络模型有很强的非线性映射能力，可利用已知的输入输出样本数据精确地逼近任意非线性关系，网络输入输出节点数不限，特别适用于多变量的建模，且建模过程简单。因此，该模型可较为准确地描述食品发酵的过程，并可实现不可测生物量的在线预估。杜宏福等利用神经网络模型系统结合电子舌监测技术，分析了山西老陈醋固态发酵过程，并实现了主要有机酸的含量预测，为食醋规模化生产提供了发酵调控与现场快速分析的质量监控手段[40]。

1.2.5　绿色制造技术

资源与环境问题是人类面临的共同挑战，可持续发展日益成为全球共识。以绿色理念为指导，综合运用绿色设计、绿色工艺、绿色包装、绿色生产等为一体的科学技术，其目标是使得产品从设计、制造、包装、运输、使用到报废处理的整个生命周期中，对环境负面影响最小、资源利用率最高的绿色制造技术逐渐成为未来食品的必然生产方式。目前，发酵食品行业的绿色制造技术主要为循环经济与绿色包装技术。例如，茅台全力打造茅台生态循环经济产业示范园区，以茅台酒生产废弃物酒糟等为主要原料进行综合利用，实现茅台酒在酿酒过程中产生的所有废弃物零排放并变废为宝——建设自动化、机械化年产复糟酒约 6 万 t 生产线，酒糟产沼气 3000 万 m³，沼渣产固体有机肥 10 万 t、液体有机肥 5 万 t，部分酒糟有机饲料 5 万 t，综合产值预计为 30 亿～50 亿元。另外，泸州老窖从原料种植开始，到废弃物的高值化利用，已初步形成了产业链；丢糟处理方面，公司以制作有机肥为主，建成生态链，形成循环经济。此外，绿色包装技术也在食品生产过程中大放异彩，澳大利亚塑料技术公司利用对人体无害的原料（主要为玉米淀粉等）开发出一种具有生物降解性的环保塑料袋，目前该公司研发的新型环保塑料袋主要用于包装饼干、巧克力等食品。这些企业通过绿色高效的发酵生产与包装方式，不仅使产品的品质与产量得到提高，同时也为缓解环境污染与能源危机做出了一定的贡献，成为行业的领军企业。由此可知，能使食品生产全过程资源消耗最少、环境污染最小、企业经济效益和社会效益协调优化的绿色食品制造技术日益成为未来发酵食品可持续发展的关键支撑技术。

1.3 未来发酵食品

1.3.1 未来发酵食品的定义

发酵食品作为传承人类饮食文化的载体，是人们饮食结构中重要的组成部分。广义而言，凡是通过微生物或酶的作用制取的食品，均可称为发酵食品。我国发酵食品历史悠久，种类丰富，按照原料来源可分为发酵豆类制品、发酵谷类制品、发酵乳制品、发酵肉制品、发酵蔬菜类制品及发酵茶类[41]。然而，传统发酵食品为天然开放式多菌种混合发酵方式，按照经验传承进行手工生产的发酵食品，存在工业化强度低，过多地依赖先辈们总结的经验，食品品质稳定性差、发酵工艺人工费用高、能耗高、污染大等缺点。

随着生物科技的进步，智能化、绿色化时代的到来，未来发酵食品将在未来发酵新技术的支撑下，按照受控合成微生物群落的液态发酵工艺，采用以柔性加工、数字集成、感知物联网和智能控制为核心的智能酿造系统，不仅保留了传统发酵食品的优点和特色，具有安全的食品生产方式，满足人们对食品口感和营养健康的要求，还能满足不同人群对发酵食品的口感和风味的不同需求，由普遍化走向定制化，实现资源最大化利用的同时使其所含营养成分的比例更接近人体需求；最终发展成为具有高生产效率、高品质、更安全、营养健康、美味及可持续地满足人民对美好生活追求的未来主流食品[16]。

1.3.2 未来发酵食品的技术内涵

随着国家推进《中国制造2025》战略，国民经济的发展使得老百姓对传统发酵食品的产量和质量提出更高要求，传统发酵食品产业因其自身的工艺传统及机械化、绿色化水平较低的特点，也正面临提高效率并转型升级的内在需求。在未来发酵新技术推动下，未来传统发酵食品产业也将发生巨大变革（图1-9）。主要表现在如下几个方面。

1. 合成微生物群落酿造成为传统发酵食品产业的未来引领方向

酿造食品不论咸、甜、苦、辣都有其共性与特点，均需经过菌种培育、原料处理、制曲及发酵等过程形成色、香、味、体；其基本原理是利用有益微生物的生理活动及其代谢物来完成这一过程，而这些代谢过程极其复杂与微妙。近年来，随着行业对酿造生产中微生物菌种占有重要地位的认识越来越强，在优良菌种能够增产节粮、质量稳定的前提下，将纯种发酵技术应用于酿造生产工艺，来满足产品风味改良和原料利用率提升的需求，利用合成微生物群落（microbial consortium）进行发酵生产日益成为新的研究热点[42]。合成微生物群落即是利用微生物菌种的固有特征及各菌种所含的不同酶系，采用 2 种以上菌种使其优势互补，将微生物菌种活体制成多菌种（双菌种以上）发酵剂来代替酿造酱油、食醋发酵生产中必须经历的微生物用菌要几代扩大培养的技术，运用发酵组合来进行生产[43]（图 1-10）。

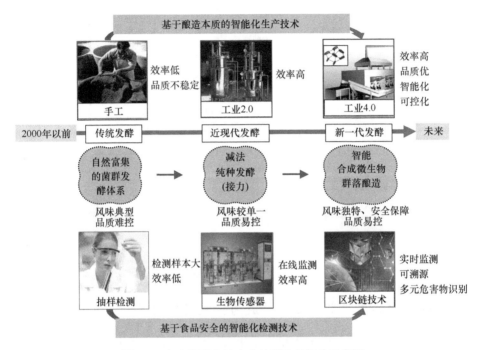

图 1-9　未来发酵食品产业转型升级趋势示意图

当前，酿造技术发达的日本酿造企业如日本龟甲万株式会社，已采用这种合成微生物群落发酵剂（经纯种培养的酵母菌、醋酸菌、米曲霉、黑曲霉等）酿造酱油和食醋，实现了日式酱油的机械化、信息化改造，以及安全品质的稳定保障。因此，通过集成应用微流控技术、显微技术、光镊技术、图像处理技术及可视化工具，从传统酿造菌群中高通量分离微生物菌株并解析其酿造特性，建立酿造功能微生物菌种库；进一步通过筛选酿造功能微生物菌株，开发酿造菌剂，强化发酵过程，提升工业发酵效率[37]。通过优化菌株之间的组合，合成酿造功能微生物群落，强化传统发酵过程，缩短发酵周期，稳定发酵生产过程，提升产品风味品质。应用合成生物学理念，综合应用基因合成技术、基因编辑技术等，加强酿造工业菌种的改造与合成，提升关键菌种的酿造特性，有效提升传统发酵生产过程的能效，是未来酿造业发展的引领方向。

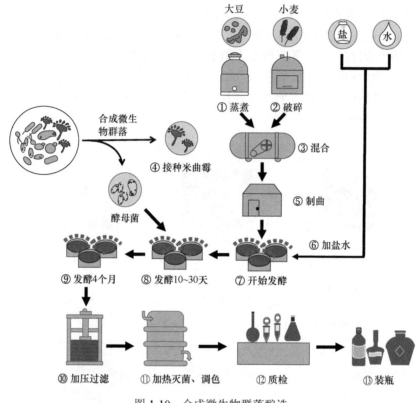

图 1-10　合成微生物群落酿造

2. 酿造食品柔性智能化制造成为传统发酵食品产业发展新引擎

以酿造食品高效化、低碳化和优质化为目标的柔性加工制造技术，以柔性加工、数字集成、感知物联网和智能控制为核心的酿造食品工业机器人、智能制造加工系统和智慧工厂等成为酿造食品加工制造的创新发展重点[44]。按照传统生产模式，一条生产线只能生产一个规格的产品，而在柔性化生产线上，则可以同时上线生产多种产品、执行多个批次。例如，娃哈哈智能化菌种车间内最"能干"的一条生产线可实现 15 种产品的同时生产。这种基于生物工程技术的智能制造新模式的运用，大大提高了生产效率，确保了生产过程中的稳定性，有效降低了生产成本，对生物工程产业的升级和制造模式的转变具有良好的示范和引领作用，对提升我国生物工程企业的整体竞争力进行了有益尝试[38]。此外，啤酒工厂基本已经全部实现自动化、信息化和智能化，做到了从原料采购、生产到销售终端各环节的高效运作。自动控制系统包括制麦自控系统、原料处理及糖化自控系统、发酵自控系统、过滤控制系统、CIP 控制系统、自动灌装系统，以及公用工程（如水、电、蒸汽、空气、CO_2、冷媒、污水处理）自控系统等。同时利用信息、计算机、网络等技术，把企业内部的管理信息系统、生产经营系统、质量保证系统及网络数据系统有机地高度集成，促进企业形成了集控制、优化、调度、管理于一体的综合自动化模式，全面提升了产品的质量和产量。在智能化的基础上，啤酒工厂能更好地实现节能减排，推动可持续发展。通过建立能源网络监督管理系统，实现工厂能源（水、电、风、气、汽、冷、冷媒、CO_2）等能耗计量，计量数据实时采集归档，生产数据采集归档，结合生产数据进行能耗分析、能耗趋势分析、能源成本分析，为能源合理利用管理提供科学化、数字化的考核管理手段。不久的将来，啤酒工厂将实现零碳排放，并在节约水资源、能源等方面做出贡献。啤酒行业目前智能化程度较高，可作为我国其他传统发酵食品行业的样本，在第四次工业革命的基础上，带动其他行业向智能化迈进。

3. 代谢与风味组学等基础科学成为健康食品产业核心驱动力

采用组学方法和技术，研究传统发酵食品制造过程中产品的质量、安全、营养和风味问题，以及食品进入人体后相关的健康问题。以多组学、纳米材料、云集成等技术，推动人类营养在经历大众干预向特殊人群干预和个人精准营养发展阶段前进。发酵食品因在加工过程中伴随微生物参与，会形成一些特殊的营养因子利于机体解毒消化吸收。代谢与风味组学技术在发酵食品中的运用，不仅能从代谢水平方面解释食品营养因子与功能间的关系，还能从代谢水平去研究发酵食品口味、风味、色泽及功能性形成过程中的关键性影响因子，找出关键的代谢物质及发酵食品发酵过程中的关键代谢点，可以更加深入地去阐明发酵过程中代谢物的变化如何影响食品的形成，同时还可阐述发酵食品是如何对机体健康、生长状况、肠道菌群等产生作用的[45]。例如，杜海[46]基于风味导向的代谢组学研究思路，明确了萜类化合物土味素（geosmin）产生的土霉异味是影响中国清香型白酒风味品质的主要原因。并采用现代分子生物学手段建立了基于土味素合成酶编码基因的实时荧光定量方法，实现了对土味素链霉菌进行快速跟踪监测。另外，结合白酒酿造微生物菌群结构的研究，揭示大曲中分离得到的枯草芽孢杆菌和解淀粉芽孢杆菌可以抑制桑氏链霉菌的生长，从根本上控制浓、清、酱等不同香型白酒中的土霉味，实现白酒品质与安全的提升[47]。

4. 基于现代检测的区块链成为未来酿造食品安全保障

酿造食品安全防控技术组学化和材料化，非靶向筛查、多元危害物快速识别与检测、数字化技术、区块链等技术成为酿造食品安全新保障[48, 49]。当前，多组学技术联用可以涵盖环境所有微生物的基因表达、蛋白质或代谢物差异的多层面分析，快速获取海量数据。从多水平剖析验证食品微生物的组成对发酵风味品质形成的影响机理，并以此为导向筛选功能微生物，从而对发酵生产、品质安全进行指导。利用色谱、质谱串联分析和光谱非靶向高精度定量的特点，蛋白质组学和代谢组学作为表征菌落代谢产物的实时原位检测和定量分析的有力方法，已用于检测发酵食品中微生物、代谢物和内源性危害物及前体的实时变化。基于微生物溯源分析解析优质发酵食品形成的根本原因，利用 SourceTracker 软件可以检测微生物或基因转移的方向性[50]。例如，Bokulich 等分析啤酒厂底物（谷物、啤酒花、啤酒酵母和水）及人体微生物的结构组成，采用 SourceTracker 技术最终解析出了啤酒厂内的微生物污染路线，为防止发酵污染提供管理策略和控制手段[51]。

区块链技术对于未来酿造食品的安全保障还在于其对食品全供应链信息与食品溯源系统的构建具有重要作用[52]。传统的追溯体系面临的公信力、监管困境、扩展性和成本支付问题阻碍了追溯产业的市场化转型。而区块链技术由于具有去中心化、公开透明、数据不可篡改、低成本、高效率、安全可靠及可追溯性特征，是构建食品溯源系统的绝佳技术[53]。此外，针对发酵食品供应链具有全生命周期长、环节复杂、危害物种类多、信息多源异构等特点，可以基于区块链技术构建一种新型的发酵食品供应链信息安全管理模型，研究并提出适用于发酵食品供应链的双模数据存储机制和管理供应链信息的智能合约，以保证信息存储和传输的安全可靠。

1.3.3　未来发酵食品的文化内涵

饮食文化是指食物原料开发利用、食品制作和饮食消费过程中的技术、科学、艺术和以饮食为基础的习俗、传统、思想和哲学。中国饮食文化随着地域、年代、人口、朝代等的改变而变化。但万变不离其宗，中国饮食文化的基础理论从未发生过大的变化[54, 55]。主要包括：①饮食疗疾，简称食疗。根据不同的病证，选择具有不同作用的食物，或以食物为主并适当配伍其他药物，经烹调加工制成各种饮食以治疗疾病的医疗方法[56]。②饮食养生，食物不仅是人类生存的第一需要，还是维持健康的必要条件，合理的饮食可以造就健康的体魄和良好的心理环境[57]。饮食文化的基础理论在很大程度上决定了中国的传统食品的优势及特征[58]，而未来发酵食品不仅应该具备"更安全、更营养、更方便、更美味、更持续"的特征，同时也应当保留传统饮食文化之中的精髓。

食品由于受到地域特征、气候环境、风俗习惯等因素的影响，会出现原料、口味、烹调方法、饮食习惯上的不同程度的差异，因此，造就了中西饮食文化的差异[59-62]，而这种差异来自中西方不同的思维方式和处世哲学。①饮食观念的不同。西方追求的是一种理性饮食观念，注重营养均衡，讲究热量、维生素、蛋白质摄入的比例和多少。中国饮食比较注重食物外观上的美感和味道，多从"色、香、味、形"等多个方面评价现代中国人烹饪饮食的品质和质量，所注重的是食物所呈现给人的一种艺术美感和意境,这是难以用语言形容的心理上对美的极致追求。②饮食对象的差异。中国饮食的整体结构基本是以谷类和蔬菜为主,肉类为辅。西方人在饮食结构上以牛肉、鸡肉、羊肉和海鲜为主,肉食的比率非常高。③烹饪方式的差异。中国的烹饪饱含"艺术创作者"本身的认识和灵感,既追随了艺术创作的原理,又体现了艺术创作的随意性。而西方人在烹饪上严格按照菜谱中食材的配比、用量进行操作,称重精确到克,时间精准到秒,丝毫不敢懈怠,表现出了严谨理性的思维,着重强调饮食要科学和营养搭配要平衡。④文化娱乐的差异。由于地理因素与环境因素的不同,东西方在饮食文化娱乐方面也有着许多的差异,中国是茶的故乡,也是茶文化的发源地,中国人一般以茶为主要的嗜好饮料,茶具有消食去腻、降火明目、宁心除烦、清暑解毒、生津止渴的作用。而西方则以咖啡为主,咖啡是用经过烘焙磨粉的咖啡豆制作出来的饮料,可以刺激中枢神经和呼吸系统、扩张血管、使心跳加速、增强横纹肌的力量及缓解大脑和肌肉疲劳[63]。而随着物质的高速发展,能够快速、便捷地为人体提供大量的各种营养物质,与此同时,高纤维、低热量且易饱腹的代餐食品受到了人们关注,常见的代餐食品如代餐粉、代餐棒、代餐奶昔及代餐粥等出现在了减肥人群的餐桌之上[64]。美容食品主要包括酵素、胶原饮料与蛋白粉等,具有调理脏腑、平衡阴阳、疏通经络、改善皮肤的功能,因而受到了健身人群与美容人群的青睐[65]。

随着科技与经济的高速发展,人们的饮食观念也在改变,进而对自己的饮食提出新的更高的要求。饮食文化呈现出前所未有的丰富、活跃、更新、发展的趋势,人们不仅希望吃到美味可口、营养丰富、快捷方便、风味多样、科学安全、功能有效的食品,而且对饮食生活开始有更新观念的审视。结合东西方的传统饮食文化与现代社会的高速发展,得出未来发酵食品的文化内涵主要表现在以下 4 个方面。

1. 以人为本——未来发酵食品的安全性与多元性

在人们的生活环境中,食品不仅是人们日常生活的基础,是维持人们身体各项机能正常运行的能量来源,还是关系到人们生活、工作、学习的重要角色,同时也是消费者和全社会共同认同和关注的问题之一。而食品问题中首要的就是食品安全问题,食品中若出现有毒有害等物质,会对人体造成巨大的伤害。因而,更安全是人类对未来发酵食品的基本需求。在文化层面,这是以人为本思想的具体体现;在法律层面,这是维护社会安定与提供社会保障的刚性措施;在人类学层面,这是被保护人的生命与合法权益的人性化需求。发酵食品因其具有促进肠内营养吸收和消化道健康的有益生理功能而深受大众喜爱。然而发酵食品是经发酵菌株代谢而制成的,发酵菌株的安全性、有害代谢产物、杂菌污染等因素直接影响到发酵食品的安全性[66]。因此,准确科学地对发酵食品进行风险识别和安全性评价是控制食品质量安全的前提和保障。

2. 养生健身——未来发酵食品的营养性与健康性

时至今日，饮食文化已由最初的感性层面进化到感性与理性相结合的现代化的科学层面。人类对食物的要求不仅关注于解决温饱问题，更在于对营养与健康的追求。因此，在当今全球化的背景下，未来发酵食品的第一要义是健康，是养生。即不仅能满足人们日常活动的基本需求，同时也能对人们的健康养生有一定的促进作用。食品发酵过程产生活性酶及营养物质，主要包括益生菌、多肽与氨基酸、低聚糖及降低胆固醇与降血压物质，对于预防肥胖、心脏病、高血压等疾病具有重要作用。酸奶作为发酵食品，不但保留了牛奶的所有优点，经加工后某些方面还能扬长避短，成为更加适合于人类的营养保健品。经过加工制成的酸奶，其中所含的蛋白质、脂肪、钙、磷更易消化吸收，并且增加了维生素 B_1、维生素 B_2、维生素 B_{12}、烟酸、叶酸的含量[67]。酸奶含有大量乳酸菌，经常食用可以调整肠道环境，防止病原菌侵入体内栖息与繁殖，对于人体的健康养生具有重要作用。

3. 精神享受——未来发酵食品的审美与艺术性

未来发酵食品还应当有"美"的特征，这种美，是指饮食活动形式与内容的完美统一，是指它给人们所带来的审美愉悦和精神享受，包括了色美、形美、香美、味美。美作为饮食文化的一个基本内涵，它是饮食的魅力之所在，贯穿在饮食活动过程的每一个环节中。具体表现：一方面为食品的风味感官特性，带给人们独特的精神享受，另一方面为发酵食品包装的艺术性逐渐增加，更符合现代人们的审美。微生物发酵法已经成为生产食品风味物质的一种重要手段。泡菜具有开胃健脾、化食消淤、抗氧化等功效，其味道鲜酸可口、质地脆嫩，以独特的风味深受世界人民喜爱[68]。这种独特风味是由于发酵过程中产生的二甲基硫化物、乙醇、乙醛和乙酸乙酯等风味物质。食品的包装设计能带给消费者最直接的视觉上和心理上的影响，从而得到了人们的重视。近年来，食品包装出现了民国风、现代风、复古风等设计风格，极大地增加了食品的审美与艺术性。

4. 身心同构——物质与文化双重追求

在现代化进程中，饮食越来越演变成为具有美食性质并进而变为人的精神需求的一种东西，或者说，现代饮食事实上反映了人类对物质与文化的双重追求。饮食本身内含的"文化"的内容，此时逐渐浮出，诱使人们在追求物质享受的同时，进一步地品味饮食中的文化因素与文化滋味。因而，未来发酵食品追求的物质层面的美食与精神层面的文化结合，不仅带给人们充足的物质享受，也获得了身心一体的精神与文化的愉悦，从而达到身心同构的最终目的。发酵食品作为我国传统食品之一，是中华饮食文化的载体，更是我国传统酿造工艺的见证，具有丰富的文化内涵，同时又具有独特的风味与营养。贵州茅台酒作为我国的特产酒，与苏格兰威士忌、法国科涅克白兰地并称为世界三大蒸馏酒，历经数百年的发展，酒液无色透明，饮时醇香回甜，酒香突出，幽雅细腻，酒体醇厚，回味悠长，空杯留香持久，经久不散。实现了人类对物质与文化的双重追求，因而经久不衰。

总体而言，人类对未来发酵食品的美好追求，是人类热爱生命、热爱生活、热爱美的最集中、最概括的表现，美食的全球化，是全球人类都能接受也极易成为文化共识的一个方面。

1.4　小　　结

安全、健康、可持续的食品制造是人类健康和社会可持续发展的关键要素，为了应对粮食安全、生态环保和公共健康这些重要的民生问题，未来食品生产制造必须向"更安全、更营养、更方便、更美味、更持续"转变。未来发酵食品将成为我国乃至整个世界解决粮食短缺问题与食品安全问题的重要突破口；作为未来食品的主流，满足人们对食品安全、营养健康、方便美味及绿色可持续品质的追求。安全方面将实现从源头到餐桌的全过程可溯源安全质量管控体系，精确把握食品生产过程中的每一个加工环节；营养健康方面将在满足人体日常的营养需求、解决贫困地区营养需求的基础上，提供个性化的营养定制，缓解肥胖、糖尿病等慢性饮食性疾病。此外，未来发酵食品将更加符合人们对口感、外观及精神享受的需求，实现其以人为本、养生健身、精神享受和身心同构的文化内涵。随着工业 4.0 发展战略的开启，未来发酵技术也将全面贯彻以智能制造和绿色制造为核心的食品发酵工业转型升级。"互联网+"和机器人技术的实施将开启未来发酵食品的全自动化酿造生产—质量管控—终端销售。多学科的交叉融合使得未来食品发酵技术体系更加完备，集大数据、云计算、物联网、基因编辑等信息、工程、人工智能、生物技术等深度交叉融合正在颠覆食品传统生产方式，催生一批新产业、新模式、新业态。国家政策和资金的大力支持，高层次人才的引进及优秀食品企业智能绿色示范引导，更加促进了未来发酵技术的迅猛发展。从食品加工领域扩展到营养健康、食品生物工程、智能、绿色制造等相关领域，构成多技术体系协同推进未来发酵食品发展，构成未来发酵食品技术结构树，支撑未来发酵食品领域的健康和有序发展。

参 考 文 献

[1] 陈坚. 中国食品科技: 从 2020 到 2035. 中国食品学报, 2019, 19(12): 7-11.
[2] 顾立众, 翟玮玮. 发酵食品工艺学. 北京: 中国轻工业出版社, 1998.

[3] 吴晓燕, 张薇. 发酵食品的保健功用及技术发展趋势. 河北企业, 2012, (3): 81-82.
[4] 郭松年, 田淑梅, 白洪涛. 乳酸菌及乳酸菌发酵食品. 粮食与食品工业, 2005, (1): 41-47.
[5] 马琳. 发酵食品的营养价值与保健功能. 西部皮革, 2016, 38(16): 85.
[6] 曹朝辉. 发酵食品的营养保健功能研究. 农技服务, 2016, 33(15): 33.
[7] 曹静, 余有贵, 曹智华, 等. 中国复合香型白酒研究进展. 食品与机械, 2017, 33(7): 200-204.
[8] 杨福双, 苏鑫. 《苏沈良方》酒剂的应用价值探析. 中华中医药杂志, 2019, 34(10): 471-473.
[9] 王小敏. 发酵食品存在的营养价值和保健功能. 食品界, 2016, (12): 59.
[10] 陈坚. 中国食品科技: 从 2020 到 2035. 中国食品学报, 2019, 19(12): 1-5.
[11] 龙英. 绿色食品包装设计探讨. 美术大观, 2010, (1): 112-113.
[12] 张斌, 屠康. 传统肉类替代品——人造肉的研究进展. 食品工业科技, 2020, 41(9): 327-333.
[13] 墨菲. 更健康、更可持续、更数字化——2019 年世界食品博览会(Anuga)发布全球食品行业发展趋势报告. 中国食品, 2019, (9): 32-35.
[14] 李永敏. 新时代的大趋势——食品工业面临的新挑战. 见: 中国食品添加剂和配料协会. 第十五届中国国际食品添加剂和配料展览会学术论文集. 北京: 中国学术期刊电子出版社, 2011: 2.
[15] 郑文辉, 王夏燕. 试论发酵食品安全问题及解决思路. 食品安全导刊, 2018, 19(33): 21.
[16] 刘延峰, 周景文, 刘龙, 等. 合成生物学与食品制造. 合成生物学, 2020, (1): 84-91.
[17] 张天佐. 我国食品工业发展趋势和重点领域. 食品科学, 2012, (24): 3-6.
[18] 杜会永, 冉庆国. 我国食品产业结构与消费结构和谐度的评价. 统计与决策, 2018, 34(21): 106-108.
[19] 段磊. 我国居民食品消费变化趋势分析. 食品安全质量检测学报, 2018, (15): 4138-4142.
[20] 洪翌翎, 江芬儿, 金霞. 国内外居民膳食营养研究现状与展望. 农产品加工, 2019, (2): 66-70.
[21] 刘凌, 姜忠杰, 王洁, 等. "一带一路"战略下我国食品工业发展的机遇与挑战. 食品与发酵工业, 2017, 43(2): 1-4.
[22] 张继勇, 魏丹丹, 台文. 食品生产中的环境污染控制技术研究. 现代食品, 2019, (15): 29-30, 37.
[23] 孙炳新, 孟实, 冯叙桥, 等. 我国食品质量与安全现状及对策. 食品与发酵工业, 2013, (2): 146-149.
[24] 方湖柳, 李圣军. 大数据时代食品安全智能化监管机制. 杭州师范大学学报(社会科学版), 2014, (6): 99-104.
[25] 辻浩和. 干酪乳杆菌代田株对学龄期儿童及中年白领人群的健康改善作用研究. 乳酸菌健康及产业化: 第十一届乳酸菌与健康国际研讨会. [2016-5-26].
[26] 屠康, 朱文学, 姜松, 等. 食品物性学. 南京: 东南大学出版社, 2006.
[27] 吴满刚, 段立昆, 蒋栋磊, 等. "食品物性学"在美食研究中的教学应用. 农产品加工, 2017, (24): 80-82.
[28] 张宜文, 赵海波, 吴红, 等. 数字 PCR 在食品安全检测中的应用研究进展. 分析测试学报, 2020, 39(5): 672-680.
[29] 唐廷廷, 韩国全, 王利娜, 等. 分子生物学技术在食源性致病菌检测中的研究进展. 食品安全质量检测学报, 2016, (9): 3497-3502.
[30] 王颖, 肖萌, 程晓云, 等. 食品致病菌检测中基因芯片技术的应用. 食品安全导刊, 2018, (15): 66-67.

[31] 聂志强, 王敏, 郑宇. 3 种分子生物学技术在传统发酵食品微生物多样性研究中的应用. 食品科学, 2012, (23): 346-350.

[32] 张新翊. 基因芯片技术在食品检测中的应用. 食品安全导刊, 2019, 249(24): 163.

[33] 赵镭, 刘文, 牛丽影, 等. 食品感官科学技术: 发展的机遇和挑战. 中国食品学报, 2009, 9(6): 138-143.

[34] 邹婧, 毛建平. 组学与营养学个性化趋势研究进展. 食品与营养科学, 2020, 9(1): 8.

[35] 张蕾. 浅谈玉米深加工面临的问题及对策. 科学技术创新, 2011, (6): 26.

[36] 李宏彪, 张国强, 周景文. 合成生物学在食品领域的应用. 生物产业技术, 2019, (4): 5-10.

[37] 陈坚. 发酵工程与轻工生物技术的创新任务和发展趋势. 水产学报, 2019, 43(1): 206-210.

[38] 任毅, 东童童. "智能制造" 对中国食品工业的影响及发展预判. 食品工业科技, 2015, 36(22): 32-36.

[39] 冉迪, 曾琳, 陈香梅, 等. 食品安全信息监管中人工智能与大数据的应用. 食品安全导刊, 2019, (15): 178-181.

[40] 杜宏福, 董爱静, 聂志强, 等. 电子舌分析山西老陈醋固态发酵过程及主要有机酸的预测. 食品与发酵工业, 2015, 41(1): 196-201.

[41] 张娟, 陈坚. 中国传统发酵食品产业现状与研究进展. 生物产业技术, 2015, (4): 11-16.

[42] 景智波, 田建军, 杨明阳, 等. 食品中与生物胺形成相关的微生物菌群及其控制技术研究进展. 食品科学, 2018, 39(15): 272-278.

[43] 张鑫, 梁建东, 田维毅, 等. 合成微生物群落共培养研究概况. 天然产物研究与开发, 2019, 31(11): 2007-2014.

[44] 刘东红, 周建伟, 吕瑞玲, 等. 食品智能制造技术研究进展. 食品与生物技术学报, 2020, (7): 1-6.

[45] 郑心, 周梦舟, 杨番, 等. 代谢组学在发酵食品研究中的应用. 中国酿造, 2019, 38(7): 10-15.

[46] 杜海. 产土味素菌群对白酒酿造的影响机制及监测控制. 江南大学博士学位论文, 2013.

[47] 徐岩. 现代白酒酿造微生物学. 北京: 科学出版社, 2019.

[48] 赵磊, 毕新华, 赵安妮. 基于区块链的生鲜食品移动追溯平台框架重构. 食品科学, 2020, 41(3): 314-321.

[49] 许继平, 孙鹏程, 张新, 等. 基于区块链的粮油食品全供应链信息安全管理原型系统. 农业机械学报, 2020, 51(2): 348-356.

[50] Knights D K J, Charlson E S, Zaneveld J, et al. Bayesian community-wide culture-independent microbial source tracking. Nature Methods, 2011, 8: 761-765.

[51] Bokulich N A, Bamforth C W, Mills D A. Brewhouse-resident microbiota are responsible for multi-stage fermentation of American coolship ale. PLoS One, 2012, 7(4): e35507.

[52] 文安兴, 闻懿帆, 唐宇笛, 等. 基于区块链的食品安全溯源信息系统设计. 现代信息科技, 2020, 4(7): 160-163.

[53] 陈化东. 基于物联网的食品质量追溯管理系统分析. 计算机产品与流通, 2020, (2): 140.

[54] 陈雪儿. 我国饮食文化的特点. 中华养生保健, 2016, (1): 28-30.

[55] 亥新曾. 国外饮食科学研究的新进展: 兼谈中国大众饮食文化的误区. 全球科技经济瞭望, 1998, (7): 31-34.

[56] 曾再新, 曾宏健. 饮馔养生健体 医食同源疗疾——食疗史话. 烹调知识, 2003, (10): 38-39.

[57] 许月明. 浅析中医饮食养生. 芜湖职业技术学院学报, 2012, (4): 85-88.

[58] 李明晨, 戴涛. 中国饮食文化的三重境界. 学习与实践, 2019, 421(3): 131-134.

[59] 卞浩宇, 高永晨. 论中西饮食文化的差异. 南京林业大学学报(人文社会科学版), 2004, (2): 45-49.

[60] 李晓红, 马陶然. 浅谈中西方饮食文化差异. 时代文学(下半月), 2010, (4): 195.

[61] 苏卫涛. 品味中西饮食文化. 中国商论, 2011, (26): 23-24.

[62] 纪晓峰. 浅析中西方饮食文化差异. 农业与技术, 2011, 31(1): 127-129.

[63] 易超然, 卫中庆. 咖啡因的药理作用和应用. 医学研究生学报, 2005, (3): 81-83.

[64] 张晓彤, 吴澎. 代餐食品的研究进展. 食品工业科技, 2020, 41(12): 342-347.

[65] 毛建卫, 吴元锋, 方晟. 微生物酵素研究进展. 发酵科技通讯, 2010, 39(3): 42-44.

[66] 冉宇舟, 张海良, 俞剑燊. 由传统白酒、黄酒生产工艺想到的发酵食品安全问题. 中国酿造, 2013, 32(7): 119-120, 133.

[67] 董开发, 徐明生. 酸奶的营养保健作用. 中国食物与营养, 2000, (2): 33-34.

[68] 李文斌, 唐中伟, 宋敏丽. 韩国泡菜营养价值与保健功能的最新研究. 农产品加工(学刊), 2006, (8): 83-84.

第2章　中国传统发酵食品产业现状及转型升级内涵

曾伟主　吴剑荣　夏小乐

2.1　传统发酵食品产业的分类与内涵

传统发酵食品是人类社会在漫长的历史长河中基于适应自然、赖以生存并创新发展后形成的利用微生物作用制成的食品，它具有风味独特、健康营养和易于保藏等特点。传统发酵食品是中国的传统食品，其具有传统的固态/半固态发酵工艺赋予了产品独特的风味，但是也带来了诸如劳动生产率低、质量稳定性较差、存在一定食品安全风险等问题。改革开放以后，随着国民经济的发展和人民对美好生活的追求，传统发酵食品生产工艺和技术随着科技进步不断发展，生产技术水平不断升级。近年来，大健康产业的兴起，人们对传统发酵食品又有了新的认识。

我国传统文化源远流长，发酵食品品种很多，主要包括谷物发酵食品、发酵豆制品、发酵乳制品、蔬菜发酵制品、发酵茶和发酵肉制品等，其中以谷物和豆类等粮食为原料发酵的食品主要包括酒和调味品，同时它们也是固体发酵的起源。酒类主要是指白酒和黄酒，发酵调味品主要是指酿造酱油、酿造食醋、发酵酱类等。而发酵肉类、发酵蔬菜和发酵茶主要是依靠自然接种，这类发酵食品基于可控微生物接种发酵，发酵周期一般较长，具有较多的代谢产物和独特的风味。本章主要针对传统发酵中酒类和调味品进行分析，主要产品包括白酒、黄酒、酿造酱油、酿造食醋和发酵酱类等。

2.1.1　传统发酵食品产业的分类

传统发酵食品是饮食的重要组成部分，关乎一个国家的国计民生，与人们的日常生活息息相关，具有不可替代的功能。西方的传统发酵食品主要有葡萄酒、啤酒、威士忌、奶酪、火腿和各种乳酸发酵制品。我国传统发酵食品种类丰富，主要包括谷物发酵食品、发酵豆制品、发酵乳制品、蔬菜发酵制品、发酵茶和发酵肉制品。如图 2-1 所示，其中酒类主要包括白酒和黄酒，发酵调味品包括酿造酱油、酿造食醋和发酵酱类等。另外，传统发酵食品还有发酵肉类（火腿、腊肉、风鹅等）、发酵蔬菜（泡菜、榨菜等）和发酵茶（黑茶、普洱茶等）等。

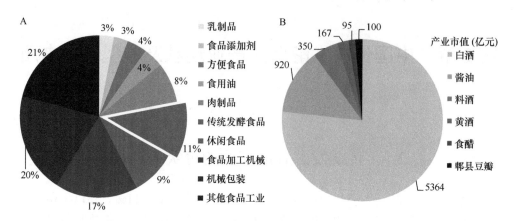

图 2-1　传统发酵食品产业市值

A. 食品加工产业；B. 传统发酵食品产业

2016～2019 年，传统发酵食品中白酒行业总产量呈现出下降的趋势（图 2-2），受益于单价的提升，其产值和净利润却逐年上升，但是行业的分化进一步加剧[1-5]。主要的发酵产品中白酒行业利润和产值最高，2018 年的利润和产值分别为 1250 亿元和 5364 亿元（图 2-3）。2019 年的利润和产值持续增加，分别达到 1404 亿元和 5618 亿元。黄酒行业 2018 年销售额和利润均有所降低，但 2019 年销售额为 173.3 亿元，同比增长 2.71%。调味品行业近年来的产值和利润基本呈现上升的趋势，2019 年销售额达到 2526.4 亿元，酱油、食醋及其类似制品达到

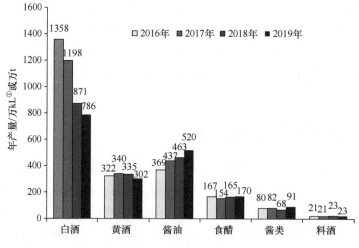

图 2-2　2016～2019 年传统发酵食品在各领域产量情况

①　1 万 kL=1×10⁷L，为食品行业常规习惯表达单位，本书同。

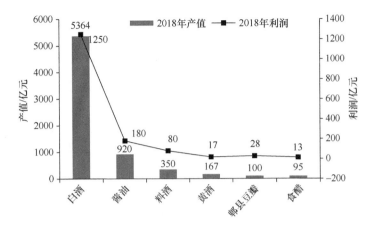

图 2-3 2018 年传统发酵食品的产值和利润

两位数增长，其利润达到 8.3%。另外，近年来的统计数据显示，复合调味料成为增长最快的调味品产业之一。2019 年我国复合调味料的总产能超过 71 万 t，其中前三位分别为李锦记食品有限公司、安徽强旺调味食品有限公司和河北鸡泽县天下红辣椒有限公司。

2.1.2 传统发酵食品产业的内涵特征

发酵食品是一类通过利用微生物（一般是指有益微生物）发酵作用而制得的食品，主要是通过微生物作用将粮食原料中的淀粉、蛋白质和脂肪等高分子营养物质进行分解、代谢，转化生成相关代谢产物，从而赋予食品原料具备其在发酵之前所没有的营养价值及独特风味等特性。食品发酵技艺已具有数千年的历史，是一项古老的用于食品长期保存和风味食品形成的食品加工和生物发酵技术。我国的传统发酵食品包括白酒、黄酒、酿造酱油、酿造食醋、发酵酱类（豆腐乳、豆瓣酱）和发酵蔬菜（泡菜）等，这些传统发酵食品在我国饮食文化中具有举足轻重的地位，并在历经数千年的延续、发展和创新后，形成了其独特的加工生产方式和风味特征，对朝鲜、韩国、日本和东南亚国家等的传统发酵食品产业具有深远的影响。近年来，我国食品行业的工业化水平逐年提高，但工业化程度相对其他行业仍较低，因此，必须提高我国传统发酵食品行业的工业化程度，从而提高其国际竞争力。

通常来说，每谈到传统食品，人们往往会立即联想到"原始"、"落后"及"手工作坊"等词汇，这是一个比较大的误解。传统食品不但不一定表示原始或落后，它往往还能代表一个国家或民族在历史发展长河中形成的一些最基本且最重要的营养源食品。这里所指的"传统"并非对应"现代"，而是对应其他国家或民族的同类食品。随着时代的发展，传统食品在生产加工方式、形态等方面不断地发展、变化和进步，其核心本质却是稳固的，这正是因为传统食品是人类在漫长的发展过程中基于适应自然、赖以生存并发展创新而形成的。传统食品本身的特征就是人们结合当地的自然条件，发展出的一种有利于人们生命健康和社会和谐的产物，这也正是其能够长期存在的价值。随着人类社会文明的发展和科学技术水平的进步，传统食品也与时俱进，不断地与不同地域或不同文化中的食品交流、融合和创新。我国也不例外，只是由于国情不同，发展创新的速度在不同国家存在差异。

中国的传统食品不但是我国珍贵的历史文化遗产，也是全人类社会伟大文明中的重要组成。在人类文明的发展史中，受不同社会历史及不同自然环境等因素的影响，形成了不同的饮食文化圈，其大体可分为以中餐为主要代表的农耕饮食文化和以西餐为主要代表的游牧饮食文化两种类型。其中，中国传统发酵食品是中华饮食文化的重要代表，其至今是中国人生活的必需品，并且对整个人类社会的饮食文化都具有深刻的影响。中国人素来以"柴米油盐酱醋茶"来表示人们正常生活的基本保障，这其中，酱、醋、茶等与发酵息息相关。然而，我国的传统发酵食品远不仅于此，我们的祖先为了能够更好地生存和发展，很早就开始利用微生物发酵来改善食物的风味或延长食物的储存时间，针对不同的原料开发出了一系列的发酵生产工艺及相应的发酵食品，如以谷物粮食为原料发酵制成的白酒、烧酒、酱、醋及豆豉等。这些工艺通常被认为是人类社会固体发酵的起源，其中有一些工艺至今被国外同行所模仿。

中国的传统发酵食品具有丰富的内涵特征，其种类之多、生产加工方式之妙在全世界都极其罕见。在我国，除了各类酒产品，发酵食品在人们的日常生活饮食中可以说几乎是无处不在。我国传统发酵食品的形成与发展不仅是中华民族数千年勤劳智慧的结晶，同时，在历史上我国传统发酵食品通过丝绸之路等传播到世界各地，对整个人类社会的饮食文化都具有深远的影响。

2.2 中国传统发酵食品产业格局与现状分析

近年来，随着我国国民经济的不断发展，人们对传统发酵食品的产量和质量都提出了更高的要求。传统发酵食品企业也逐步开始从手工作坊向机械化、自动化、信息化及智能化方向发展[6]。同时，随着整个社会的环保理念加强，传统发酵食品企业也面临向绿色制造靠拢，实现节能减排。我国传统发酵食品行业中白酒从2016年后总产量逐年降低，但白酒行业的净利润逐年上升；黄酒行业产量和利润有所下降而料酒行业产量和利润上升；调味品行业近几年的年产量和利润基本呈持续上升趋势，其中复合调味料增速尤为突出。另外，传统发酵食品行业集中度不断提升，尤其是酱油和白酒行业；而且大品牌大单品效应日趋显著，如飞天茅台占贵州茅台集团利润 85%以上，占白酒前 20 强利润的 40%左右，而海天酱油销售额占全酱油行业的 11%。另外，一大批白酒和酱油龙头企业也在崛起，如宜宾五粮液股份有限公司、江苏洋河酒厂股份有限公司、泸州老窖股份有限公司、中炬高新技术实业（集团）股份有限公司等。

与此同时，传统发酵食品企业的创新、科技导向日益增强，在科研投入、研发人员占比、平台和独立核算的研发公司均有不同程度提升。在传统发酵食品企业的研发投入方面，酱油行业研发投入最高。几个龙头酱油企业的平均研发人员占比高达 8%，研发投入占销售额的 2.3%。由于地处珠三角核心，佛山市海天调味食品股份有限公司中 60%以上的员工为大学本科及以上学历，为企业创新和技术升级改造创造良好条件。另外，黄酒龙头企业大多地处长三角，由于地理优势，其员工本科学历占比也相对较高，普遍在 11%～14%。在白酒行业中，泸州老窖由于设有国家工程中心，其员工研究生学历占比最高，达到 7.3%。而其他传统发酵食品行业的研发人员占比在 3%～5%，研发投入占比普遍低于 1%。总体而言，除了酱油领域，传统发酵食品企业的研发投入和核心竞争力仍相对较低，且受到企业赢利、地理位置和研发平台等多方面因素的影响[7]。

2.2.1　白酒行业

白酒（liquor and spirits），是以粮食谷物为原料，通过不同曲、酒母等为发酵剂，经蒸煮、糖化、发酵、蒸馏后而制成的蒸馏酒。白酒是我国特有的一种酒种，其与白兰地（Brandy）、威士忌（Whisky）、伏特加（Vodka）、金酒（Gin）及朗姆酒（Rum）被誉为世界六大蒸馏酒。但是，无论是销量、风味丰富程度和工艺复杂性等均远超另外 5 种，同时白酒也是传统发酵食品中产值占据主导地位的产品，广受消费者喜爱。白酒行业拥有一批知名品牌，如茅台、五粮液等国民企业，是中华饮食文化不可或缺的组成部分，已经日益成为我国的一张文化名片。

白酒的酒质通常无色（或微黄）透明，具有芳香气味纯正和入口绵甜爽净等特点。白酒香味成分主要有：醇类（乙醇、异戊醇、异丁醇和正丙醇等）、酯类（己酸乙酯、乙酸乙酯和乳酸乙酯等）、酸类（乳酸、乙酸、丁酸和己酸等）、缩醛类（苯甲醛和 4-乙基愈创木酚等）、醛酮类化合物（乙醛、3-羟基丁酮和 2,3-丁二酮等）、芳香族化合物（香草醛、酪醇和 β-苯乙醇等）、含氮化合物（2,6-二甲基吡嗪、三甲基吡嗪和四甲基吡嗪等）和呋喃化合物（呋喃甲醛等）等。根据所用曲种的不同，白酒通常可以分为小曲酒、大曲酒、麸曲酒及混曲酒等。但是，由于白酒具有香味，其主要以不同香味来进行分类，1994 年，在中国食品工业协会、中国质量协会、中国质量检验协会和中国食品工业协会白酒专业委员会等的共同通告中，基于酿造的工艺不同将中国白酒主要分成了7种香型（表2-1）。

表2-1 不同香型白酒及其特点

香型	酿造工艺	酒品特点	主要代表酒
酱香型	高温堆积，一年一周期，2次投料，8次发酵，以酒养糟，7次高温烤酒，多次取酒，长期陈储的酿造工艺	无色或微黄色，透明晶亮，优雅细腻，酱香突出，空杯留香，经久不散，幽雅持久，口味醇厚、丰满，回味悠长	贵州茅台、郎酒
清香型	以高粱等为原料，以大麦和豌豆制成的中温大曲为发酵剂，采用清蒸清糟酿造工艺、固态地缸发酵、清蒸流酒	无色清亮透明、清香纯正、醇厚柔和、甘润绵软、自然协调、余味爽净、后味较长	杏花村汾酒
浓香型	以高粱、大米等为原料，以大麦和豌豆或小麦制成的中、高温大曲为糖化发酵剂，采用混蒸续糟、酒糟配料、老窖发酵、缓火蒸馏	主体香味成分为己酸乙酯，其酒质特点为无色或微黄色、清亮透明、窖香浓郁、甜绵爽净、纯正协调、余味悠长	五粮液、泸州老窖特曲酒、安徽沙河特曲
米香型	以大米为主要原料，以大米制成的小曲为发酵剂，不加入其他辅料，应用微生物发酵、液态蒸馏、超滤膜技术取酒	主体香味成分为β-苯乙醇，酒质特点呈琥珀色、蜜香清雅、入口绵甜、落口爽净、回味怡畅，具有令人愉快的药香	桂林三花酒
凤香型	以高粱为原料，以大麦和豌豆制成的中温大曲或麸曲和酵母为发酵剂，采用续糟配料，土窖发酵，酒海容器储存等	主体香味成分为乙酸乙酯、己酸乙酯和异戊醇，酒质特点为无色清澈透明、醇香秀雅、甘润挺爽、诸味谐调、尾净悠长	西凤酒
兼香型	两种以上主体香的白酒，具有一酒多香的风格，具有自己独特的生产工艺	改善了酱香型白酒粗糙的后味，克服了浓香型白酒香浓口味重，更适应现代人科学饮食的需要	口子窖、新郎酒、白云边、湘泉湘酒
其他香型	以上6种主要香型白酒外的具有独特工艺酿制而成的独特香味白酒	酒品繁多，酒质无色（或微黄）透明、有舒适的独特香气、香味协调、醇和味长等，主要有5种香型	董酒（董香型）、豉味玉冰烧（豉香型）、一品景芝（芝麻香型）、四特酒（四特香型）、二锅头（老白干型）

另外，一些龙头企业为了满足消费者的需求，在企业自由香型的基础上，又开发出不同香型的酒种，如江苏今世缘酒业股份有限公司根据酱香型白酒的生产工艺，开发出一款清雅酱香型白酒；江苏洋河酒厂股份有限公司基于芝麻香型白酒的生产工艺，开发出了其自有品牌的芝麻香型白酒[8]。

1. 产业概括

根据国家统计局和食品工业的数据，白酒行业2015～2019年销售稳定在5500亿元左右，受国家相关政策和行业整合等影响，近年来白酒行业的利润呈现震荡上行的情况，但其产能在不断降低（图2-4）。同时，在产销量下滑的趋势下，企业数量也在加速减少，自2017年，白酒行业规模以上的酒企数量大幅度减少，从2017年的1593家减少至2018年的1445家，再减少至2019年的1175家，相比于上一年度，数量减少速度分别为1%、9%和19%。值得注意的是，规模以上名酒企业营收及利润增速从2015年开始步入快车道，行业马太效应、集中度提升的趋势已经显现。2019 年全国规模以上 2129 家酿酒企业中,白酒产量 785.95 万 kL,同比下降 0.76%;销售收入 5617.82 亿元,同比增长 8.24%;利润 1404.09 亿元,同比增长 14.54%。

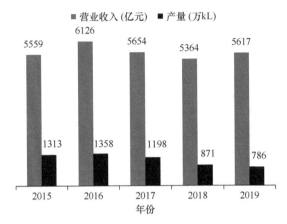

图 2-4　2015～2019 年白酒行业总体情况

如图 2-5 和图 2-6 所示,2018 年白酒行业排名靠前的上市公司累计实现营收 2186 亿元,其中,营业收入和净利润排名第一的均为贵州茅台,营业收入与净利润分别高达 772 亿元和 352 亿元,其营业收入和净利润分别是排名第二的五粮液的 1.93 倍和 2.63 倍。营业收入超 100 亿元的企业共有 4 家,分别为贵州茅台、五粮液、洋河股份及泸州老窖,其相应的净利润也同样位居前四,4 家公司的净利润占统计的上市公司总利润的 87%。

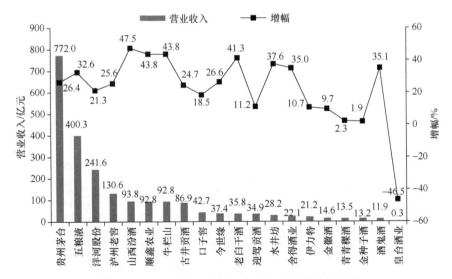

图 2-5　2018 年上市白酒企业营业收入及增幅情况

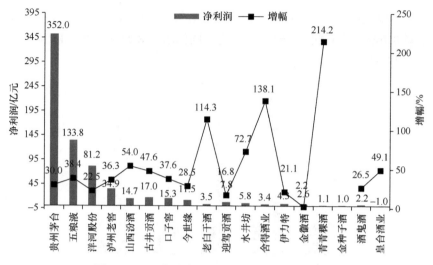

图 2-6 2018 年上市白酒企业净利润及增幅情况

统计分析 2019 年白酒行业各上市公司的营业收入情况，如图 2-7 和图 2-8 所示，白酒行业 2019 年的营业收入和净利润较 2018 年增速来看属于降速期，白酒上市公司业绩存在较大的分化。与 2018 年相同，营业收入和净利润位居前四位的白酒企业依然是贵州茅台、五粮液、洋河股份及泸州老窖。但是，洋河股份的营业收入和净利润均为负增长，分别为-4%和-9%，在龙头企业中处于最低水平。针对这一问题，业内人士普遍分析认为，洋河股份公司存在的渠道策略及产品结构问题，是公司营业收入和净利润增速大幅度放缓的一个主要原因。

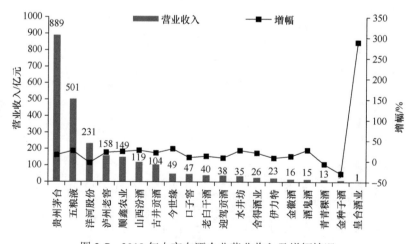

图 2-7 2019 年上市白酒企业营业收入及增幅情况

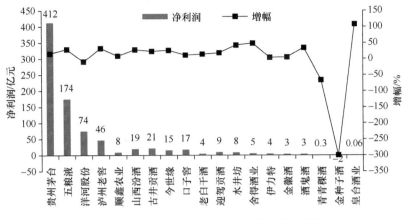

图 2-8　2019 年上市白酒企业净利润及增幅情况

如图 2-9 所示，统计分析发现在白酒从业人员总数中，贵州茅台、五粮液和洋河股份稳居前三，员工总人数均过万。但是，对人均产值进行分析发现，泸州老窖的人均产值位居行业第一，其 2018 年的人均产值高达 453 万元。对比发现，贵州茅台虽然利润最高，接近总营业收入的一半，但是其人均产值只有 291 万元，排在第二。另外，迎驾贡酒的人均产值仅为 53 万元，分析其原因可能是其机械化和自动化程度较低，生产操作过程中使用了较多的劳动力。

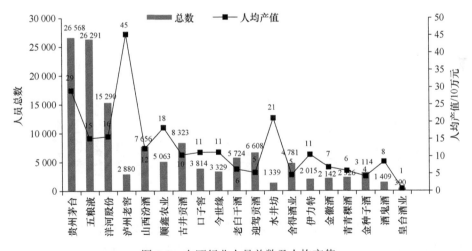

图 2-9　白酒行业人员总数及人均产值

近年来，电商市场渠道成为酒类销售的一个新的趋势，2019 年，阿里巴巴线上数据显示，白酒全年销售额为 71.02 亿元，同比增加 53.24%，同样，其销售量同比增加 28.53%。值得注意的是，白酒龙头企业贵州茅台在线下和线上销售中均居于首位，且较 2018 年均有较大幅度的增加，并与五粮液、洋河股份、泸州老窖及山西汾酒一起位列白酒行业的前五名。

2. 研发投入

分析各上市白酒企业的研发人员情况发现，在白酒企业中研发人员的平均占比为 5.14%（2018 年，图 2-10），其中，泸州老窖、伊力特、古井贡酒和五粮液的研发人数占比位居前四位，其占比值均高于 10%。顺鑫农业的研发人数占比最低，其在 2017 年以前研发人员仅为 7 人，2018 年增加到 64 人，其占比仍旧只有1.26%。另外，统计发现白酒行业的平均研发费用占总营业收入的比例较低，仅为0.7%。其中，青青稞酒和古井贡酒的研发费用占比最高，分别达 2.86% 和 2.59%；而顺鑫农业的研发费用占比仅有 0.12%。古井贡酒不管在研发人数占比还是研发费用投入方面均处于较高水平，主要原因在于新产品的研发、产品品质的提升、酿造智能化装备的投入及酿造新工艺的开发等，并且取得一定的成果。顺鑫农业在研发人数占比和研发费用投入方面均处于最低水平，这可能与顺鑫农业投资涉及行业较多有关，如白酒、屠宰、建筑、地产等。此外，总营业收入和净利润稳居第一的贵州茅台酒业其研发费用占比也较低，仅为 0.52%。

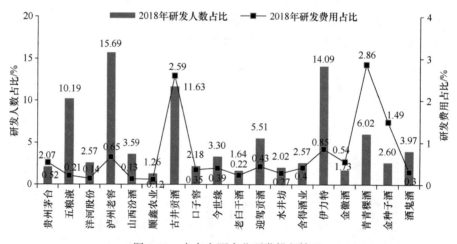

图 2-10　上市白酒企业研发投入情况

在研发平台方面，白酒行业存在一定数量的高新技术研发平台，如泸州老窖股份有限公司建设有国家固态酿造工程技术研究中心，贵州茅台、五粮液、山西汾酒、剑南春集团、宁夏红枸杞产业集团等拥有国家级企业技术中心。洋河股份被认定为中国轻工业工程技术研究中心，另外多家白酒企业陆续设立博士后工作站，如贵州茅台、五粮液、洋河股份、牛栏山、景芝酒业、口子窖、仰韶酒业、今世缘酒业、白云边、稻花香、宣酒等相关白酒企业[9]。

在人才创新驱动方面，考察了大多数上市白酒企业中员工的学历水平，如

图 2-11 和图 2-12 所示。泸州老窖的员工本科及以上学历占比最高，高达 46%，而其研究生学历人员总数虽不及洋河股份的人员总数多，但其所占比例也居于首位，高达 7.33%。基于上述原因，泸州老窖已获批国家固态酿造工程技术研究中心。水井坊的本科及以上学历员工占比也高达 37%，研究生学历占比为 5.08%。贵州茅台在营业收入和利润上一直居于白酒行业的首位，但其高学历员工总数（研究生学历人员）不及洋河股份和泸州老窖，而高学历人才（以研究生学历计）最多的是洋河股份，营业收入和利润居于前十的口子窖的本科及以上学历人才占比最少。对比发现，安徽酒企（古井贡、口子窖和迎驾贡酒）和地处江苏北部地区的今世缘等企业对高层次人才的吸引力较弱，这可能是企业所处的地区较偏，企业在行业中规模和盈利能力相对较差等原因所导致。

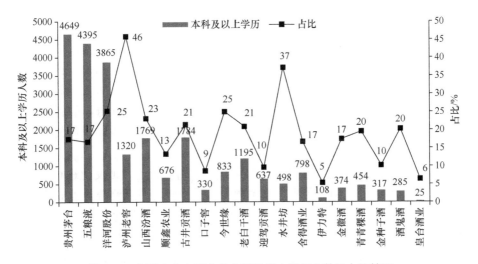

图 2-11　主要上市白酒企业本科及以上学历人数及占比情况

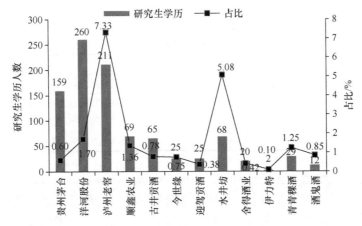

图 2-12　部分上市白酒企业研究生学历人数及占比情况

总体来看，白酒行业由于品牌影响力主导和群众消费观念驱使，白酒企业销售额、盈利呈马太效应，规模大、效益好的龙头企业的研发投入大，人才吸引力强。但是，白酒生产企业的研发投入普遍存在占销售比例较低的情况。另外，地理位置较偏且企业规模不存在显著优势的白酒企业对高端人才的吸引力仍然较弱，这些因素都是制约相关白酒企业进一步发展的重要因素。

2.2.2 黄酒行业

黄酒（Huangjiu），是以谷物作原料（南方多以糯米，北方多以黍米、粟及糯米为原料），应用麦曲或小曲做糖化发酵剂制成的酿造酒。黄酒是世界上最古老的酒种之一，其与啤酒、葡萄酒并称为世界三大古酒。黄酒源于中国，且唯中国有之。目前，我国黄酒的主要生产地区集中在浙江、江苏、上海、福建、江西、安徽和广东等东南地区，而北方地区如山东、陕西、辽宁大连、河南鹤壁等也有少量的生产厂家。黄酒的品牌主要有：绍兴黄酒（古越龙山、会稽山、状元红、女儿红和塔牌等）、上海老酒、张家港沙洲优黄、南通白蒲黄酒、九江封缸酒、福建老酒、苏州同里红、无锡惠泉酒、吴江吴宫老酒、江苏金坛和丹阳的封缸酒、湖南嘉禾倒缸酒、广东客家娘酒、湖北老黄酒、山东即墨老酒、陕西黄关黄酒、大连黄酒、河南双黄酒和鹤壁豫鹤双黄等。

2009年，在中国文物保护基金会等组织下，对我国的黄酒文化进行了保护，并根据酿制黄酒所使用的曲种提出了黄酒的分类原则，将黄酒分为麦曲黄酒和红曲黄酒两种类型。其中，麦曲黄酒主要是指以浙江、江苏等地为代表的大量厂家生产的黄酒，红曲黄酒主要是以浙江省南部、福建省的广大区域的农家，通过采用红曲、糯米和水为原料，在不添加其他任何成分的情况下，仅通过人工自然发酵酿造的黄酒。另外，基于黄酒中含糖量的高低，又可将黄酒分为以下4种（表2-2）。

表 2-2　基于含糖量的黄酒分类

分类	含糖量	特点
干型黄酒	≤15.0 g/L	口味醇和、鲜爽、无异味
半干型黄酒	15.0～40.0 g/L	口味醇厚、柔和、鲜爽、无异味
半甜型黄酒	40.1～100 g/L	口味醇厚、酒体协调、鲜甜爽口、无异味
甜型黄酒	≥100 g/L	口味鲜甜醇厚、酒体协调、无异味

黄酒的传统酿造工艺包括浸米、蒸饭、晾饭、落缸发酵、开耙、坛发酵、煎酒和包装等一系列工序。目前，我国大部分地区黄酒的酿造工艺与传统黄酒的酿造工艺一脉相承，具有异曲同工之妙。近年来，随着科学技术的发展和机械化程

度的加深，黄酒生产技术有了很大的提高，通过将科学技术手段融入新菌种、新原料、新技术及新设备等方面，为传统黄酒工艺的改革及新产品的开发带来了新机遇，从而促使整个黄酒产业产品的不断创新和酒质的不断提高。黄酒因其酒度柔和、风味独特、营养丰富受到广泛好评，近年来随着人们对低度酒的认同，黄酒的被接受度有了一定提升；但仍然存在工艺相对落后、消费群体年龄较大、风味不能顺应时代潮流等问题。

1. 产业概括

我国黄酒市场较为分散，主流为浙派、海派和苏派，消费也主要在江苏、浙江和上海地区。另外也有一些地区性黄酒，如闽派、徽派、北派和湘派等。如图 2-13 所示，近年来我国黄酒产量不断上涨，从 2011 年的 171.3 万 kL 增长至 2015～2019 年的年均 320 万 kL，其中在 2016 年、2017 年，黄酒行业营业收入达到近 200 亿元，但 2018 年、2019 年又有所回落。其中，2018 年，国家统计局统计的规模以上黄酒生产企业共有 115 家，其中亏损企业有 8 家，企业亏损率占比为 6.96%。规模以上黄酒企业的总累计完成销售收入为 167 亿元，产量达到 335 万 kL，累计实现利润总额 17.2 亿元，与 2017 年同期相比下降 7.20%，调查其原因，发现黄酒行业在扩大消费市场的同时，其市场推广的费用也大幅提高，其销售成本相应提高 6.28%，总销售费用提高量达 12.42%，从而导致了整个黄酒产业盈利水平的下跌。2019 年，黄酒行业的总产量仍旧呈下降趋势，但总营收相比 2018 年有所增加，利润总额也增加至 19.3 亿元。

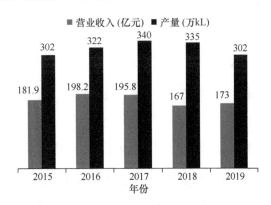

图 2-13　2015～2019 年黄酒产销量情况

根据统计局和食品工业的数据（图 2-14、图 2-15），2018 年黄酒企业整体的营业收入和利润不太乐观，CR3（业务规模排名前三名的公司所占有的市场份额）黄酒企业收入占市场总收入的 22%，在非上市企业中南通白蒲、老恒和及沙洲优黄的营业收入额明显高于其他企业。另外，相比于 2017 年，黄酒行业 2018 年的营业收入和净利润整体呈下滑趋势，特别是金枫酒业在营业收入和利润上下降极度明显。相比于白酒行业，黄酒行业龙头企业古越龙山的营业收入仅略高于白酒行业的金徽酒、青青稞酒及金种子酒等企业，而 2018 年白酒龙头企业贵州茅台的营业收入是古越龙山的 45 倍。

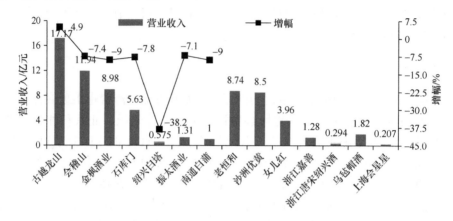

图 2-14　2018 年黄酒企业营业收入及增幅情况

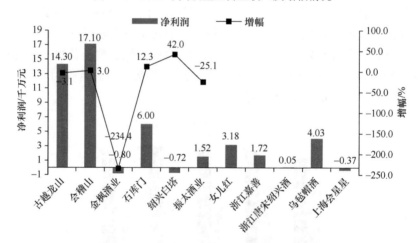

图 2-15　2018 年黄酒企业净利润及增幅情况

如图 2-16 所示，2019 年国家统计局统计的规模以上黄酒生产企业总计为 110 家（2018 年为 115 家），其中，亏损企业共 6 家，企业亏损占有率为 5.45%。规模以上黄酒行业完成销售收入 173.27 亿元，同比增长 3.44%，利润总额为 19.26 亿元，同比增长 11.98%。2019 年黄酒行业整体发展平衡，利润的增长幅度比销售的增长幅度大，一方面反映了黄酒行业销售收入的增幅不温不火，不够强劲，另一方面也反映了黄酒行业产品结构、价值回归初现成效。另外，古越龙山、会稽山和金枫酒业三家上市的黄酒企业中，2019 年古越龙山和金枫酒业的营业收入呈增长趋势，会稽山出现下滑，但利润总额中，只有古越龙山呈增长趋势（图2-16）。基于对白酒龙头企业发展历程的分析，我们有理由认为制约黄酒行业发展的根本原因并非是黄酒的口感和人们的饮用习惯，如果黄酒企业可以集中资源做好潜力巨大的江苏、浙江和上海市场，然后再向其他市场拓展，是有望实现较快发展的。

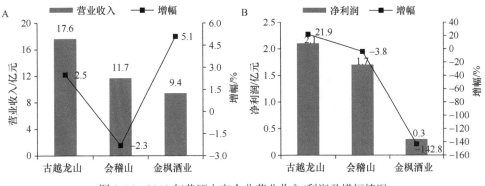

图 2-16　2019 年黄酒上市企业营业收入/利润及增幅情况

2. 研发投入

如图 2-17 所示，上市的三家黄酒龙头企业的人均产值在 70 万～80 万元，其员工本科及以上学历占比为 11%～14%，与白酒企业中顺鑫农业水平相当。可以看出，传统酿造型的黄酒企业在吸引人才方面吸引力比较弱。古越龙山的员工人数最多，其员工本科及以上学历占比也很高，约达 14%，可见古越龙山较会稽山和金枫酒业更加注重人才引进。尽管金枫酒业在人员总数上不占优势，但其员工本科及以上学历人数与古越龙山相当，且硕士及以上学历人员有 19 人。从研发人员占比分析，绍兴酒中会稽山和古越龙山的投入比金枫酒业更多。相比白酒行业的人员数，黄酒行业仍具有较大差别，黄酒行业三家黄酒上市企业的人员总数之和仅是白酒行业的 1/10。另外，从人均产值来看，三家黄酒上市企业的人均产值均集中在 70 万～80 万元，而沙洲优黄企业的人均产值最高，是三家黄酒上市企业的 2 倍，这可能与该企业机械化程度较高、企业员工人数少等原因相关。

从几家典型黄酒企业的研发费用占比（图 2-18）可以看出，会稽山酒业的研发费用投入最高，占总营业收入总额的比例也最大，表明该公司对技术创新比较重视。其次是古越龙山，该企业于 2018 年在"优质高效安全绍兴黄酒酿造酵母选育及产业化应用"研究项目中获中国酒业协会科学技术进步奖一等奖、浙江省科学技术进步奖二等奖。在科研平台方面，浙江的绍兴黄酒集团整合古越龙山和会稽山等黄酒公司，建立了国家黄酒工程技术研究中心。另外，基于与江南大学的长期合作，双方合作成立了古越龙山博士后工作站。同样，上海金枫酒业股份有限公司的黄酒研究中心，在 2007 年被批准列入上海市第十二批市级企业技术中心。总体而言，由于区域性专属特点比较强，相比白酒，黄酒的销售额体量较小，且黄酒企业普遍利润率和研发投入都较低，人才吸引力较弱。

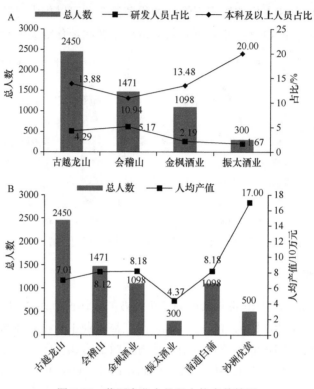

图 2-17 黄酒企业人员及人均产值情况

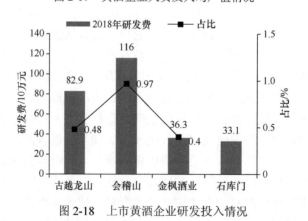

图 2-18 上市黄酒企业研发投入情况

2.2.3 酿造酱油行业

酱油（soy sauce），又称为豉油，主要将大豆、小麦、麸皮等原料经过制油、发酵等程序酿制而成。酱油是中国传统的调味品，由酱演变而来，在我国周朝就有关于酱制作的记载。随着文化的传播，酱油制造已遍及世界各地，如日本、朝鲜、韩国及东南亚一带。酱油的组成成分比较复杂，除了食盐外，还包括氨基酸、有机酸、糖类、色素及香料等多种成分[10]。酱油富含食盐导致其以咸味为主，而其含有的氨基酸、有机酸等成分使其具有鲜味、香味等特性。因此，酱油不仅具有能够增加和改善菜肴味道的功能，还具有能够增添或改变菜肴色泽的作用。随着中餐、日本料理等在全球的普及，酱油也得到了全球的广泛欢迎。

我国酱油酿造的技艺，在古代一般被认为是一个家族的秘密技术，其酿造工艺或方法一般由家族中某一位师傅掌握，该技术往往只是在家族内通过子孙代代相传或由某一派的师傅秘密传授，从而形成了某一待定方式的酿造工艺。近年来，依据不同方式对酱油进行了分类，见表 2-3。

表 2-3　不同酱油分类形式及其特点

分类依据	类型	特点
发酵方式	低盐固态工艺	低盐，由大量麸皮、部分稻壳及少量麦粉形成固态酱醅，应用粗盐封池发酵所得
	浇淋工艺	发酵池发酵，池设假底，假底下为酱汁，用酱汁浇淋酱醅表面，通过均匀发酵所得
	高盐稀态工艺	将原料豆粕高压蒸煮、小麦焙炒为原料，经过混合制曲发酵、压榨取汁后所得
发酵过程	广式高盐工艺	风味一般、颜色较好，通过常温发酵、自然晒制所得，以香港传统酱园及海天为代表，主要用于生产上色酱油
	日式高盐工艺	风味香浓、颜色较淡，采用保温、密闭、低温发酵所得，主要用于制作生抽、味极鲜等
产品颜色	生抽	色泽红润、滋味鲜美协调、清澈透明、颜色较淡，将原料大豆、面粉天然露晒发酵所得，多用于炒菜或凉菜等
	老抽	有光泽、颜色深，呈棕褐色，在生抽基础上，加焦糖后经过特殊工艺制成，多用来给食品着色

1. 产业概括

酱油产业是传统发酵食品产业集中度最高的行业，其产值也较高，占调味品总额一半以上。从统计数据可以看出（图 2-19），2016～2018 年酱油产量和销售额逐年增加，2018 年，我国酱油的总产量高达 1041 万 t，同比增长了 4.4%，销售额 920 亿元。其中，排名靠近品牌（海天、美味鲜、李锦记、东古调味、欣和食品和福达中国等）占整个行业规模超过 30%。上市公司披露数据中，海天和美味鲜（中炬高新）的研发占比较高（分别为 2.8%和 3.6%）；相比 2015 年，2018 年海天酱油销售额增加 52%，美味鲜销售额则增加达 46%，可以看出广式酱油具有亚热带气候、日照时间长和温度高等地理优势及技术积累优势，增长速度很快。基于中国调味品协会统计的酱油行业百强企业中前十强企业的产量及整个酱油行业的市场规模,可以测算出目前酱油产业 CR3/CR5 的集中度分别为 29.5%/34.9%,其中,龙头企业海天调味食品的市场占有率高达 18.4%（图 2-19）,客观来说,酱油产业的行业集中度已趋近成熟。

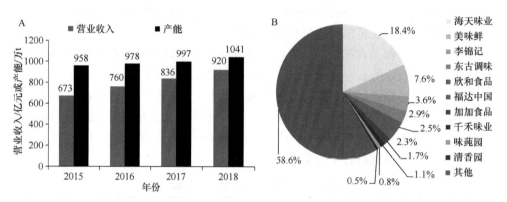

图 2-19　2015～2018 年酱油行业产销量及 2018 年市场行业格局情况

2019 年,统计的 33 家酱油企业的总生产量达 520 万 t,同比增长 12.66%,排名前三的分别为海天味业食品、美味鲜（中炬高新）和欣和食品,其产能分别为 223.17 万 t、80.21 万 t 和 39.74 万 t。4 家上市企业中,2019 年海天酱油的销量高达 217 万 t,较上年同比增长 15.62%,总营业收入为 116.29 亿元,同比增长 13.6%;美味鲜（中炬高新）的销量达 44.54 万 t,同比增长 10.83%,总营业收入为 28.8 亿元,同比增长 11.2%;加加酱油的销量达 44.54 万 t,总营业收入为 10.18 亿元,同比增长 11.6%;千禾酱油的销量达 15.2 万 t,同比增长 36.76%,总营业收入为 8.35 亿,同比增长 37.20%（图 2-20）。

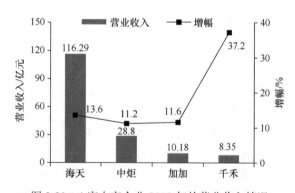

图 2-20　4 家上市企业 2019 年的营业收入情况

另外,随着我国信息技术的不断发展,网上购物逐渐成为人们喜爱的购物新模式。2019 年,酱油行业线上销售额持续增长,仅阿里巴巴全网销售额高达

5.8 亿元，同比增加 40.2%，销售量同比增加 28.8%，其销售情况远优于线下商场销售情况，不管是线上还是线下销售，作为酱油龙头企业的海天其销售额均占市场的 1/3 左右，并且在全年销售额中也占据绝对优势，行业 CR3（海天、千禾和李锦记）线上销售额占比 2018 年到 2019 年由 57% 增加至 64%，虽然千禾在线下销售中没有居于前三，但其销售额也有较大幅度的增长（图 2-21、图 2-22）。

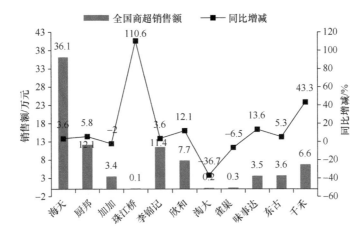

图 2-21　2019 年酱油企业线下销售情况

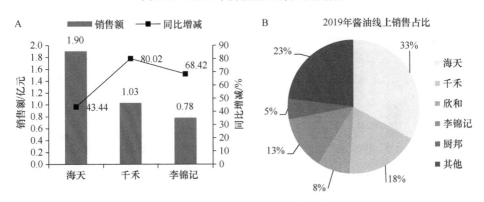

图 2-22　2019 年酱油企业线上销售情况

如图 2-23 所示，分析酱油行业人员总数发现，海天调味食品的人数和人均产值均为最高，人均产值高达 332 万元，与人均产值仅次于海天的加加拉开较大的差距，是加加人均产值的 2.6 倍，并且是员工人数仅次于海天的中炬高新人均产值的 3.7 倍。但是，相比于白酒企业，仍具有较大的差别，海天调味食品的人均产值与白酒行业中贵州茅台人均产值相当。上述情况说明酱油企业整体的销售还处于较低水平。

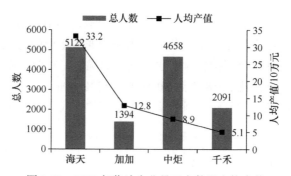

图 2-23　2018 年酱油企业员工人数及人均产值

2. 研发投入

如图 2-24 和图 2-25 所示，从上市酱油企业的人才创新方面分析上市酱油企业员工本科及以上学历占比发现，海天调味食品的员工本科及以上学历占比最高，其中 60.31%的员工为本科及以上学历，这也与海天酱油一直在行业进行领头创新、大规模实现机械自动化和部分智能化生产有关。美味鲜（中炬高新）的本科及以上学历占比为 33.6%，排名第二，然后是加加食品和千禾味业。另外，在高层次人才占比方面，海天和中炬高新比例较高，分别为 1.48%和 1.03%，千禾味业

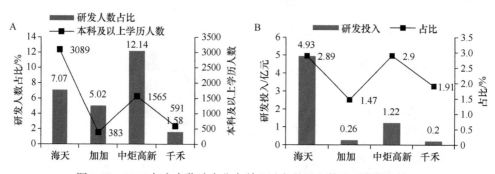

图 2-24　2018 年上市酱油企业本科及以上学历人数及研发投入情况

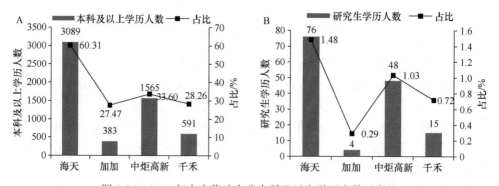

图 2-25　2018 年上市酱油企业本科及以上学历人数及占比

排名第三为 0.72%，加加食品的研究生学历占比仅为 0.29%。在创新平台方面，
酱油企业大部分为省级企业技术中心或工程研究中心，如广东省有依托其酱油研
发建立的创新平台——广东省酿造工程技术研究开发中心，另外，千禾味业建设
有调味品添加剂工程技术中心，加加食品建设有湖南省调味品发酵工程技术研究
中心等。因此，在未来通过促成酱油企业的国家级工程研究中心或企业技术中心
的建设，对进一步加强酱油行业或相关企业的创新能力具有重要作用。

　　总体来看，我国经济上行和中华饮食特点促进了酱油消费快速增长，多家知
名企业都在积极布局扩产能。由于广式酱油采用深层发酵技术工艺的优势和地处
亚热带，上市公司海天和中炬高新占尽优势，每年研发投入较高，另外地处珠三
角，吸引较多高层次人才，形成较强技术储备和实力。

2.2.4　酿造食醋行业

　　食醋（table vinegar）是一种酸味调味品，其酸度一般在 2%～9%。酿造食醋
主要是将粮食、糖类、食用酒精等原料，在微生物发酵作用下酿制而成。根据酿
造的原料、工艺和风味的区别，酿造食醋通常可分为陈醋、香醋、米醋、特醋、
熏醋、麸醋、酒醋、糖醋和白醋等。我国著名的食醋有镇江香醋、山西老陈醋、
四川保宁醋、河南老鳖一特醋、连云港滴醋、天津独流老醋及福建红曲老醋等。

　　酿造食醋由于所用材料和酿造工艺的不同，其性质和特点一般会存在一些差
异，但总的特点仍是以香味浓郁、酸味纯正、色泽鲜明者为最好。中国的食醋酿
造历史源远流长，在我国早至殷商时期就有相关记载，食醋具有增加风味、助消
化等特点，被誉为"开门七件事"之一，是消费者必需的日用品。在西方，苹果
醋也是重要的调味品和饮品，普遍被认为具有一定保健功效。随着人们在食醋认
知方面加深，食醋已从简单的调味品逐渐演变成烹调型、佐餐型、保健型和饮料
型等新型系列（表 2-4）。

表 2-4　不同食醋分类及特点

不同类型	醋浓度	特点
烹调型	约 5%	醇香、味浓，具有解腥去膻助鲜的效果，适用于肉类、鱼及海味等的烹调
佐餐型	约 4%	味甜，具有较强助鲜效果，适用于拌凉菜或蘸吃等
保健型	约 3%	口味较好，具有强身和防治疾病的效果，如红果健身醋和康乐醋等
饮料型	约 1%	在食醋发酵中加入蔗糖、水果等的新型饮料，具有生津止渴、防暑降温、增进食欲和去除疲劳等作用

1. 产业概括

我国共有将近 6000 家的食醋生产企业，但是品牌企业生产量仅占总产量的

30%左右，而作坊式小企业的产量占比将近 70%。作坊式生产的小型企业通常存在生产技术落后、规模效应缺乏、生产效率低下、产品质量无法保证等问题，从而导致其市场竞争力差。近年来，我国食醋业发展迅速，食醋的年产量和营业收入逐年增加，2018 年食醋营业额达到 94.8 亿元，同比增长 20.76%。2018 年中国食醋年产量已接近 500 万 t（图 2-26）。100 强调味品行业中统计的食醋企业有 39家，食醋生产总量为 164.9 万 t，销售收入为 63.1 亿元，分别比 2017 年增长 6.3%和 8.1%。而行业排名第一的恒顺醋业市场份额为 5.2%，CR5（恒顺、水塔、紫林、保宁、海天）仅为 14.9%。其中恒顺醋业已经上市，紫林醋业正在筹划上市。2019年，100 强调味品行业中统计的食醋企业有 37 家，其食醋生产总量继续上涨至170.3 万 t。另外，2019 年食醋行业全网线上销售额 2.6 亿元，销售量同比增加 5.9%，虽然其年产量和销售收入也在稳定增长，但食醋行业整体销售还是远低于其他的传统发酵食品，规模以上的企业销售额只占总销售额的 30%（图 2-27）。

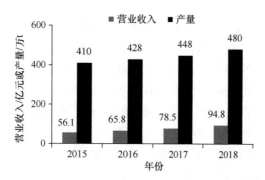

图 2-26　2015～2018 年食醋产销量情况

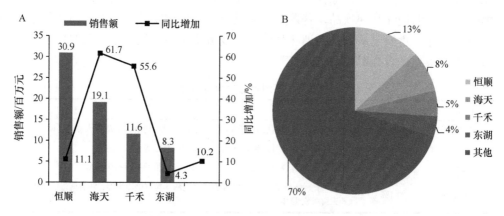

图 2-27　2019 年食醋企业线上销售情况

恒顺醋业是国内食醋企业的龙头之一，也是国内在 A 股市场上市的唯一一家以食醋为主营产品的调味品公司。多年来，通过不断的并购扩张，2018 年全国食醋产量 10 万 t 以上的企业有 4 家，恒顺醋业、紫林醋业、山西水塔和保宁食醋，产量分别约为 32.5 万 t、18.3 万 t、15.7 万 t 和 3.5 万 t，占总数的 11%；总产能在 5 万～10 万 t 的食醋企业一共有 3 家，占规模以上企业总数的 8%；总产能在 1 万～5 万 t 的企业有 22 家，占规模以上企业总数的 61%；总产能在 1 万 t 以下的企业有 7 家，占规模以上企业总数的 20%（图 2-28）。2019 年，生产总量排名前三位的依次为恒顺醋业（33.18 万 t）、山西紫林醋业（18.86 万 t）和海天调味品（16.51 万 t）。

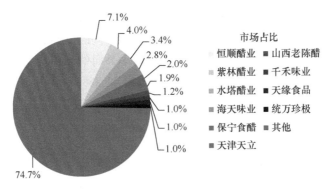

图 2-28　2018 年食醋市场行业布局情况

　　总体而言，调味品产业中酿造食醋行业的集中度要远低于酿造酱油行业，基于中国调味品协会统计的百强食醋企业前十名企业的产量及食醋全市场及产量规模，推算得到目前酿造食醋行业 CR3/CR5 集中度分别为 14.4%/19.3%，其中，龙头企业恒顺醋业的市场占比仅为 7.06%。从已知数据分析，食醋行业集中度仍具有较大的提升空间。虽然酿造食醋在不同地域的特征口味存在明显的差异，但是不同地区的消费习惯也会相应地受到市场培育的影响。因此，整个行业的发展机会还是比较明朗的。另外，随着酿造食醋行业整体水平的升级，消费者的品牌意识正在不断地加强，而已经具备品牌辨识度的龙头企业更容易获得利益。2019 年，酿造食醋行业中国品牌力指数位列前三的分别是海天味业、恒顺醋业和水塔醋业（图 2-29）。

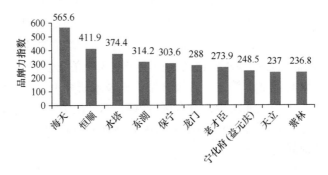

图 2-29　2019 年食醋行业中国品牌力指数

2. 研发投入

分析不同企业的研发情况，恒顺醋业和紫林醋业的研发投入占比在3%左右，2018年恒顺醋业的研发投入为4770万，较2017年增加257%，2018年研发费用占营业收入的2.82%，与酱油行业龙头海天调味食品的2.89%和中炬高新的2.9%旗鼓相当，高于千禾味业的1.91%及加加食品的1.47%，主要原因是公司为了全面加强人才队伍建设，提高了公司整体的创新能力，进一步优化人才结构，强化人才招聘力度，引进高素质、高潜力的行业人才，同时，明确企业人才的职业规划并进行定向培养，始终坚持以高素质人才驱动公司的高质量发展。恒顺醋业的人均产值为64万元，其本科及以上学历占比为11.55%，这两项指标与黄酒行业比较接近（图2-30）。这表明发酵食醋行业还是相对较为传统的企业，机械自动化、创新驱动方面的人才吸引力比较弱。

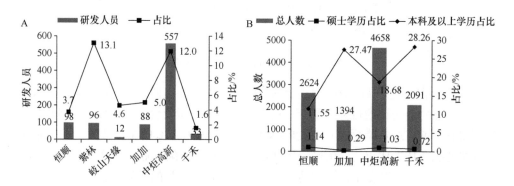

图2-30 2018年食醋企业研发人员和本科及以上学历人数及占比情况

从平台方面分析，恒顺集团建设有国家级企业技术中心，另外，公司设有国家级的博士后工作站；山西水塔老陈醋股份有限公司是国家八部委命名确定的全国农业产业化重点龙头企业，同时，也是国内目前生产规模最大、产品产量最高、市场占有率最大的老陈醋生产企业；另外，石家庄珍极酿造集团有限责任公司则为中国补铁工程试点企业，主要参与起草了酿造食醋和酿造酱油2项国家标准，以及配制食醋、配制酱油和酸水解植物蛋白调味液3项条文强制性行业标准。2019年，山西省依托紫林醋业，筹建了省级食醋工程技术研究中心。总体而言，食醋行业仍比较分散，大型企业较少，具有区域性特点，全国的总产值和郫县豆瓣酱产值接近（仅一个郫都区）。处于龙头的食醋企业研发占比仅为3%，该行业高学历人才吸引力相对较弱。

2.2.5　其他发酵食品行业

1. 酿造料酒行业

料酒是烹饪用酒的称呼，是继食用油、酱油、食醋、鸡精后的"第五大必需品"，其主要成分包括黄酒、糖类、有机酸类、糊精、酯类、氨基酸、醛类、杂醇油及相关浸出物等。料酒的酒精浓度通常较低，其含量一般在 15% 以下，由于富含酯类和氨基酸等物质，料酒具有香味浓郁、味道醇厚等特征。在烹制菜肴的过程中，使用料酒的作用主要是调味，如去腥增香。我国市场上不仅有料酒，还有黄酒。但是，有部分消费者将黄酒也称为料酒，另外，他们也将黄酒当成料酒进行使用，然而事实上二者并不完全相同。料酒与黄酒的最大区别在于黄酒本质是一种饮料酒,而料酒则是在黄酒的基础上衍生出来的一种新品种,通常是以 30%～50% 的黄酒为基础，再加入一些如食用盐、葱姜汁等香料或调味料复配而成的。与黄酒相比，在烹饪过程中加入料酒不仅使菜肴味道好，而且料酒的价格更便宜。另外，料酒通常只有在制作菜肴的时候才使用。料酒是中国调味品的细分品类中产量增长最快的品类之一，我国料酒 2015 年产量为 248 万 t，2019 年增长至 315 万 t（图 2-31）[11]。

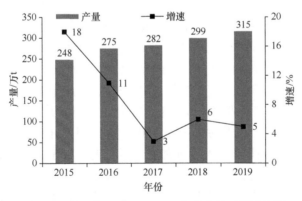

图 2-31　料酒产业 2015～2019 年的产量及增速情况

据统计，我国目前有 3000 余家料酒生产企业，主要以中小型生产企业为主，整个行业的集中度相对较低，且行业竞争激烈，其行业 CR5 在 20% 以下，可以概括为目前料酒市场正处于一个群雄逐鹿的时代。我国料酒品牌产销主要集中在 4 家企业：老恒和、老才臣、王致和及恒顺，产量销售额合计占比达 18%。其中，上市公司老恒和从 2015～2018 年，销售额一直维持在 8 亿～8.7 亿元，增长缓慢，其中料酒销售占据 69.6% 左右；但其净利润 2015～2017 年出现二连降，净利润由 2.29 亿元依次降为 2.07 亿元和 1.87 亿元，2018 年又回升至 2.02 亿元。老恒和的人均产值达 144 万元，大约是黄酒行业的 2 倍。此外，海天、千禾、鲁花等众多调味品一线品牌发力料酒市场，而老恒和料酒的主力市场仍只集中在华东区域。近年，随着中餐全球盛行和海外华人增加，欧美和马来西亚（华人较多）均从中国进口料酒（2017 年，65t）。

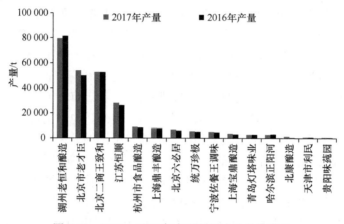

图 2-32 2016～2017 年主要料酒企业的生产量

料酒是从黄酒衍生出来的调味品，有传统料酒，也有用于提鲜提香的新型料酒。目前，料酒行业总产值在调味品占比中排第二，但是并无针对料酒行业设立的省级以上工程中心或企业技术中心，行业平台较弱。调味料酒酿造门槛较低，且很多人把黄酒和调味料酒两者混为一谈。黄酒执行的是"GB/T"开头的国家标准。调味料酒执行的则是以商务部归口的 SB/T10416—2007 行业标准。另外，"调味料酒"的术语或定义是"以发酵酒、蒸馏酒或食用酒精成分为主体，添加食用盐（可加入植物香辛料），配制加工而成的液体调味品"。由于不用考虑口感等因素，所以陈酿过程较短，各个企业产品质量参差不齐，2019 年 12 月才开始实施团体标准[12]。

目前部分料酒规模以上生产企业如老才臣、老恒和等对料酒生产工艺投入大量研发资金，对生产工艺进行现代化改造。北京老才臣建设有研发中心，工厂基本实现数字化制造，在原料预处理、发酵/陈酿、调配灌装等工段都已实现自动控制和监控。在技术创新上，老恒和也十分注重校企产学研合作，建设公司研发中心，与江南大学、中国食品发酵工业研究院合作，建立院士专家工作站，拥有一批高素质领军人才组建的科学技术创新团队。老恒和作为第一起草单位，制定包括酿造料酒在内的 3 个国家行业标准。2017 年老恒和的"黄酒大罐贮存酸败微生物控制及风味提升技术研究"项目通过技术鉴定。

2. 发酵酱类行业

"酱"是起源于中国的一类调味品。《周礼》中就有"百酱八珍"的相关记载，说明酱在我国的周朝时期就已经开始生产。最初出现的酱是以肉类为原料制成的。之后，随着农耕文化的兴起，创造出了植物性酱类，其中，以大豆为原料的豆酱类的产品发展尤为迅速，主要包括豆酱、面酱、豆豉、黄酱及辣酱等。在我国，发酵酱种类繁多，分布范围广，是人们日常饮食中的重要调味品。

调味酱是具有协调各类食品味道的作用，从而满足食用者要求的一类酱状调味品。根据其生产工艺，调味酱可以分为发酵型和非发酵型两类。其中，发酵型酱类通常是指以黄豆、蚕豆等豆类为基础原料，经过微生物发酵后获得调味酱，主要有豆瓣酱、豆豉、纳豆、腐乳、黄豆酱等。从 2015～2018 年，我国酱类产量维持在 75 万 t 左右。如图 2-33 所示，在 30 家规模企业中，海天在保持黄豆酱领先的同时，其酱类占据 32.8%份额，且排名前 2～7 名占据 59.0%，包括天津市利民、鸡泽县天下红辣椒、上海味好美、黑龙江香其、四川省丹丹郫县豆瓣、四川省远达集团富顺县美乐等企业，行业集中度相对较高。另外有一些属于地理标志产品，如郫县豆瓣酱，大大小小有近 100 家企业，企业品牌集中度不高，独立进行自主创新和技术改进受资金和技术等限制；2018 年郫县豆瓣的产值接近人民币100 亿元，其中每年出口约 1 亿美元。

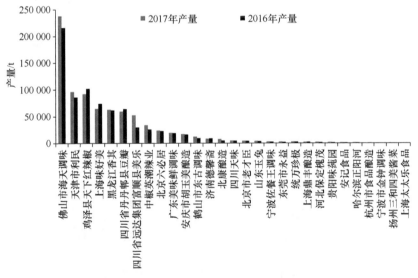

图 2-33　2016～2017 年百强酱类企业的产量

中国调味品协会的统计数据显示，2017 年调味品行业著名品牌企业 100 强（94 家）统计数据中，共有 29 家企业生产调味酱相关产品，其总产能高达 82 万 t，而总销售收入则高达 68 亿元。2017 年,70%的酱类生产企业的产能实现了正增长，而在所有正增长的企业中，高达 57%的企业增长率超过 10%。2018 年，海天、天津利民和黑龙江香其酱类产量占据前三，分别为 24.2 万 t、11 万 t 和 6.3 万 t。而上海太太乐以 82.8% 的增长率、宁波金钟以 32.2% 的增长率和钟祥市罗师傅粮油以 20% 的增长率位列酱类产量增长率前三位。从上市公司披露的营业收入来看，2018 年海天调味食品的黄豆酱销售稳居第一，营业收入高达 21 亿元，比 2017 年增加 2.55%。

郫县豆瓣酱是典型传统发酵食品，也是典型的国家非物质文化遗产和地理标志性产品。随着川菜走向世界，郫县豆瓣酱产销量逐年增加，2004 年产值为 10 亿元，到 2018 年则接近 100 亿元。郫县豆瓣酱大大小小企业近 100 家，其中鹃城、丹丹和饭扫光三家占据较大份额 [其中四川省丹丹郫县豆瓣集团股份有限公司（简称丹丹集团）和四川饭扫光食品集团（简称饭扫光集团）销售额包括其他调味品产值]。目前，成都郫都区政府专门打造了一个食品园，把很多郫县豆瓣酱企业转移进去，形成规模产业集群优势。

从郫县豆瓣企业的研发人员和研发投入上来看，老牌企业鹃城更加注重高级研发人才的引进；而饭扫光集团正在加大研发费用的投入，主要用于公司对新产品的开发，目前所在企业成功打造出了"饭扫光"和"川老汇"两大品牌。如图 2-34 所示，各豆瓣酱企业的研发人员平均占比为 4.28%，其中鹃城郫县豆瓣研发人数占比最高，约为 10%。旺丰豆瓣的研发人员数目占比最低，尚不足 2%，研发人数仅为 7 人。郫县豆瓣酱行业平均研发费用占营业收入的比例为 1.01%，其中饭扫光和鹃城豆瓣的研发费用占比最高，分别达 1.76% 和 1.67%；而旺丰豆瓣的研发费用占比同样仅有 0.12%。

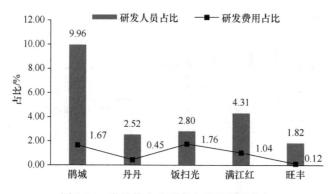

图 2-34 发酵酱企业研发人员及研发投入

在科研平台方面，四川的丹丹郫县豆瓣集团在 2017 年建设有全国调味品行业内唯一国家级企业技术中心，另外，公司还建设有国家豆瓣酱加工技术研发专业中心和四川省豆瓣酿造技术工程实验室两个省级创新平台。另外饭扫光集团旗下高福记生物科技有限公司建设有"郫县豆瓣罐式发酵中试基地"，尝试实现郫县豆瓣酱生产自动化、智能化、机械化和生产数字化，公司目前已获得国家级高新技术企业的资质。专利申请来看，郫县豆瓣酱专利主要集中在鹃城、丹丹、饭扫光和满江红 4 家公司，数量在 17～30 项；旺丰公司仅有 1 项发明专利，而其他豆瓣酱企业则没有申请过任何发明专利。

2.3　中国传统发酵食品产业区域发展差异

酿造产业历史悠久，基础雄厚，不仅是民族工业的重要组成部分，而且是满足我国居民消费结构升级的特色食品产业之一。传统发酵食品已发展了数千年的历史，在不同地区存在着差异，形成了一大批的优秀企业。以白酒、黄酒、酿造酱油、食醋和酱类等典型生产企业为契机，分析不同产品在中国不同地区的发展差异。主要从白酒（茅台、五粮液、泸州老窖、劲牌、今世缘、古井贡酒等）、黄酒（古越龙山、会稽山、金枫酒业、张家港酿酒）、酱油（海天、美味鲜、李锦记等）、食醋（恒顺、白塔等）、发酵酱（郫县豆瓣酱）等方面进行国内不同区域（东、中、西部）行业的差异分析，从而剖析导致我国传统发酵食品区域发展差异的外在和内在因素。

发酵食品一直深受中国人民的喜爱，随着物流通达和人类迁徙，发酵食品已随着人们的旅途走向中国的大江南北。从不同产品中典型的产品（白酒：茅台、五粮液、泸州老窖、洋河；黄酒；酱油：海天、李锦记和美味鲜；食醋；郫县豆瓣酱）等方面分析目前国内不同产品的地区消费差异，最后，分析典型国外发达国家相关产业的发展策略，主要以日本龟甲万、帝亚吉欧酒业、巴萨米克香醋等为例，为国内传统发酵产业的升级提供一定参考。

2.3.1　企业技术水平的差异

白酒方面，品牌呈马太效应，大品牌愈强，小品牌逐年削弱。茅台、五粮液、洋河等白酒企业虽然地处相对经济落后地区，但是其利润率高。通过调研数据发现，年净利润超过 10 亿元的规模白酒企业对技术研发投入较大，其技术水平也较高，如五粮液投入大量资金进行技改，可实现生产全过程的检测和控制。另外，有些企业如泸州老窖建设有国家工程中心，吸引大批人才，使得该公司研发实力和生产技术水平不断提高。而处在北京的顺鑫农业，虽然其白酒销售额达到80 多亿，但利润率较低，从而导致其对白酒的研发投入不足，专利和技术改造升级不够。相比高利润率的茅台和五粮液，考虑到生产成本，处于中游的白酒企业如劲牌、今世缘、泸州老窖、古井贡酒等公司则对技术创新追求更迫切，也创造出了装甄机器人和自动制曲机等自动化生产装备。

传统黄酒企业主要集中在江苏、浙江和上海，四大龙头企业的技术水平较高，而其他小型企业则还是采用传统工艺。但是，由于认知原因和技术限制，高端的黄酒仍采用陶坛进行生产，中低端的产品采用大型发酵罐进行生产。黄酒企业普遍利润率低，企业技术革新对黄酒企业创收具有重大影响，如江苏张家港酿酒公司（沙洲优黄）注重技术革新，其利润率将近达到20%。料酒行业的集中度和技术门槛相对更低，另外，一直到2018年才开始启动料酒团体标准制定，并于同年成立中国酒业协会酿造料酒分会。

酱油行业是目前我国传统发酵食品中机械化、智能化及数字化技术水平最高的产业，主要体现在规模化的圆盘制曲机和深层发酵装备在酱油酿造过程中的广泛应用。其中，海天调味食品企业建立了串联发酵、酿造、灌装、仓储等自动化、数字化生产线，其创新和装备水平已达到或接近国际领先水平；广东美味鲜调味食品有限公司通过添置先进的生产设备，优化了生产关键工艺，显著提高了自动化、智能化水平；同样，李锦记、加加食品等企业也正在向生产过程的自动化、智能化迈进，从而构建基于数字化、智能化、绿色化、数据可采集、信息可追溯、管控一体化的数字化加工和酿造工厂[13]。

发酵酱方面，黄豆酱以佛山市海天调味食品股份有限公司为主导，技术先进，利用已有酱油的渠道扩展，占据大部分市场（年销售22亿元）；黄豆酱生产技术门槛不高，企业之间的差异在于工艺配方、品牌和规模。郫县豆瓣酱方面，除了丹丹、鹃城和高福记等实力较强的大企业外，大部分郫县豆瓣酱企业规模较小。另外，基于地理标志产品，政府把郫县豆瓣酱企业进行集中，形成规模集群效应。目前部分郫县豆瓣酱企业改变传统陶坛晒制，采用发酵池、曲床和机械搅拌晒池等较为先进的工艺，提高了产量，减轻了劳动强度。大部分郫县豆瓣酱的生产技术水平差异不大，主要区别在于各个企业使用机械化设备的程度不同。对于豆腐乳、豆豉等生产企业，少数龙头企业逐步完成向机械化和自动化生产，而规模较小企业则很多保留手工操作，企业之间技术水平差异巨大。

食醋也因为是地方特色和地理标志产品，其各自工艺有较大差别。目前较大型食醋企业逐步采用机械化进行操作，以减少劳动力使用，目前正朝着自动化方向改造，离智能化还比较远。其中，上市公司镇江恒顺醋业的生产技术水平是行业内机械自动化生产水平最高的企业，公司投入研发资金较多，技术最先进。

总体而言，企业技术水平的差异取决于企业的利润、在人才和市场压力下的技术创新方面的投入。也正是由于此原因，我国传统发酵食品企业之间的技术水平差异明显，且这一差异正在逐步扩大。

2.3.2 区域消费层次的差异

我国幅员辽阔，地大物博，不同地区的地理环境造就了不同的风俗习惯，正如俗话所说"百里不同风，千里不同俗"，同样，饮食文化也是如此。我国的饮食文化分为南北饮食文化，根据不同地域又能细分为 11 个食文化小圈。总体而言，北方崇尚简朴，而南方追求华美，再细分到各文化小圈，东北地区的口味特点以咸重、辛辣（葱蒜）、生食为主；京津地区的口味特点主要以咸香为主，兼容了八方风味；中北地区的口味特点主要以咸重为主；西北地区的口味特点主要以咸为主，再加上一定的干辣（椒）和香辛料；黄河中游地区的口味特点主要以酸辣、味稍重；黄河下游地区的口味特点主要为咸鲜、味正、辛辣（葱蒜）；长江中游地区的口味特点主要为咸鲜、微辣和酸辣；长江下游地区的口味特点主要为清淡、咸甜适中，食甜比其他地区更突出；东南地区的口味特点主要为清淡、咸鲜；西南地区口味特点为麻辣、酸辣；青藏高原地区的口味特点主要为咸重、辛香、微辣。另外，在饮酒方面，相比较而言，北方地区的人相对较为豪爽，平均酒量一般略大于南方地区的人。

另外，不同地区的饮食文化也导致了不同区域的消费差异。调查研究发现，目前年度白酒人均消费为 2.6L。白酒消费中，茅台、五粮液等全国性品牌，地区消费差异相对较小，但整体经济较发达地区的消费要高于经济相对落后的地区，而洋河酒的销售主要集中在江苏及周边省份，同样，各省的一些地方名酒也主要以各省份所在地向外辐射。黄酒消费主要在江苏、浙江和上海地区，有些其他地区性的黄酒主要在当地进行销售，如山东、河南、江西及福建地的黄酒；老恒和料酒也主要在华东地区销售，老才臣、王致和、恒顺等品牌的地区消费差异小。民以食为天，食以味为先，中国人对舌尖上的味道极为重视，调味品行业年销售几千亿元，而其中传统发酵调味品占据重要组成。发酵类调味品中，广式酱油如海天、李锦记和美味鲜等为全国性品牌，市场占有率高；其他一些品牌大多属于区域性消费，在外省认可度通常相对较低。食醋消费也主要以区域性消费为主。酱类中，海天黄豆酱在全国范围销售，地区消费差异小；郫县豆瓣酱主要在川菜中使用，在四川消费量大，也随着川菜走向全国和世界。

总体而言，随着物流通达和人类迁徙，大部分发酵调味品的区域性消费层次差异不大。黄酒区域消费差异比较明显，主要消费在江苏、浙江和上海，近年来，江苏、浙江地区生产的黄酒也正在开始慢慢地走向全国；一些特殊发酵产品如豆豉主要在云南、贵州地区进行生产消费。另外，经济基础在区域消费层次的差异上具有较大的作用，随着国家经济实力的增强，人们对美好生活的向往更加强烈，希望传统发酵食品能够更安全、更营养、更方便、更美味、更持续，而经济较发达的地区在这方面的需求表现得更强烈。

2.3.3　区域整体创新链、产业链的差异

传统发酵食品在我国具有区域分布广、产业链差异大等特点。白酒通常被划

分为六大板块：川黔、苏皖、两湖、鲁豫、华北和东北，其中川黔地区由于诞生了众多知名白酒品牌，被称为中国的"白酒金三角"。如表 2-5 所示，2016～2017年，排名前五的省份依次为山东、河南、四川、江苏和广东；2018 年以后，黑龙江取代了江苏进入全国前五名；2018 年依次为四川、山东、广东、河南、黑龙江；2019 年依次为四川、山东、广东、黑龙江、河南；排名前五的省份占全国总产能的 42%～46%。

表 2-5　重点省份酿酒产量情况

年份	总产量/万 kL	省份	产量/万 kL	省份	产量/万 kL	省份	产量/万 kL	省份	产量/万 kL	省份	产量/万 kL
2016	7226	山东	823	河南	702	四川	679	江苏	489	广东	445
2017	7077	山东	835	河南	721	四川	657	江苏	534	广东	448
2018	5632	四川	619	山东	597	广东	422	河南	367	黑龙江	345
2019	5590	四川	644	山东	597	广东	422	黑龙江	380	河南	357

为了提升本省区域的产业创新能力，各省提出了系列白酒振兴策略。

1）四川省发布《关于推进白酒产业供给侧结构性改革加快转型升级的指导意见》和"川酒振兴 2.0 计划"，推进"基地品牌化、企业品牌化、产品品牌化"，创新升级宜宾、泸州白酒新型工业化产业示范基地，着力推动邛崃、绵竹、射洪等白酒园区建设生态化转型并提升其发展档次，将四川省内"六朵金花"打造成全国白酒产业的强势领先品牌，包括五粮液、泸州老窖两个国内三强品牌，郎酒、剑南春两个国内十强品牌，沱牌舍得、水井坊两个国内十五强品牌。

2）河南省推出《河南省酒业转型发展行动计划（2017—2020 年）》，针对河南省内酒业群体大个体小、产品多品牌少、价格低贡献小等问题，提出树立创新、协调、绿色、开放、共享的发展理念，通过企业重组、品牌重塑、营销模式重建等战略的实施，龙头企业和品牌的打造，加大中高端产品的研发，确保工艺和质量的稳定，并重点攻占本土市场及加强人才队伍的建设，构建"原酒基地—酿酒—品牌"于一体的全产业链，打造具有全国影响力的知名品牌，升级省内白酒产业、产品和品牌，切实提高豫酒的竞争力。

3）贵州省出台《贵州省推动白酒行业供给侧结构性改革促进产业转型升级的实施意见》，拟通过白酒企业的信息化、绿色化和服务化改造的强化，融合发展白酒行业与大数据、大健康、大旅游等新兴产业，提高白酒企业的核心竞争力，并加快白酒行业转型升级和质效提升，打造贵州白酒整体品牌，建设贵州白酒产业发展体系。建设国内最大的酱香白酒生产示范基地及全国酱香型白酒酿造产业知名品牌创建示范区，从而提升优质酱香酒的主产区地位。

4）山东省出台了《关于加快培育白酒骨干企业和知名品牌的指导意见》，通过供给侧结构性的改革，加快白酒产业的转型升级，逐步形成白酒产业的发展新动能，做大做强山东省内白酒产业，加快白酒骨干企业和知名品牌的培育。

5）江苏省在 2018 年洋河、今世缘、汤沟等苏酒企业的再次"抱团"后，成立了振兴苏酒战略联盟，苏酒进入了"二次振兴"的新阶段。第二年，苏酒企业们以"2019·新时代'振兴苏酒'促进苏酒高质量发展研讨交流会"的方式，共同商讨新时代如何促进苏酒高质量发展。

同时，各品牌白酒所在地如贵州怀仁、江苏宿迁、四川宜宾等地也提出了关于创新白酒企业发展、构建区域整体创新链的相关政策。

针对黄酒行业，其主要生产区域都在长三角地区，而在经济发达的长三角地区，相对于其他行业，黄酒行业主要存在规模小、产值低、品牌力不高等特点，整个行业的集中度仍有待提高。但是，各黄酒品牌还是不断地调整产品结构，并通过科研投入提高产品品质。例如，绍兴黄酒企业（古越龙山、会稽山）与江南大学合作的项目"黄酒绿色酿造关键技术与智能化装备的创制及应用"获得了2017 年国家技术发明奖二等奖；另外，古越龙山与江南大学设立的黄酒创新实验室，解析黄酒中危害物的生成规律与减控策略、黄酒易上头深醉的成因等，研究成果分别获得了浙江省技术发明奖二等奖和中国轻工业联合会科学技术奖一等奖。另外，浙江省早在 2015 年出台了《关于推进黄酒产业传承发展的指导意见》，意在通过从黄酒产业的技术创新、名企名品名师的培育、消费市场的拓展、传统技艺的文化传承和食品安全的保障方面入手，着力推动浙江省黄酒产业的持续较快发展，从而对经济和文化建设的带动辐射作用更为明显，并努力打造浙江省成为全国黄酒产业传承发展的引领地区。浙江黄酒产业规模较大的市、县（市、区）政府也结合实际支持本地黄酒产业的创新发展。

酱油、食醋和酱类等调味品大产业分布较广，随着产业升级，各地的调味品园区逐渐形成规模，如广东阳西县、成都安德镇、山西清徐县、山东乐陵市等地建立了以调味品为支柱的产业基地。酱油产业作为整个调味品行业的第一大产业，其产品的销量和生产企业的规模均位于调味品行业的首位，并涌现出了包括佛山市海天调味食品股份有限公司、广东美味鲜调味食品有限公司和烟台欣和企业食品有限公司等多家龙头企业。这些大企业创新并应用智能化的圆盘制取系统和高精度检测系统，显著提升了酱油品质。酿造食醋在中国已发展了数千年，并形成了山西老陈醋、镇江香醋、福建永春老醋、阆中保宁醋中国四大名醋。然而，在我国 6000 余家酿造食醋的生产企业中，品牌企业的产量占比仅为 30%，而其他小型作坊式企业的产量占比却高达 70%。另外，产量达到 10 万 t 以上的食醋企业仅有 4 家，而上市企业也只有恒顺醋业 1 家。近年来，虽然恒顺醋业创新了自动化控制和智能罐装系统，显著提升了产品品质，但整个食醋行业集中度仍较差，创新驱动力明显不足。

另外，针对中国大陆范围内传统发酵食品行业的国家发明专利情况进行了检索分析，发现总申请量中江苏、安徽、四川 3 省水平相当，为第一梯队，紧接着是山东、广东、浙江和贵州 4 省；对比企业申请量时发现排名前 7 位的省份依次为四川、安徽、江苏、山东、广东、贵州和浙江（图 2-35）。专利申请情况与中国传统发酵食品产业的分布具有较高的契合性。

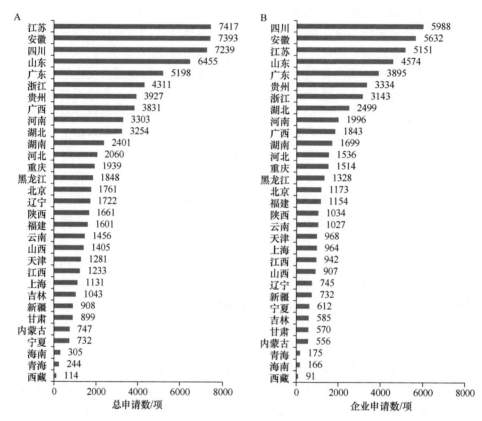

图 2-35　国内酿造行业专利申请情况
A. 总申请数；B. 企业申请数

对当前申请（专利权）人为企业的专利数进一步分析发现，专利申请数超过 60 件的有 100 家企业，海天集团拥有最多的专利数（图 2-36A 为前 25 家企业名录）企业申请专利共 56 712 项，其中外观设计专利占比为 47.67%，而大部分外观设计为酿酒企业申请。

总体而言，随着科学技术的进步和国家相关战略计划的执行，传统发酵食品企业的创新能力在不断加强。其中，东部沿海地区和西南地区更为突出，这也正好契合我国传统发酵食品的全国分布情况。然而，在创新发展方面，主要依靠龙头企业，而中小型企业几乎没有科技创新。

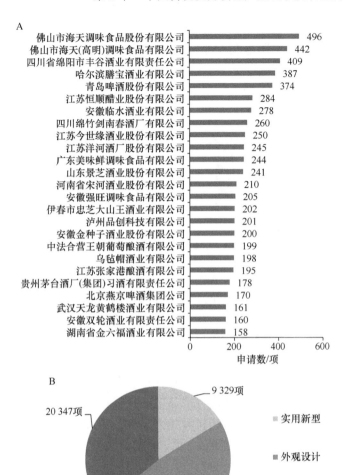

图 2-36　酿造龙头行业专利占有情况
A. 企业名录；B. 专利类型

2.3.4　发达国家发酵食品产业升级经验和启示

1. 日本龟甲万（KIKKOMAN）株式会社

数据表明，日本酱油市场将近 50% 的份额由 5 家大公司占有，而剩余的 50% 则由 1400 余家中小型酱油生产企业瓜分。而在这五大公司所占据的 50% 的份额中，龟甲万株式会社的占有率超过 30%，而其他 4 家公司的总份额不足 20%。如图 2-37 所示，龟甲万株式会社 2018 年的销售额达 4306 亿日元（287 亿元人民币），

2015～2018 年平均增长 5%。另外，数据显示该公司的平均研发占销售额比例为
0.93%，且拥有 216 项美国专利（其中 29 项与酱油相关），在全球共雇员 7100 人，
人均产值高达 400 万元人民币。

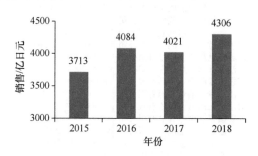

图 2-37　龟甲万株式会社 2015～2018 年的营业收入情况

　　早在 1927 年，龟甲万株式会社在日本东京统一以"KIKKOMAN"商标上市，
另外，龟甲万株式会社是日本最早开始进行国际化发展，同时也是日本国内实施
国际化战略最为成功的企业之一，其在全美的市场份额高达 55%。研究报道，龟
甲万株式会社借助在美国市场的成功经验，相继在全世界实施了扩大其产能制造
及产品销售网络策略。目前，龟甲万株式会社在日本国内已建设有 3 家生产基地，
在海外也有 7 家酱油制造工厂，其产品已在世界各国广泛销售。同时，龟甲万株
式会社自成立以来，也在逐步地进行产品多元化设计，其公司生产的产品除酱油
外，也开发了豆乳、料理酒及调味料等相关品种。另外，该公司在营销手段和方
法上也一直改进。而在产品的创新方面，目前龟甲万株式会社共拥有 2000 余种
酱油相关产品，其纵向供应链更为惊人，可以由调味品改造成意大利餐、法式大
餐、中餐或韩餐。

　　龟甲万是全球最早开创酱油高盐稀态发酵技术和圆盘制曲机应用的企业，在
机械化自动制曲方面有 5 项美国专利，另外有 2 项有关酱油自动酿造的专利
（1989 年，1990 年），表明龟甲万在 20 世纪 80 年代就完成了酱油生产自动化。虽
然没有信息披露，龟甲万实际上已经实现了酱油酿造的信息化和智能化[14]。以上
这一切其实都是建立在纯种接力发酵的基础上，具体如图 2-38 所示。虽然纯种接
力发酵确实给日式酱油的机械化、信息化改造带来很多的便利，但是也面临诸如
风味缺失，尤其是晒制过程中风味影响等问题。

　　同样，龟甲万株式会社在绿色生产方面展开了大量研究，取得了一定的成效，
主要表现在以下几个方面。减少 CO_2 排放：使用紧凑型气锅，同时锅炉使用重油
变成天然气，另外在屋顶安装太阳能发电设施；对物流中心和仓储设施进行安排，
以改善卡车的运输路线，并减少浪费的卡车运输。减少/回收废物和副产品：酱油
糕几乎被重复利用，可以作为燃料、动物饲料或制作信纸，发酵污泥可制成肥料。

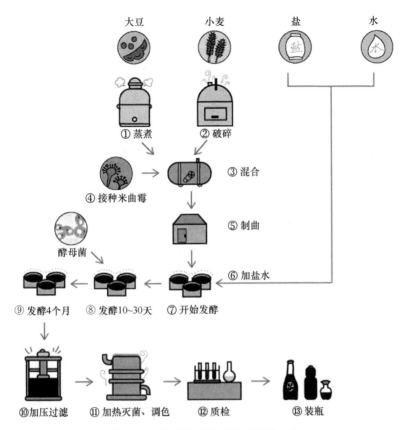

大豆　小麦　盐　水

① 蒸煮　② 破碎

④ 接种米曲霉　→　③ 混合

⑤ 制曲

酵母菌

⑨ 发酵4个月　⑧ 发酵10~30天　⑦ 开始发酵　⑥ 加盐水

⑩ 加压过滤　⑪ 加热灭菌、调色　⑫ 质检　⑬ 装瓶

图 2-38　日式酱油纯种接力发酵工艺

改进容器和包装：减少容器和包装的重量，使用可回收的容器和包装；考虑将形状、设计和材料应用到容器和包装上，以促进分类收集和再利用，并按照各国相关法律法规进行包装；努力开发新的包装材料；开发具有通用设计的容器和包装，使其易于为各种各样的客户使用，如可回收的 PET 瓶。

2. 帝亚吉欧（DIAGEO）酒业

DIAGEO 是来自英国的全球最大的跨国洋酒公司，2018 年营业收入 128.7 亿英镑（约 1138 亿元人民币），研发占比为 0.3%。公司分别是在纽约和伦敦交易所上市的世界五百强公司，旗下拥有横跨蒸馏酒、葡萄酒和啤酒等一系列顶级酒类品牌，在全球 80 多个国家和地区有超过 22 520 名员工，人均产值 500 万元人民币（图 2-39）。

在创新方面，公司设立了针对推进产品开发、包装、技术流程更新及负责世界一流研发项目实施的研发创新中心，在全球共设有 4 个针对酒体研究的实验室，分别在澳大利亚、英国、美国和中国香港[15]。DIAGEO 有 238 项欧洲专利，其中

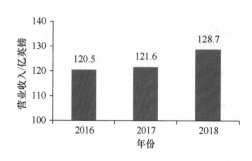

图 2-39　DIAGEO 洋酒企业市场营收额

大部分为外观专利；2006年至今 DIAGEO 在威士忌酒精饮料方面有3项欧洲专利，主要为生产工艺和储酒罐设计；其子公司水井坊在 2017 年申请 1 项白酒发酵装置的专利，主要是指含有可拆卸的窖泥模块，用于解决白酒酿造中传统泥窖方法中底层窖泥和顶层窖泥之间存在的不可避免的巨大差异。DIAGEO 申请 47 项美国专利，其中大部分与包装瓶相关，有 3 项专利与自动化相关，包括可调星轮输送机、自动装卸线导轨总成及阀门和水龙头结合等[16]。

DIAGEO 在智能化方面研究如下：①帝亚吉欧与 Thinfilm 联合推出"智能酒瓶"。连接的"智能酒瓶"旨在通过使用印有 Thinfilm 公司 OpenSense™ 技术的传感器标签来增强消费者的体验，该技术可以检测每个瓶子的密封状态和打开状态。这些标签和它们所包含的传感器信息，将使帝亚吉欧能够向用智能手机阅读标签的消费者发送个性化讯息[17]。②采用碳中性蒸馏装置等各种智能化仪器。

另外，DIAGEO 在绿色制造方面也做了大量工作，主要表现在：①副产物和废弃物回收利用，蒸馏副产物将被用来为苏格兰的一家新发电厂发电。醪酒蒸馏形成副产品（酒糟）富含蛋白质，可作为动物饲料。现在用的酒瓶采用了超过 40% 的可回收透明玻璃。②专注环境保护，2013 年 Roseisle 酿酒厂装上第一个全新蒸馏装置，专门用于确保可持续性。苏格兰的 Deanston 酿酒厂开发了自己的现场水电系统。③水资源高效利用，2019 年总体用水效率提高了 0.8%，在印度，用水利用率提高了 18%。

3. 巴萨米克香醋

国外的四大名醋主要包括法国和意大利的葡萄酒醋（葡萄为原料发酵而成的一种果实醋）、德国速酿醋（以一定浓度酒精为原料，加入醋酸菌发酵制成，转化率高）、英国麦酒醋（以麦芽汁为原料，酵母发酵，再加醋酸菌发酵制成）及日本米醋（以米、米曲为原料，经过液化、酒精发酵、醋酸发酵制成）。目前，国外的酿造食醋基本都可以应用大规模深层发酵生产，因此在机械化、自动化、信息化及智能化方面都相对容易实现。其中，自吸式液态深层发酵是普遍采用的发酵方法，过程中酒精的转化率超过 93%。另外，传统的意大利葡萄酒醋和日本黑米醋等至今尚保留传统的发酵技术。

意大利葡萄酒醋中最著名的当属巴萨米克极品香醋。通常这种葡萄酒醋至少在木桶（栗子木、樱桃木、橡木、桑木、杜松木等）中经历至少 12 年的陈化时间，陈化的时间越长，其品质和价格就越高。该香醋每年产量仅 2000 L，为地理标志产品，产品定位高端，售价高昂。巴萨米克香醋早期工艺采用机械的方法进行葡萄榨汁，葡萄的利用率较低；后来，随着现代工业技术的发展，传统的工具被自动化、金属榨汁机取代，提高了葡萄的利用率。香醋工厂位于摩德纳市，木桶层层堆放，成百上千个不同材质的木桶一组组从大到小排列，越小的桶年份越久，持续进行发酵、熟陈、陈酿等繁复又漫长的过程，也造就了珍贵的巴萨米克极品香醋。巴萨米克香醋生产企业注重与自然和谐发展：①将葡萄种植在工厂附近，避免了运输过程的原料浪费并且减少了 CO_2 排放；②瓶装产品已通过认证组织的适用性和质量检测，匿名样品将进行品酒会和感官测试，从而保证醋的质量，用过的醋瓶可回收用来插花。

4. 酿造啤酒的智能和绿色制造

啤酒是人类历史上最古老的酒精饮料之一，目前世界各地都有啤酒的生产和销售。6000 多年前人类开始应用大麦芽酿造出最原始的啤酒。直到 1516 年，啤酒酿造的法律《德国啤酒纯酒法》规定了啤酒只能以啤酒花、麦子、酵母及水作为原料进行生产。1865 年，巴斯德灭菌技术的应用使得啤酒有更长的保质期。1881 年，汉森创制了应用酵母纯种发酵的方法，啤酒酿造正式走向科学化。随着工业化的进程，手工酿造的小酒坊纷纷倒闭或被大型商业化啤酒厂吞并，啤酒生产进入了由大企业主导的时期。目前著名的啤酒品牌包括嘉士伯、百威、贝克、喜力和朝日等。

国外现代啤酒生产的技术升级过程包括 4 个阶段：第一阶段为完全手动操作方式，生产过程由手动调节的方式来完成，控制过程相对较烦琐，且效率不高。第二阶段为集中手动控制方式，可实现对整体的集中处理，但生产中的数据还需由操作人员进行人工记录并处理。第三阶段为 PC 机+数据采集卡方式，主要将现场采集到的模拟量通过变送器转送至用于插在工业 PC 机插槽上的数据采集卡上，通过 PC 机画面监控，根据设定的程序控制阀门和主要设备的启停来调节工艺参数。第四阶段为采用分布式控制方式，在计算机控制多层网络结构技术基础上，添加先进控制算法的控制方式。目前，啤酒企业大多采用的分布式控制系统为 DCS（分布式控制系统）和 FCS（现场总线控制系统）[18]。

目前，啤酒工厂基本已实现自动化、信息化和智能化，做到了从原料采购、生产到销售终端各环节的高效运作（图 2-40）。自动控制系统包括制麦自控系统、原料处理及糖化自控系统、发酵自控系统、过滤控制系统、CIP 控制系统、自动灌装系统。同时利用信息、计算机、网络等技术，把企业内部的管理信息系统、生产经营系统、质量保证系统及网络数据系统有机地高度集成，促进企业形成了一套集控制、优化、调度、管理于一体的综合性自动化、智能化体系。啤酒行业目前智能化程度较高，可作为我国其他传统发酵食品行业的样本，在第四次工业革命的基础上，带动其他行业向智能化迈进。

图 2-40 　现代啤酒工厂车间（彩图请扫封底二维码）

民以食为天，人们的日常生活离不开传统发酵食品，该产业占据我国国民经济较大比重。但是随着经济结构转型，传统发酵食品产业面临向绿色制造和质量效益为核心的方向发展。在国外，东亚的日本、韩国在传统发酵方面与中国相似，有许多经验值得借鉴；欧美的传统发酵食品历经多年演变，其制造方式发生较大改变，生产工艺升级变化较大，这也与其饮食文化有较大关系。在传统产业工业转型发展的经验方面，新加坡、德国和日本等发达国家的主要措施是推动供给体系提质增效。具体措施如下：①让注重"效率与质量"成为国民共识，如日本政府制定了质量救国战略、《制造基础技术振兴基本法》等，德国政府则建议出台了"法律法规—行业标准—质量认证"的一整套体系。②设置专门机构负责生产力水平的提升，如日本的科技联盟、生产力中心和日本管理协会，新加坡设置的生产力中心和生产力促进委员会，德国政府建立的技术转移中心及半官方的弗朗霍夫协会。③尤为重视促进中小企业提升效率，如日本政府主导设立的中小企业诊断协会（J-SMECA），主要任务是为中小企业提供企业诊断咨询服务，从而提升国内中小企业的执行效率和能力。④建设高水平的科技大学和高质量、高标准的职业教育与培训体系，如德国成立 TU9 理工大学联盟，并大力发展应用科技大学；日本和德国均针对职业教育制定了相关法案，主要用于完善职业教育，从而促进国内经济的持续发展。⑤实施严格的消费者权益保护制度，如德国和日本分别在本国设立了严格的消费者权益保护相关法案，倒逼传统发酵食品企业必须不断地提升产品质量。

　　基于发达国家传统产业的转型升级经验，从供给侧方面颁布并实施能够推动生产力发展并提升产品质效的系列政策，是一个国家进入中等收入水平国家行列后，在应对生产要素的上升、产业转型升级的加快及产业国际竞争力的提升等方面不得不采取的重要举措。当前，我国的经济已经进入了发展新常态，正面临一系列的困境，如快速上升的要素成本、约束加强的资源环境、部分产业的产能过剩、经济增长效率的恶化、经济下行的压力加大等方面[19]。借鉴日本、德国和新加坡等发达国家的经验，我国可以采取下面 6 个方面的措施，来推动我国供给体系技术能力、效率及其质量的提升：第一，着力加快推进国民观念的转变，不断提升生产效率和产品质量，并形成全社会的共同信念，营造出良好的社会氛围。第二，努力健全生产力提升体系，着力帮助提高企业的科学管理水平及企业人员的生产技能。第三，努力健全国内中小企业的评价体系，引导建设针对中小企业管理的咨询协会或促进会，提升国内中小企业的管理水平。第四，大力打造国家级技术转移中心或产业科学技术研究院，稳固提升中小企业的科学技术创新能力。第五，着力培养高素质、高水平的技能人才和产业技术应用型人才。第六，加速改革消费者权益保护相关制度，加大对消费者权益的保护。

2.4　传统发酵食品产业转型升级内涵

　　随着人们对食品安全、环境保护的重视，对传统发酵食品质量和产量提出更高要求，传统发酵食品企业面临诸多挑战：①传统发酵工艺劳动强度大、劳动环境恶劣使得招工困难；②传统发酵企业大部分处在偏远地区，人才吸引力较弱，影响企业创新发展；③行业集中度小，尤其是小型传统发酵食品企业占比较大，小企业自身投入技术升级改造能力较弱；④国家强制污染排放标准执行增加企业运营成本。

　　现代企业竞争和人民群众对传统发酵食品的品质、产量提出更高要求，但传统发酵产业技术升级内在需要与技术水平、人才、装备之间存在供需矛盾。在新技术的推动下，未来传统发酵食品产业也将发生巨大的变革[20]。针对我国传统发酵食品产业面临的困难与挑战，我们认为可以通过对传统发酵食品产业结构进行合理调整，形成合力，并促进产业和行业的技术水平升级。根据发达国家和技术水平较高行业的发展经验及国内食品发酵产业自身的技术、产业布局、市场消费、人才培养，相信能较快较好地提升整个行业的核心竞争力。

2.4.1　传统发酵食品产业发展趋势分析

（1）消费理念的升级，由传统消费导向健康理性消费

近年来，随着人们生活水平的逐渐提高及健康养生概念的出现，人们的消费理念成为影响传统发酵食品行业发展的重要影响因素之一。针对酒类行业，随着中国人口结构的变化，酒类产品消费的主力军呈现慢慢下降的趋势，因此，酒类消费需要进一步的市场刺激。中国自古以来盛行饮酒文化，然而饮酒应该是一种愉悦的、增进感情的餐饮方式，而不应该是一种负担。另外，酒类消费在中国的负面影响，如酒驾、醉驾等，往往与过量饮酒密切相关，对酒的消费通常缺少仪式感、参与感、体验感甚至场景感。因此，需要引导酒类消费进入理性消费，倡导酒类消费新文化，建立健康、理性的消费新理念。同时，对产品的内在质量成分提出更多的知情权。针对酱油、食醋等调味品，它们已经不再单纯的是过去的调料或佐料，而是逐渐变成了一种不可或缺的消费品。因此，对调味品的诉求也发生了较大转变，兼顾安全与卫生、营养与健康的调味是新时期的发展方向（图 2-41）。

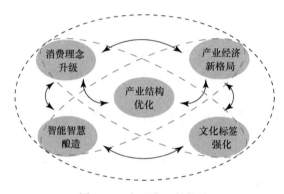

图 2-41　产业发展的趋势

（2）集群发展，提高行业集中度，构建产业经济新格局

长期以来，传统发酵食品行业的整体集中度仍显著偏低。目前，虽然形成了一批具有代表性的传统酿造产业集群，这些产业集群的形成与扩大在某些程度上已开始引领整个产业的发展，对整个区域内资源的整合、产业的结构调整及产业的升级有一定的促进作用。但是，未来传统酿造行业的发展仍需要通过建设和优化产业集群来进一步梳理好大、中、小不同规模企业的关系，从而提高整个传统酿造行业的集中度。对于大企业，应该把握好强品牌和渠道优势方面的机会，在行业集中度高度、挤压式竞争阶段迅速企稳，较快地提升市场份额。白酒、葡萄酒等小型企业可以将公司打造成小酒庄，做好酒庄文化的体验，让企业通过"小而美"的演变，形成自身特色，从而获得消费者的喜爱和认可。而对于本身具有明显产区特征的黄酒行业来说，集群发展能够让中小企业更好地拓展生存发展空间，找到适合企业最好发展的位置，做出特色与差异化。调味品行业也可以针对不同的消费群体研制并生产定制化的产品。因此，将来大量的中小企业

具备生存能力，产品同质化、品牌侵权等市场、流通、竞争不规范等问题将会逐渐消失。

（3）以规模转特色、以产量转品质，优化产业结构

目前，传统发酵食品行业尤其是白酒行业进入了深度调整期，而调整的关键在于产业的转型，产业的转型又关键在于产品的品质和产品的特色。在整个"十二五"和大部分"十三五"时期内，打造品牌、提高产能、扩大规模是酒类行业的主旋律，不少企业在品牌提升、产量提高和规模扩大等方面取得了较好的成果。随着中国进入特色社会主义新时代，中国社会的主要矛盾已经转化为"人民日益增长的美好生活需要和不平衡不充分的发展之间的矛盾"，已经从"物质文化需要"转变至"美好生活需要"。酒在中国社会的属性是满足人民精神、促进交流的嗜好性消费品。随着日益增长的品质需求和个性化的产品需求，在产能能够满足的情况下，品质和特色一定是传统发酵食品产业未来发展的方向，从品牌、规模效益转变成品质、特色效益也将是必然的趋势，这也将为酒类产业创造出更多的机会和经济增加点。因此，体验消费的打造、产品品质的提升、以品质和特色为核心及高端定制化产品的开创，必将是传统酿造产业转型升级的新方向。另外，国内传统发酵食品生产企业众多，产业集中度低，整个市场竞争激烈，优胜劣汰的产业格局逐步加快，产业结构也已逐步调整，产业呈现出强者越强、弱者越弱的两极分化势态。因此，传统发酵食品产业结构不断优化，经过产业重组、并购、整合、集团化、规模化不断壮大，构建面向未来的产业结构是不可阻挡的趋势。

（4）传统酿造向智能、智慧酿造转变

传统发酵食品特别是白酒酿造行业在"中国白酒 169 计划"和"中国白酒 158 计划"等的引领下，部分传统的加工生产方式已被机械化、自动化装备取代，因此也带来了整个白酒酿造行业的技术升级和装备升级。酒类产品品质的提升和特色的形成是酿酒工业转型升级的内在需求，其有效的实验需要推动与加大酿造基础研究和应用技术研究。将人工智能引入白酒产业中，实现酿造或发酵过程的智能化，以智能化提高酿造/发酵产品的品质。先进的人工智能技术能够实现对酿造工艺的精确控制，是传统手工式酿造方式的跨越式的升级与发展。传统手工酿造的精细和艺术化的生产加工方式更能够彰显我国酿造师的智慧，其精益求精的工匠精神也完美地展现了我国白酒酿造的魅力。而智能化的生产工艺则可以巧妙地借鉴酿酒大师的酿造技艺，并基于大数据人工智能技术，进一步展现出酿造大师的魅力。因此，智能酿造和智慧酿造在未来应当协同开展，相辅相成，智能酿造确保产品的高品质，智慧酿造开创产品的新特色。

（5）强化文化标签，开拓国际市场，加快国际化进程

中华民族具有 5000 多年的文明史，具备了深厚的文化底蕴，同样，传统发酵食品在我国也具有了数千年的发展历程，形成的酒文化、醋文化、酱油文化等更是独具特色。随着全球经济一体化，应当以"世界性"思维指导中国的传统发酵食品走向世界。民族品牌代表民族文化，更是民族实力和国家影响力的象征，国家可以着力提升传统产业文化宣传，对传统产业民族品牌进行保护、鼓励和支持，推进民族品牌建设。品牌企业可以积极开展旅游、筹备申遗项目、建设博物馆与文化馆相关文化建设工作。在稳定国内市场的基础上，逐步开拓国际市场，尤其是针对国外消费者的饮食习惯进行定制化产品的开发。另外，应当充分借助国家的"一带一路"倡议，打造并推广自身品牌的国际影响力[21]。

2.4.2 传统发酵食品产业智能制造的发展需求

20 世纪 80 年代末，智能制造的概念被正式提出。近年来，随着计算机、人工智能、互联网技术的不断发展及其在制造业中的广泛应用，智能制造受到越来越多的关注。世界各国推出了一系列相关支持和发展智能制造政策和计划，如德国推出的工业 4.0 战略计划、美国推出的先进制造业国家战略计划、日本推出的智能制造研究 10 年计划和机器人新战略及韩国推出的制造业创新 3.0 战略等。20 世纪 90 年代初，我国在智能制造领域也相应地开启了相关研究，并设立了"智能制造系统关键技术"等重大项目。特别是在德国推出工业 4.0 战略计划后，我国就陆续推出了"两化深度融合""互联网+""中国制造 2025"等一系列重大发展计划，用于指导和激励中国在智能制造领域的可持续发展。智能制造是制造业的发展方向，也是"中国制造 2025"的主攻方向。经过近 30 年的不断发展，我国在智能制造方面的研究已经涵盖了制造活动的各个环节，如产品设计、加工生产、科学管理、有效服务等[22]。

近年来，传统发酵食品产业通过一些政策刺激和改革，应用自动化、智能化技术在一定程度上提升了生产水平和生产效率。在白酒行业中，在"中国白酒 169 计划"和"中国白酒 158 计划"等政策的引领下，部分传统的生产方式被机械化、自动化取代，促进了白酒产业技术升级和装备升级，全行业加大了白酒酿造的基础科学研究。另外，将智能化技术和装备引入白酒生产加工过程，实现了高品质白酒的智能化酿造。其中，部分生产企业开发了加压蒸酿、固态培菌、控温糖化、低温槽车发酵、机械上甑等系列新技术，实现了白酒酿造过程机械化和信息化有效融合；开发了自动化制曲的装备和技术，曲料堆积可实现机械自动化生产，插入无线温度计可实现对白酒发酵池的在线监控；开发了智能机器人上甑系统、在线智能分级摘酒系统、罐区库存管理系统、在线勾兑调配系统和成品包装管理系统。在黄酒行业中，基于蒸汽供热、自流供水、红外消毒、流水线加工等生产加工工艺，机械化水平得到显著提升，目前，蒸饭、拌曲、压榨、过滤、煎酒、灌装等工序均可通过机械化完成。在调味品行业中，酿造酱油逐渐向数字化制造进军，规模化的圆盘制曲和深层发酵得到了较为广泛的应用，酱油产业是传统发酵食品领域中最早且较为成功实施智能制造的领域[23]。其中，海天调味食品等部分企业的创新能力、科研水平和仪器装备均已接近或达到国际领先水平，在发酵、酿造、灌装、仓储等环节海天基本实现自动化，以及部分生产环节的数字化。另外，食醋相关企业在智能制造方面有较大动作，建造了自动化、智能化、信息化为一体的生产线。

总体而言，白酒、黄酒行业通过加大机械化试点，在一定程度上提高了生产效率，但与机械化、自动化、智能化、信息化先进水平的差距仍然较大。调味品行业总体水平在提高，涌现出一批调味品龙头企业，在自动化、智能化水平上已经达到或接近国际先进水平，但生产效率低下、自动化程度不高的调味品企业仍占行业总企业数的绝大部分。传统发酵食品的生产过程是一个内部复杂、多个领域技术交叉渗透的过程，涉及生物、计算机、控制等方面的内容，更需要研发基于物联网、现场总线、PLC、智能仪表等现代化监测手段的酿造过程控制技术，从而提高产品品质和风味特征[24]。

智能制造作为未来制造的主要形态，是全球制造业新一轮竞争的高地，将从根本上改变人类自工业革命以来形成的生产制造方式和技术经济范式。未来全球智能制造业将在人工智能技术的引领下向新一代的智能体系升级，传统发酵食品产业也将加速智能化转型升级的步伐。把握全球智能制造产业的升级机遇，中国制造需要从研发核心智能技术、掌握智能产业发展主动权、鼓励企业跨界创新、培育智能产业链领导企业等方面，加快推进智能经济的发展。通过构建一个完整的智能制造生产体系，包括无线传感技术、大数据分析技术、云制造技术、物联网工程技术、智能感知技术及生产调度技术等，实现对整个传统发酵食品的生产加工过程各项指标的感知、预测和控制，从而实现传统发酵食品的智能化生产制造。另外，融合了多重先进技术或模式的智能制造，不仅能够促进传统发酵食品产业的结构转型升级，还能够有效保证传统发酵食品产业的可持续发展，最终实现由"食品制造大国"向"食品制造强国"的转变。

2.4.3　传统发酵食品产业绿色制造的发展需求

绿色制造是一种兼顾环境保护和资源优化双重目的的现代化加工制造模式，其不仅是一种用于社会效益提高的行为模式，也是一种用于经济效益提高的有效方法，涉及产品、工厂、园区及供应链等各个方面。绿色制造相关技术的开发，不仅能够有效地降低资源的浪费，起到保护环境的效果，还能够通过提高资源利用率来降低企业生产成本，从而实现企业生产经济效益的提升。另外，绿色制造相关技术的发展还可以作为传统发酵食品产业新一轮技术创新的重要推动力。同时，在新一轮的绿色制造创新体系中，提高资源利用率和整个传统发酵食品产业的生产效率，需要以高新技术和现代化管理手段为重要依托（图 2-42）。因此，"生态设计、绿色制造、绿色消费与绿色增长"代表着工业和信息化领域发展的新趋势。

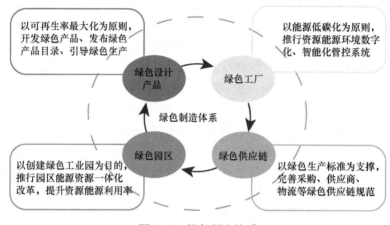

图 2-42　绿色制造体系

　　近年来，传统发酵食品行业在绿色制造方面已开展了系列研究，并取得了一定成果。在白酒行业，由于传统白酒工艺使用大量稻壳，产生大量酒糟，茅台、泸州老窖、今世缘等企业在废弃酒糟处理方面开展循环生态经济研究，通过建设一条基于自动化、机械化的循环生态经济生产线，能够综合回用生产过程中的废弃物酒糟等，实现了酿酒过程中废弃物零排放，甚至变废为宝。在黄酒酿造方面，通过在水处理中采用生物法絮凝，并对废弃物处理过程节能降耗、温控和灭菌等生产环节的单元设备装置进行升级改造，辅以系统整合和自动化控制优化，大幅度提高机械化、自动化和成套化水平。整体来说，酱油生产过程中产生的废弃物主要是酱油渣，由于营养较为丰富，酱油渣大部分回用作为饲料或者其他产品辅料。酱油行业实现绿色生产不存在难以突破的技术瓶颈，较易解决，且投入成本低。其中，海天调味食品、李锦记等企业相继获得"国家绿色工厂"称号[25]。后期绿色生产方面主要研发可用于提高原料利用率的技术或选育优良菌种等。总体而言，传统酿造过程多采用天然开放式多菌种发酵方式，按照经验传承进行手工生产操作，存在酿造原料转化效率不高、酿造生产周期偏长、批次质量稳定性不高、废弃物资源化利用水平较低等问题。其中，白酒行业工艺技术装备严重落后于其他食品行业，仅停留在机械代替人力的初级阶段，距现代化生产要求还有相当大的差距，需要加大研发投入。

随着绿色加工技术在传统发酵食品行业中不断发展和成熟，规范化、标准化和政策化的相关绿色制造技术必将开创。另外，还可以系统性地分析所采用的绿色制造工艺技术，并建立相关的方法模型，最终形成工艺生产技术系统包。总而言之，绿色制造将会是未来传统发酵食品行业中最主要的生产模式，而对高性能绿色加工技术的掌控也将是相关传统发酵食品企业能够在激烈的市场竞争中获利的最有效的途径。另外，改革开放之后，我国的经济得到了快速发展，工业化程度也实现了重大推进，然而，环境污染和能源紧缺问题也日益严重，绿色环保的生产理念显然已成为我国乃至当今国际社会发展的主题。食品制造业是我国工业产业中的重要组成部分，是群众关心、政府关注的重大民生工业，为了实现传统发酵食品产业的更安全、更营养、更方便、更美味和更持续发展，绿色酿造工艺与技术的发展显得尤为重要。

2.4.4　基于价值链治理的创新驱动转型升级内涵分析

企业价值链治理的定义为在特定价值链关系中的企业对价值链中其他企业产生的影响或作用。通常来说，位于特定价值链中的企业或组织，对其具有价值链治理效应作用的价值关联方一般包括供方、顾客及竞争对手（图 2-43）。在这个价值链治理体系中，所谓组织一般是指在特定价值链中的相关企业，其主要作用是通过生产特定产品并供应给顾客，从而参与市场交易过程；所谓供方一般是指向组织供应产品的企业，其在市场交易中主要通过向组织或顾客供应相关产品来实现营收；所谓顾客一般是指能够接收组织所供应的产品的企业，在市场交易过程中，

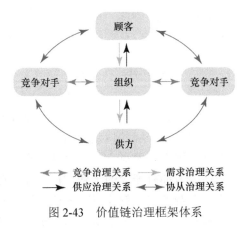

图 2-43　价值链治理框架体系

它具有选择组织或供方的权利，主要以消费组织或供方供应的产品来获得利益；所谓竞争对手一般是指在市场交易过程中能够与组织一样供应类似和相关替代产品的企业，它会遵循市场价值规律与组织形成竞争关系。然而，在实际的价值链治理过程中，各价值关联方并不只是孤立地发挥作用，还会协从其他价值关联方发挥作用。

自德国政府正式确立工业 4.0 战略计划以来，智能制造在全球范围内获得了飞速发展，以智能制造为标志的新工业时代已经到来。接着，3D 打印技术的开创与兴起又带来了新一轮的产业技术革命，西方各国陆续制定并推出了相关智能制造国家重大发展战略或规划，以期在新一轮工业技术革新中抢占先机。同样，我国长期以来也是全球价值链治理体系的重要参与者，主要嵌入在以欧洲和美国、日本为主导的价值链中，但长期居于价值链体系中的中下游环节。然而，近年来，我国"人口红利"效应正在逐渐消失，企业生产成本不断上升，制造产业外迁现象日益加剧，从而导致传统制造产业的"空心化"和"低端化"。因此，推动我国制造产业的转型升级势在必行。

针对我国传统发酵食品产业，近年来，依托"三品"战略、"中国白酒 169 计划"和"中国白酒 158 计划"等战略或计划的执行，食品装备和酿造工艺都得到了显著提升，同时，也让食品制造企业对未来食品工业高度自动化、信息化、智能化的生产模式有了更加深刻的认识。众所周知，当前我国传统发酵食品行业存在过于依赖要素投入、科技创新能力弱、竞争力不强等问题，已经不能适应智能化、绿色化发展的新趋势。为摆脱这一困局，提升我国传统发酵食品产业的核心竞争力，必须加快推进传统发酵食品产业的转型升级。创新驱动传统发酵食品产业转型升级的本质在于通过不断提升制造企业科技创新能力，推动我国传统酿造产业由全球价值链低端环节向高端环节跃迁。另外，《中国制造 2025》计划和国家"一带一路"倡议的推行，给提高我国在全球价值链话语权和提升我国在区域价值链中的地位带来了新的机遇。因此，更需要我们从全球价值链治理的视角出发，深入理解并剖析创新驱动制造产业的转型升级机理和演化路径。

2.5 小　结

我国传统发酵食品产业历史悠久，基础雄厚，不仅是民族工业的重要组成部分，而且是满足我国居民消费结构升级的特色食品产业之一。历经上千年的传承和发展，传统发酵食品丰富了国人的餐桌文化，另外，它能给人以得天独厚的味觉体验并具有保健功能，在国内拥有庞大的消费群体。在全球能源资源的日益消耗、生态环境的不断变化、消费者安全健康意识的逐渐提高及人民对美好生活的向往等新形势下，传统发酵食品产业迎来了新的历史机遇和挑战。本章从传统发酵食品产业的概念、内涵、产业格局、区域发展差异等方面系统地分析了我国酿造食品产业的发展现状，并对传统发酵食品产业转型升级内涵及未来发展趋势进行了阐明，为新时代中国特色社会主义背景下的传统发酵产业的健康发展提供一定的参考。

另外，作为传统产业，我国大部分传统发酵食品企业的生产工艺和装备水平相对落后，行业整体机械化水平较低。近年来，通过使用信息化技术和智能化技术改造提升了传统装备，同时开发应用了新设备，结合实验和检测先进技术的推广应用，传统发酵食品行业的制造水平整体得到提高。传统发酵食品产业出现一大批龙头企业，白酒行业如贵州茅台、五粮液、洋河和泸州老窖等，黄酒行业如古越龙山和会稽山等，酿造酱油行业如海天食品和美味鲜等，酿造食醋行业如恒顺醋业等。然而，各行业的马太效应愈加严重，行业集中度逐步提升，大品牌越变越强，小品牌逐年削弱。基于对传统发酵食品产业发展趋势分析、智能制造的发展需求分析、绿色制造的发展需求分析及基于价值链治理的创新驱动转型升级内涵分析，相信在国家"十四五"发展规划和2021~2035年国家中长期科技发展规划战略的引领下，传统发酵食品产业能够迎来新一轮的转型升级。

参 考 文 献

[1]　工业和信息化部消费品工业司. 2015 年度食品工业发展报告. 北京: 中国轻工业出版社. 2016.
[2]　工业和信息化部消费品工业司. 2016 年度食品工业发展报告. 北京: 中国轻工业出版社. 2017.
[3]　工业和信息化部消费品工业司. 2017 年度食品工业发展报告. 北京: 中国轻工业出版社. 2018.
[4]　工业和信息化部消费品工业司. 2018 年度食品工业发展报告. 北京: 中国轻工业出版社. 2019.
[5]　工业和信息化部消费品工业司. 2019 年度食品工业发展报告. 北京: 中国轻工业出版社. 2020.
[6]　孙宝国, 黄明泉. 中国传统酿造食品行业技术与装备发展战略研究. 北京: 科学出版社. 2019.
[7]　李建涛. 传统发酵食品的现状及发展问题分析. 现代食品, 2018, 5(9): 13-14.
[8]　李里特. 中国传统发酵食品现状与进展. 生物产业技术, 2009, 6: 56-62.
[9]　张娟, 陈坚. 中国传统发酵食品产业现状与研究进展. 生物产业技术, 2015, 4: 11-16.
[10]　李力, 白峰伟. 中国酱油的现状及发展前景. 现代食品, 2018, 5(9): 24-25.
[11]　沈篪. 中国食品工业年鉴 2019. 北京: 中国统计出版社. 2020.
[12]　沈篪. 中国食品工业年鉴 2018. 北京: 中国统计出版社. 2019.
[13]　王友发, 周献中. 国内外智能制造研究热点与发展趋势. 中国科技论坛, 2016, 4: 154-160.
[14]　孔凡国, 俞雯潇. 智能制造发展现状及趋势. 机械工程师, 2020, 4: 4-7.
[15]　闫纪红, 李柏林. 智能制造研究热点及趋势分析. 科学通报, 2020, 65(8): 684-694.
[16]　赵传武. 智能制造研究热点及趋势分析. 内燃机与配件, 2020, 7: 232-234.
[17]　张映锋, 张党, 任杉. 智能制造及其关键技术研究现状与趋势综述. 机械科学与技术, 2019, 38(3): 329-338.
[18]　赵金鹏. 绿色制造在数控机床行业的现状及发展趋势. 军民两用技术与产品, 2018, 20: 124.

[19] 齐美娟. 绿色制造成为落实高质量发展要求的新趋势和新潮流. 中国国情国力, 2019, 12: 74.

[20] 曹华军, 李洪丞, 曾丹, 等. 绿色制造研究现状及未来发展策略. 中国机械工程, 2020, 31(2): 135-144.

[21] 曾繁华, 何启祥, 冯儒, 等. 创新驱动制造业转型升级机理及演化路径研究——基于全球价值链治理视角. 科技进步与对策, 2015, 32(24): 45-50.

[22] 邢会, 王伟婷, 郭辉丽. 中国制造业功能升级演化博弈分析——基于俘获型全球价值链治理视角. 科技管理研究, 2020, 40(8): 120-130.

[23] Jin G, Zhu Y, Xu Y. Mystery behind Chinese liquor fermentation. Trends in Food Science & Technology, 2017, 63: 18-28.

[24] Fan W, Wang D. Current practice and future trends of alcoholic beverages safety of China traditional Baijiu and Huangjiu in recent decades. Journal of Food Safety and Quality, 2019, 10(15): 4811-4829.

[25] Liu L, Sun Y, Wang W. Research progress of modern technology of soy sauce brewing in China. China Condiment, 2017, 42(8): 172-174, 180.

第3章　未来发酵食品产业的内涵与趋势

吴剑荣　夏小乐

　　中国是世界发酵食品的最重要发源地及最大的生产国与消费国之一，其传统文化源远流长，种类繁多，主要包括发酵谷物食品、发酵豆类食品、发酵茶、发酵乳制品、发酵蔬菜制品和发酵肉制品等[1]。其中以粮食（谷物和豆类）为原料的发酵食品包括酒和调味品，同时它们也是固态发酵的起源。我国劳动人民在长期的实践过程中形成了很多特色鲜明的发酵食品，创造了巨大的社会和经济价值。如图3-1所示，2015～2019年我国发酵食品产量和出口稳定增长，并随着中国饮食文化的不断传播，发酵食品在未来仍将继续保持强劲增长势头[2]。

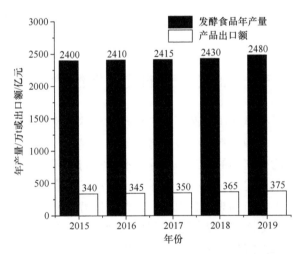

图3-1　2015～2019年我国传统发酵食品年产量和出口额

　　对于舌尖上的中国人，发酵食品已经融入人们的日常饮食文化中，其市场容量庞大，消费基础深厚。一些发酵食品如泡菜、酱油、食醋、黄酒、白酒等在一日三餐中必不可少，传统上的八大菜系的烹饪方式也融入地方的特色发酵食品。例如，川菜中使用郫县豆瓣酱、腊肉等，安徽菜中有独特的发酵臭鳜鱼，西南地区有食用发酵豆豉的习惯。未来，传统发酵食品可能以多种形式出现，以满足多层次、多方面的市场需求。当前，随着人民生活水平提高和生活理念改变，消费市场更注重功能性细分和强化，如苹果醋、桂花枸杞果醋等健康直饮醋日益受到追捧；一些功能性产品如蜂蜜酒、康普茶、青梅果酒和复合调味料等不断满足消费者个性化需求。然而，随着科技水平的提高及应用，传统发酵食品生产技术也将发生很大变革，如采用现代高科技提升品质、效率和食品安全。那么这些工艺发生改变的产品是否属于传统发酵食品产业呢？因此，其内涵需要重新加以分析界定。

进入21世纪，市场竞争激烈促使企业进行技术和产业结构升级，传统发酵食品的产品结构持续优化，中高端产品不断涌现并迅速发展，这对提高企业竞争力、产品质量和食品安全具有很大帮助。但是，我国传统发酵食品仍然存在一些技术问题，包括：传统发酵食品生产技术落后，总体自动化水平不高；发酵食品存在安全性隐患；产品质量不稳定，生产过程的控制技术有待提高。当前，传统发酵食品行业正面临一场转型升级的突围，现代科学技术成为传统发酵食品企业纷纷借力的重要支撑，而未来发酵食品的技术和产业的发展趋势会是什么样子？我们认为可以从"营养、安全、方便、美味、实惠"等多角度去探索一条"标准化"的发展之路，其主要方向包括餐饮导向发酵食品、海外庞大市场消费需要、高端文化需求等。另外，还可以采用文化、电商、娱乐等多种营销形式进一步促进发酵食品产业的发展。本章将主要围绕我国未来传统发酵食品产业的内涵进行阐述，并对该产业技术和发展趋势进行分析。

3.1 面向未来的传统发酵食品

传统发酵食品是传承我国悠久历史、体现中华饮食文化的重要载体。典型发酵食品如酱油、醋、黄酒、料酒、豆瓣酱、泡菜、腐乳、酸奶、啤酒、腊肉等，在我们一日三餐中均有它们的身影，而且离不开它们[3]。进入21世纪，科学技术迅速发展，城市化水平提高，社会分工更细，一些发酵食品如啤酒、酸奶等的生产技术已经日臻完善，市场规模也很大；而传统发酵食品，特别是那些固态发酵食品，其现代化技术改造面临较大困难。面向未来，传统发酵食品将会走向何方？本节将主要探讨未来发酵食品的核心内涵及历史演变，并分析该发酵食品的技术驱动因素和产业驱动因素[4]。

3.1.1 未来传统发酵食品的核心内涵

发酵食品在历史中已经存在数千年，作为食品其存在和持续发展归功于其固有的核心内涵价值，主要体现在如下几个方面。①发酵食品是中国饮食文化中的精华：中国饮食讲究色香味俱全，配合多种烹饪方式，形成特色鲜明的饮食文化；这其中，酱油、料酒、白酒、黄酒、豆瓣酱、豆豉等通过发酵制成的佐料起到至关重要的作用，没有这些，饭菜将无法入口；用霉菌发酵的臭豆腐、臭鳜鱼则释放出更多氨基酸，味道更鲜美；而酒作为酒文化的载体，为中华民族固有的人与人交际方式所需。②发酵食品是居民营养来源的重要部分：通过发酵方式对收获农产品进行加工，提高了农产品的可利用度，发酵使食品的营养成分更丰富、含量更高；例如，发酵过程米曲霉来源的蛋白酶可以将大豆的蛋白质进一步水解，形成吸收性更好的短肽和氨基酸。发酵制成的黄酒营养丰富，其中的蛋白质含量为酒中之最，可达 16 g/L，无机盐达 18 种，功能性低聚糖、多种维生素的含量也很丰富，有"液体蛋糕"之称。③对农产品进行发酵加工，可延长食品保藏时间：传统发酵食品一般引入较高浓度盐分，或发酵形成大量小分子有机物（乙醇、乳酸、乙酸等），这些能抑制有害微生物生长，提高农产品的保藏时间。例如，粮食酒、泡菜、腊肉类等都可以保藏较长时间。在未来，发酵食品核心内涵将不会改变，而且会强化，仅可能在农产品加工保藏方面的价值有点弱化，因为现代科学技术、物流、仓储已经能够有效解决这个问题。

对于发酵食品，有人也许会立即联想到落后的作坊式生产方式，其实这是一个很大的误解。传统发酵食品不仅不意味着原始、落后，相反，它还是普通老百姓最基本、最重要的营养源食品，也是舌尖记忆中抹不掉的美味来源[5]。当然，现实情况是目前我国传统发酵食品总体工业化程度比较低，技术发展滞后，创新能力不足，这也严重阻碍了我国传统发酵食品的发展[6]。如今，不少消费者甚至对微生物发酵的安全性存有疑虑。在现代快节奏工作生活背景下，人们对高品质生活和均衡营养的意识增强。因此，我们认为未来传统发酵食品的发展方向是"更安全、更营养、更美味"，核心内涵是以营养健康（保健）功能性和绿色可持续发展为主导[7]，一方面，要更加注重保障加工食品的营养品质，满足居民对食品营养均衡的需求；另一方面，要改进加工方式提高资源利用效率，实现食品供给的绿色环保与可持续性。

在未来，我国传统发酵食品将可通过技术革新和产业升级，实现发酵食品向深加工和资源综合利用方向发展，进一步降低生产成本和原材料消耗，实现资源利用最大化，提升企业经营效益和核心竞争力[8]。未来传统发酵食品在产业形态方面将趋向集约化、品牌化、差异化和基地化发展。为了应对来自国外大型食品企业集团的挑战，国内食品企业应加快重组合作，走集约化、规模化、集聚化发展之路，实现我国传统发酵食品产业的可持续和高质量发展[4]。

3.1.2　未来传统发酵食品的技术驱动因素

当前，人民生活水平不断提高，人们对食品的品质、方便性、健康化、多样化营养成分要求也越来越高，传统发酵食品行业面临创新与工业化、现代化的挑战。2016 年，国家发展和改革委员会颁布的《中国制造 2025》为我国制造业转型升级、创新发展带来重大机遇；类似地，传统发酵食品行业也需要加快实现工业化和信息化的深度融合。传统发酵食品企业可以充分利用技术改造、物联网、云计算、信息消费等政策支持，特别是要借力"互联网+食品"促进转型升级，促使行业向集成化、智能化、高端化、绿色制造发展[9]。"互联网+食品"不仅体现在生产线的智能化，或单纯搭上互联网销售渠道，还体现在以云计算、大数据等技术为支撑的个性化定制生产和智能化管理等方面[10, 11]。

全民受教育程度提升使得老百姓对健康越来越重视，抗生素、激素滥用和有毒添加剂等都牵动着人们的神经。另外，随着卫生条件改善，人口老龄化严重，各种慢性疾病频发。国务院发布的《健康中国行动（2019—2030 年）》，促进以治病为中心向以健康为中心转变，提高人民健康水平。在未来，以健康为目标和导向，越来越多的新技术、新工艺和新方法逐渐应用到发酵食品加工生产中，可为传统发酵食品加工业的快速发展提供新的技术驱动[12]。

1. 营养均衡

营养是健康的根本和食品的核心内涵，食物是营养的来源，均衡饮食是维持健康的首要原则。随着教育水平提高和科学文化知识普及，人们对饮食生活的追求提高，既要美味又要方便快捷，最好还具有预防疾病、维持健康的作用。这就要求食品企业和业界拥有更多的创新理念、理论和技术。将来，可采取多种政策指导个性化营养需求的相关产业发展，着力发展保健食品、营养强化食品等新型营养健康食品。另外，基因差异决定每个人都是独一无二的，营养的需求更是受各种因素的影响，如身高、年龄、遗传、环境、生活方式、饮食方式、疾病状况等因素。

随着消费者的基本需求得到满足及市场的逐渐饱和，不同的消费者会有某些特殊的需求。从行业的发展趋势看，产品升级（颜值高、包装新颖、个性精致和高端化）、品类细分领域成熟是一个基本的走向。一方面出现更加细分的食品产品，可基于食物营养、人体健康、食品制造的大数据，靶向生产精准营养与个性化食品。目前，越来越多的消费者开始重视食品中降低疾病风险和促进健康的功能因子。随着技术进步，功能性发酵食品快速发展，可以针对某种特殊人群（糖尿病、高血脂、超肥胖患者）设计具有强化某种健康功效的食品。另外，消费者对健康食品和成分摄入的关注也推动着功能性食品市场的增长，如铁强化酱油、苦荞黄酒、原花青素（OPC）营养增强葡萄酒等。此外，一些新型的功能发酵制品（如膳食纤维、乳酸菌制品、螺旋藻和红曲）已成为当今世界最具有活力的发酵食品。在未来，随着人们健康意识逐步增强，功能性发酵食品市场需求将越来越大（图 3-2）。

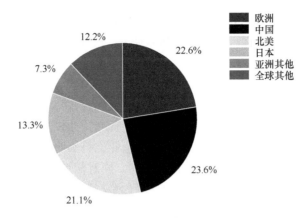

图 3-2　2018 年全球主要地区功能性食品消费量市场份额

2. 由"制造"迈向"智造"

进入 21 世纪,我国对行业高质量发展提出更高要求,实施了《中国智造 2025》和《工业绿色发展规划(2016—2020 年)》等战略,同时人口结构和需求等使得传统发酵食品行业对智能制造升级更加重视[13]。我国传统酿造食品行业既要继承传统、保持传统风味,又要创新发展、实现现代化,未来发展任重道远。要实现中国传统发酵食品行业的智能化,必须实现发酵食品的标准化生产,要建立发酵食品原辅料、工艺、配方、分割、包装、销售等环节的生产安全卫生标准、质量标准、产品标准,才能保证发酵食品优质独特的风味和品质,增强发酵食品产品的国际竞争力,扩大其在国际上的影响,创造更高的经济效益。在措施方面,可加快传统发酵食品行业智能制造的转型升级(产品智能化、装备智能化、生产方式智能化、管理智能化、服务智能化)。生物技术、人工智能、大数据技术和先进制造等技术引入发酵食品生产领域,也为该行业带来了新的机遇和挑战。一些新技术如大数据、云计算、物联网、人工智能、生物技术等的交叉融合正在颠覆食品传统生产方式,催生一批新产业、新模式、新业态,其中基于大数据的智能制造正是产业界与学科交叉融合的直观体现。

在具体实施方面,传统发酵食品企业应当针对重点制造领域关键环节开展新一代信息技术与制造装备融合的集成创新和工程应用。在发展细节上,可对关键工序智能化、关键岗位机器人替代、生产过程智能优化控制、供应链优化等开展,建设智能工厂和数字化车间。在基础条件好、需求迫切的重点地区、行业和企业中,可分类实施流程制造、离散制造、智能装备和产品、新业态新模式、智能化管理、智能化服务等试点示范及应用推广。另外,必须建立和完善智能制造标准体系和信息安全保障系统,搭建智能制造网络系统平台,逐步从手工作坊向机械化、自动化、信息化和智能化发展。其中,在研发基地建设方面,截至 2019 年年底，生物发酵领域已有的 3 家国家工程研究中心，4 家国家工程技术研究中心，21 家国家级企业技术中心，15 家行业技术研发、检测中心等，为传统发酵食品升级提供基础。

以食醋这种家庭、餐饮企业必不可少的调味品为例，随着产业的整合和经济结构的转型升级，当前传统食醋产业面临同质化严重、整体竞争力弱的难题。我国食醋产业面临大而不强、增速缓慢的窘境。食醋行业以大量的中小企业为主，行业集中度偏低，生产企业比较分散，龙头企业优势不明显（品牌企业仅占到行业产量的 30%左右，作坊式小企业约占 70%）。同时酿醋的企业传统手工工艺制作占到 90%，现代化自动生产线酿造的高端食醋产量还不足 10%。因此"智能化升级"对于食醋酿造迫在眉睫，传统食醋行业要抢抓"互联网+"机遇，加快传统食醋产业技术装备、工艺水平向信息化、智能化、精细化创新发展的步伐。

近些年，国内食醋企业积极与科研院所合作，实现企业自身技术的创新升级。例如，恒顺醋业的"食醋酿造智能工厂"入选工业和信息化部 2017 年智能制造试点示范（图 3-3），旨在通过产业链、供应链和智能装备间的互联互通和态势感知，提升食品安全全程保障和精益化生产能力。以固态发酵为特征的食醋生产向智能化生产转变的确存在诸多难题，但也取得不少进步，一些专利申请如表 3-1 所示。智能化固态酿造系统、自动翻醅机和转轨智能翻醅机等已经在食醋行业推广，可对酿醋过程自动控制；另外，智能灌装生产线可对产品进行追溯，保证产品质量安全。当前，食醋的技术革新基本实现了装备智能化，不仅能实现菌种优选，还能进行相关发酵机理研究及自动化操作。以前必须进行人工翻醅，现在翻醅时间点、温度均可通过海量数据的积累找出最佳节点，实现自动化。智能制造能提高生产效率，也能解决产品同质化问题，满足差异化的市场需求。同时智能制造基于大量数据分析，对产品质量、包装材质、消费者需求及消费者购买场景均能在一定程度上进行判定。

图 3-3　食醋高速智能灌装线

表 3-1　食醋生产技术相关专利

	专利名称	专利号
智能发酵	一种智能化食醋固态酿造设备	CN201822208609.4
	一种智能化食醋固态酿造设备	CN201811597935.7
智能翻醅	一种多池转轨智能取放装置	CN201811516151.7
	一种全自动智能翻醅机	CN109401911A
	一种多池转轨智能翻醅装置	CN201822080783.5
	一种智能转轨装置	CN201822080917.3

3. 绿色制造技术

在全球碳排放量日益增加、全球变暖的背景下，发展"绿色循环经济"已成为全球焦点，我国也明确将发展绿色低碳经济列为国家战略。在这样的大背景下，通过技术创新、制度创新促使经济结构调整，从而减少高碳能源消耗，尽快实现环境保护和经济发展并进的目标已经成为国家共识[14]。传统发酵食品企业已经深刻地认识到节能减排的重要性和必要性，通过清洁生产技术的应用，加强源头和过程控制，采用先进的节能环保技术工艺和设备，有效地提高了原材料的利用率，降低了能耗和水耗，减少了污染物的产生和排放。"十三五"以来，传统发酵行业按照"自主创新、规模发展、产业集聚、拉动内需、稳定市场"的原则不断调整产业结构，产业规模不断扩大，企业的技术水平不断提升，高效、绿色、低碳等可持续特征已经逐步显现，并作为我国战略性新兴产业中的重要组成部分，呈现出稳定增长的态势。

绿色制造技术是指利用绿色化学原理和绿色化工手段，对产品进行绿色工艺设计，从而使产品在加工、包装、储运、销售过程中，把对人体健康和环境的危害降到最低，并使经济效益和社会效益得到协调优化的一种现代化制造方法。推行绿色制造技术是传统发酵食品行业绿色升级必经之路，推动产业升级是实现传统发酵食品产业绿色发展的必由之路。围绕传统发酵食品生产全过程中原料利用、发酵转化、节能减排等问题，以原料绿色化、生产洁净化、废弃物资源化、能源低碳化为目标，积极突破关键共性技术，着力打造绿色制造体系，促进产业绿色升级转型，实现绿色发展。随着整个社会的环保理念加强，传统发酵食品企业也面临向绿色制造靠拢，实现节能减排。

近年来，我国的调味品、发酵制品制造业企业营业收入如图 3-4 所示。截至 2020 年，传统发酵食品领域的绿色工厂 23 家，包括白酒行业 16 家，酱油行业 2 家，食醋行业 1 家，酱菜行业 2 家，其他调味品行业 2 家。当前，白酒酿造的绿色酿造如雨后春笋，得到蓬勃发展，越来越多的白酒企业纷纷开始对白酒酿造的绿色化进行探索及尝试，有些企业已经形成适用于本企业的绿色化酿造生产模式。

绿色化是中国白酒产业稳步发展的必经之路。白酒酿造的绿色化目的是保护与建设适宜酿酒微生物生长、繁殖的生态环境，以安全、优质、高产、低耗为目标，最终实现资源的最大利用和循环使用，主要分为 3 个部分：酿酒工艺的绿色化、窖池养护的绿色化及酿酒副产品综合利用的绿色化。

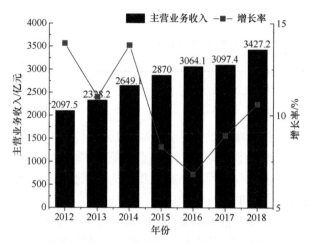

图 3-4　我国调味品、发酵制品制造业企业营业收入统计

随着整个社会和国家对环保的重视，环保 GDP 也列入地方考核指标，因此国家也逐步推进"绿色产品"注册和"绿色工厂"认证。在国家工业和信息化部发布的第三批绿色制造名单中，有 4 家白酒企业通过"绿色工厂"认定。例如，劲牌公司制定了"绿色环保、和谐发展"的可持续发展战略，着眼于源头控污，不断摸索循环经济发展模式，推进绿色技术创新。企业通过技术创新、设备改造、生产工艺优化等举措，可从源头消除和减少污染物产生量；在对所有新、改、扩建项目进行环境影响评价时，可选择环境污染小、节能环保的新材料，选择能耗低、排污少的清洁生产新工艺，选择处理效率高、运行稳定的污染物治理手段，将源头减排和环保监管措施落实到项目建设的方方面面。

绿色产品又称为生态产品，其特点在于节约能源、无公害、可再生，2019 年国家市场监督管理总局颁布了《绿色产品标识使用管理办法》。2016 年中国发布《绿色食品　发酵调味品》（NY/T900—2016）农业行业标准，规定了采用发酵方法生产的酱油、食醋、酿造酱、腐乳、豆豉和纳豆等为绿色食品。其中主要原料和辅料要符合绿色产品要求，另外对产品要求、检验规则、标签、包装和运输储存都进行了规定。2017 年，国家颁发首个酱油产品的绿色食品和有机食品认证，其要求包括：从原料大豆开始到成品酱油生产的全过程布控多个管控点，建立基于风险评估的风险管理和风险交流机制，设立严格的食品安全执行目标，对各个节点的农药残留、食品添加剂、违禁添加物、塑化剂等进行检测。在未来，发酵食品朝着绿色食品发展是一个大趋势，也是高端发酵产品的发展方向。

4. 食品安全监控技术

"民以食为天，食以安为先"，随着我国国民生活水平的逐渐提高，食品的安全问题已经成为社会关注的热点问题，传统发酵食品将会更加注重产品的安全卫生。从全球范围来看，营养、安全、卫生已成为生物食品的主流和方向[15]。随着全球化进程的加快，我国食品企业必将广泛采用国际标准体系和管理体系，建立和完善食品检测和检验体系，以及营养评价、指导和咨询体系，更加符合国际规范、标准的营运模式和高水平的产品标准。另外，随着人们生活水平的不断提高，消费者对食品安全将更加重视，也将强化食品加工过程卫生和安全规范。

发酵食品从原料到生产过程中也会产生或不慎引入具有潜在安全风险的物质[真菌毒素（黄曲霉毒素）、有害胺（氨）、氨基甲酸乙酯（EC）、微生物污染等]，对产品的品质和安全造成重大影响。黄曲霉毒素的控制主要通过原料检测进行隐患排查，通过源头进行控制，同时对仓储设施进行更新防止黄曲霉毒素产生菌的生长[8]。作为传统发酵食品加工过程内源性危害物，胺（氨）类物质是一类低分子量的含氮有机化合物（氨基甲酸乙酯、亚硝胺类和生物胺类等）[16]。另外，氨基甲酸乙酯（ethyl carbamate）是一种 2A 类致癌物质，研究发现，酿造酒中氨基甲酸乙酯的形成主要来自乙醇和尿素的作用，而乙醇和尿素都是发酵过程的产物，难以完全消除，只有通过一定的手段降低尿素的产出量来降低氨基甲酸乙酯的生成量，从而实现对氨基甲酸乙酯含量的控制。发酵食品中氨基甲酸乙酯的主要控制方法包括：①发酵原料中尿素的控制，通过对发酵大米的精制或多次清洗；②高性能菌株选育，利用精氨酸酶缺陷型或表达受阻的酵母突变菌株，或精氨酸转化能力受阻的突变菌株，或筛选低尿素酵母；③脲酶对尿素的分解，脲酶的生产菌株筛选及应用，可以将尿素分解，也可以采用混合发酵方式，如解淀粉芽孢杆菌。

另外，传统发酵食品中生物胺也存在安全隐患问题，如摄入 75 mg 以上的组胺可能导致包括呕吐、腹泻和头痛等症状。发酵食品中的生物胺也是由氨基酸脱羧形成的，其中食品中的微生物会产生氨基酸脱羧酶，从而促进脱羧反应。生物胺控制方法有多种：①采用腐败微生物抑制剂，如在鱼酱油发酵过程中添加部分米糠，选育不产脱羧酶的菌种，接种不产生物胺的菌株作为天然抑制剂。②增加食品生产过程中的降解，一些米曲霉、乳酸菌、白地霉、肉葡萄球菌等微生物具有单胺氧化酶活性，可以通过筛选获得具有单胺氧化酶活性且安全可靠的微生物菌株，来降解发酵食品中已经产生的生物胺[17]。

随着科学技术的进步，食品安全检测技术（表 3-2）的发展十分迅速，其他学科的先进技术（色谱技术、酶联免疫吸附技术、生物芯片法等）不断应用到食品安全检测领域中来，可在分子水平揭示加工过程中组分结构变化与危害物产生关联机制等，并开发出许多自动化程度和精度都很高的食品安全检测仪器，提升过程控制和检测溯源，构建新食品安全的智能监管，可以达到全程食品质量安全主动防控。这不仅缩短了检测时间，减少了人为误差，也大大提高了食品安全检测的灵敏度和精确度。

表 3-2　食品安全检测方法

快检方法	方法特点
化学比色法	主要是利用食品中含有的化学物质的特性进行分析，以待测食品的化学反应为依据，待测样品与特定的试纸发生特异性的显色反应，通过与标准颜色对比，显示最终的结果
免疫分析技术	通过抗原与抗体的高度专一特性吸附反应进行检测。抗原抗体反应是一种非共价键特异性反应。目前用于食品安全检测的技术主要有酶联免疫法、免疫力检测试剂条、免疫胶体金试纸、光学免疫分析技术
分子生物学技术	使用特定的试剂盒提取出所需的核酸片段，通过 PCR 反应技术进行基因扩增，并对扩增片段测序，与阳性样品的碱基对比对进行亲缘性分析。由于引物及核酸探针的特异性，该方法具有准确度高、分析速度快等优势，被广泛应用于食品检测，目前对该法自身的应用研究也日新月异
生物芯片技术	融合生物学、物理学、化学、计算机科学为一体的高度交叉的尖端技术，可以同时对多个靶标准物进行检测，一次检查可以提供大量的检测信息。主要包括蛋白质芯片、基因芯片和芯片实验室等
大数据分析技术	利用大数据分析技术分析海量的食品安全数据以提供更完善的针对某一问题的解决方案，或者利用数据收集与挖掘技术为之后的数据分析提供丰富可用的数据源

3.1.3　未来传统发酵食品的产业驱动因素

随着社会经济的不断发展，膳食结构逐步优化，发达国家已基本完成了发酵食品产品深度精加工。在未来 10 年，全球生物技术产品总销售额将超过 15 万亿美元，因此国家相关政策、金融环境和经济社会条件等将驱动传统发酵食品快速发展（图 3-5）。总体看，世界范围内发酵食品的发展呈现出以下趋势：一是产业化经营的水平越来越高，发达国家已实现了食品原料生产、加工和销售的一体化经营，具有原料生产基地化、加工品种专用化、质量体系标准化、生产管理科学化、加工技术先进化及食品企业规模化、网络化、信息化经营等特点；二是加工技术与设备越来越先进，在传统发酵食品加工领域，合成生物技术、膜分离技术、高通量筛选技术、超临界流体萃取技术等高新技术得到普遍应用；三是越来越重视资源的综合利用，发达国家发酵食品生产企业，都是从环保和经济效益两个角度对农产品原料进行综合利用，在农产品生产食品产品的同时，将生产中的副产品或废物转化成高附加值的产品；四是产品质量标准体系越来越完善，未来，随着各国政府对发酵食品重视程度和投入的不断提高，这一趋势还将不断扩大。公开数据显示，全球发酵食品及饮料市场，预测从 2019～2024 年将以 4.3%的年复合增长率发展。

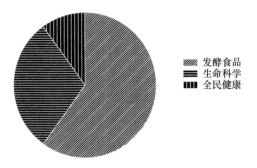

图例：
发酵食品
生命科学
全民健康

图 3-5　发酵食品市场驱动力示意图

随着人们对食品安全、环境保护的重视，同时对传统发酵食品质量和产量提出更高要求，传统发酵食品企业面临诸多挑战：①传统发酵食品工艺劳动强度大、劳动条件差、工资待遇低使得招工困难；②传统发酵食品企业大部分处在偏远地区，人才吸引力较弱，影响企业人才培养；③行业集中度小，生产技术落后，尤其是小型传统发酵食品企业占比较大，小企业自身投入技术升级改造能力较弱；④国家强制污染排放标准执行增加企业运营成本。现代企业竞争和人民群众对传统发酵食品的品质、产量提出更高要求，但传统发酵食品产业技术升级内在需要与技术水平、人才、装备之间存在供需矛盾。在新技术推动下，未来传统发酵食品产业也将发生巨大变革。消费者对食品的偏好高涨，及健康意识的增强促进该市场成长。近几年，我国传统发酵食品行业仍然保持了相对稳定的增长，客观反映出发酵食品在消费群体中的刚性需求。

传统天然发酵由于是天然开放体系，品质均一性和生产过程的稳定性较难控制，一定程度制约了其大规模产业化运营，同时也存在杂菌污染的食品安全风险。传统发酵食品面临创新与工业化、现代化的挑战，行业需要加快国际化与产业化技术的转移及现代化生产线装备技术的引进。发酵食品行业必须充分认识到变革中的意义与时代机遇，前进中谋求发展，挫折中孕育机会。未来随着研发经费的不断投入，品牌企业将开发出更多新产品以满足消费者日益提升的需求，传统发酵食品行业也将在消费升级、中国消费者健康意识的崛起、经济全球化等多方面的影响下，继续保持稳定而健康的发展。

1. 消费升级驱动

新中国成立 70 多年来，我国国民经济持续逐年增长，逐步消除贫困迈入小康社会。我国人均 GDP 稳定增长，2019 年我国人均国民总收入首次突破 1 万美元大关，较 2018 年增加 7.4%，高于中等收入国家平均水平。我国传统酿造食品产业在国民经济中占有重要地位，市场规模增速较快（图 3-6）。当广大人民群众的生活进入小康水平后，中国消费者对食品的需求已发生了质的变化，食物已经从温饱的需求升级为健康型、享受型的层次。品质消费成为食品消费升级的重要方向，尤其是作为消费主力的年轻一代对食品消费也更理智，善于利用互联网技术手段，购买高品质的食品，对新颖美食和网红美食充满好奇心。未来，食品企业要更加重视产品创新、内涵方面的建设，重视情感的满足和精神愉悦的享受。消费升级给快消行业带来了新一轮的生长空间，这也将驱动发酵食品行业发展。

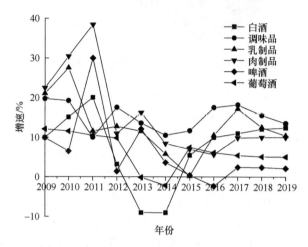

图 3-6　食品饮料细分板块市场规模同比增速

随着国民收入提高和生活水平提升，人们之间的交流活动更为频繁，餐饮行业规模也逐年增长，带动了酒类尤其是白酒的消费量。2019 年白酒企业总产量785.95 万 kL，营业收入达到 5617 亿元，开始进入新的发展周期，国民收入的不断提升使得白酒消费者的消费意愿向高品质消费转变，中国高端白酒商务性质较重，因此相对能够迎合消费升级（图 3-7）。白酒作为经济的润滑剂，其与中国经济的发展密切相关。所以，若中国经济保持快速增长的假设不改变，白酒整体消费量增速也将维持在比较稳定的水平。在消费占比上升、中高端消费升级的大趋势下，白酒行业已成为中国消费品领域的支柱力量。

同时，随着白酒消费朝着品牌、文化等概念集中，具有丰富的中高端及以上产品体系和持续开发能力的白酒企业享受了消费升级的发展红利。在消费升级的背景下，以茅台为龙头代表的高端白酒在 2018 年开始提价的效果显现，这不仅显著增加了高端白酒的营业额占比，还为中高端市场打开了价格空间。2019 年，在高端白酒市场竞争中，53°飞天茅台的市场份额占比最高，达 42%；其次是 52°五粮液，市场份额占比达 31%。随着中产群体的崛起，未来中高端白酒的市场规模仍然很大，预计市场会进一步向行业龙头倾斜，2039 年高端白酒销售将达到4010 亿元（图 3-8）；另外广大居民收入增加，高端白酒的消费群体转向中产阶级，重视白酒品质和消费者体验已成为酒行业发展趋势所向。

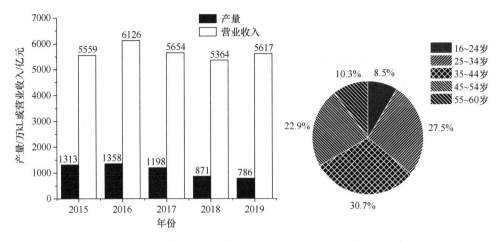

图 3-7 2015~2019 年白酒行业总产销量和重度消费群体的年龄分布情况

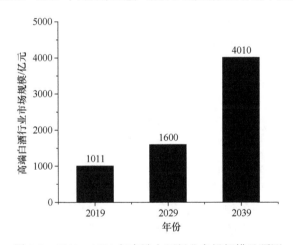

图 3-8 2019~2039 年高端白酒行业市场规模及预测

2. 健康意识驱动

发酵食品既是风味食品,又兼具一定的功能性。随着时代的进步和健康意识的不断提高,中国消费者愿意为健康产品买单,传统发酵食品越来越多地受到人们的喜爱。近年来,发酵食品中所含有的营养成分和保健功能引起了国内外研究学者的广泛关注,健康类型的发酵食品消费成为拉动行业增长的重要因素。例如,葡萄酒中白藜芦醇具有抗氧化、抗炎及心血管保护等作用;纳豆中纳豆激酶具有溶血栓功能;豆类发酵食品,如豆瓣酱、酱油、豆豉、腐乳等含有丰富的抗血栓成分,具有预防动脉硬化、降低血压之功效[18]。因此,今后在发酵食品生产和研究中,应更好地考虑提高保健功能因子,由发酵食品向绿色营养保健产品延伸的转型,同时也要加大宣传力度,推进食物营养和健康知识的全面普及。

比较典型的例子是红曲的应用推广。红曲是一种具有悠久应用历史的药食两用品，具有多种生理活性，是优良的天然色素，其中以红曲米及红曲米粉为代表，主要在中国、日本和东南亚国家进行生产和应用。美国每年消费的功能性红曲约为 30 亿美元，降血脂处方药和天然降血脂中草药在美国各占 50%。另外还有利用红曲为主要原料生产保健品胶囊。在功能性食品方面，日本利用发酵红曲开发红曲保健食品。日本每年需要作为保健食品原料的红曲量达 150 t，包括纯红曲及添加红曲提取物的胶囊、红曲口服液等，含有降脂功效的红曲香肠和火腿的年销售额达 60 亿日元，红曲清酒的年产量也超过 15 000 打（1 打=12 瓶）。我国 2006 年红曲米产量约 7000 t，年销售额约 7000 万元；在 2017 年，全国红曲米产量提高到 3.5 万 t，销售额超过 3.3 亿元，未来产销量将逐渐扩大。

3. 电商及现代化物流驱动

随着人们生活水平的不断提高，作为快速消费品的传统发酵食品，消费者不仅仅只关注价格的因素。传统发酵食品企业要在众多的市场竞争者中脱颖而出，赢得顾客的信任和选择，在传统渠道加快变革的同时，"互联网+传统行业"的应用在传统发酵食品行业中也将强势崛起，传播的渠道更加立体化、多元化，由商场、餐饮、超市等线下渠道向线上渠道全面延伸，线上线下打通全渠道销售模式。同时通过微博、短视频、微信（公众号）与消费者沟通交流、互动亦将更为广泛。

近 10 年，电子商务逐渐在各行各业普及。以酒类销售为例，酒仙网、1919、酒美网等专酒类垂直电商已然成为国内酒品销售的重要渠道之一。同时，国内知名酒企纷纷步入电子商务领域，在京东、天猫开设直营店，试图依托"互联网+"来改变国内酒行业所面临的困境。目前各酒企的线上战略之一是主打"大单品"，打造爆款，吸引消费，扩大知名度，提升口碑。从图 3-9 中可以看出，酒类电商呈现量级增长，2019 年，酒类电商市场规模超过 970 亿元，同比增长 27%；而在 2020 年，酒类电商市场规模突破 1000 亿元。另外，白酒消费主体逐步年轻化（数据显示，2019 年中国白酒消费者平均年龄为 37 岁）。

当代年轻人更喜欢时尚一些、口味淡一些、醉酒程度低一些的差异化产品，因此这几年一些果味白酒，如江小白这样的小曲清香类白酒，包括一些鸡尾酒大受年轻消费者的欢迎。近些年江小白实现逆势增长，成为红遍全国的酒类"黑马"，做到了四川、重庆两地小酒行业第一[19]。江小白的白酒营销突破了传统酒业的销售渠道体系（从总代理到二级分销商，再到饭店，每下沉一层，都要增加成本），利用网络和电商销售渠道（用户为王，自带流量），打破原有白酒的销售逻辑，和用户做朋友，自带流量，从用户端倒逼渠道，行业价值链从此改变。随着消费升级，未来白酒电商品牌将向高端化、定制化方向发展，对渠道的数字化建设应加强。

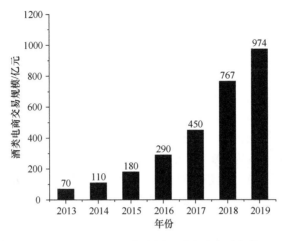

图 3-9　2013～2019 年中国酒类电商交易规模

4. 文旅驱动

在传播内容上，未来会更加注重文化的传播和精神文明的宣传，通过文化的导入传播企业的品牌，建立消费者的品牌认同，可推动发酵食品产业发展，推动实体经济发展。比如，在全国产业转型、消费升级的背景下开发文旅产业，给食醋增添了文化内涵，恒顺集团投资建设了镇江醋文化博物馆，展馆分游客中心、醋史馆、文化长廊、老作坊、陈列馆、现代工艺馆和体验馆七大部分，采用声、光、电等现代表现形式，全面展示醋文化、解读醋养生、品味醋健康。镇江醋文化博物馆作为企业重要的宣传载体，将企业开发的各种食醋保健产品通过现场讲解、多媒体、书籍等各种形式对外进行宣传，让更多的老百姓享受食醋健康生活，提高生活品质，同时也进一步提升了醋博物馆健康养生游的质量。中国醋文化博物馆作为工业旅游典型，在传承世纪经典的基础上，借助现代高科技，进一步增强传统醋文化的魅力。

举办文化节是很好的传播手段。例如，2018 年海天举办首届海天酱油文化节，持续 16 天的活动吸引了上万消费者亲身体验酱油的阳光品质。在"打酱油"的过程中，消费者除了能近距离感受工业旅游的神奇魅力外，还有更多关于海天酱油的发现。此外还可以建立发酵食品文化产业园，打造地方发酵食品牌特色，带动区域发酵食品产业发展。

通过形象的美食纪录片或视频进行宣传等也会成为趋势，比如央视播出的《鲜味的秘密》和《风味人间》，都是不以自己品牌宣传为主，而是以企业投入来做一个科普宣传片，充满视觉的享受，观赏性强。此外场景消费、体验式消费也会成为趋势。餐厅有可能成为一个重要销售渠道。通过在市场上树立良好的品牌形象及切实可行的销售策略，来满足消费者不断增长和变化的需求。

5. 海外市场拓展驱动

近年来，随着国内市场饱和及其他行业的竞争，国内一些知名企业（李锦记、光明食品、海天调味食品等）率先走出国门，通过产品出口、文化输出、海外建厂或并购等方式，大力开拓海外市场，进行市场国际化，不断改写国际食品格局[20]。目前主要发酵食品出口从 2015 年的 334 万 t 增加到 2019 年的 432 万 t，2019 年出口额达到 43 亿美元。通过引进先进的生产管理技术和优质的人力资源，以实现业务的全球化。但是要遵循一些规则：一是准确进行市场定位，对市场进行全面分析，针对不同的市场定位来进行市场营销策划；二是把控产品的质量和标准，建立适应海外市场的当地产品标准，遵守各项法规。此外，兼并收购当地企业是提高市场份额、解决不同地区口味差异化、打通国际市场的有效途径，如 2012 年，光明食品集团以 12 亿英镑的价格收购维他麦 60%的股份，成为当时中国食品企业最大一宗海外并购案例。

中国是世界上最大的酒类消费市场，中国白酒产销量不断增加[21]。根据国家统计局数据显示，2019 年，白酒产量为 785.9 万 kL。随着中国国力和影响力增加，中国的酒文化也在快步走向世界，国内顶尖白酒企业纷纷加快实施国际化战略步伐，如茅台确立了"做世界蒸馏酒第一品牌"的文化发展战略；2018年春节期间，五粮液的玫瑰金白酒在美国纽约时代广场推广；洋河推出了"中国梦·梦之蓝相约伦敦 2012 音乐会"；汾酒积极筹划打造成世界第一文化名酒；泸州老窖协办"明末大变革——1573 年的世界与中国"大型文化研讨会，向世界展示中国人民智慧酿造的魅力。在未来全球经济一体化的竞争中，中国白酒也将随着中国影响力走向世界，并且已经定名为 Chinese Baijiu，彰显中国文化特色。

作为中国白酒的代表，茅台酒及系列酒在 2019 年完成出口 1576.8 t，销售金额 3.7 亿美元。根据 2019 年数据，茅台在全球 68 个国家和地区有 115 家海外经销商，海外市场的销售网络布局日趋完善，可以看出茅台在产品国际化、品牌国际化、市场发展国际化多个层面所做出的努力。长远来看，随着我国白酒品质的不断提高、品牌营销力度的不断加强及我国在国际贸易中的参与度逐渐提高，我国白酒在其他国家市场中占据的份额将不断加大（如图 3-10 所示近年来我国白酒出口数据），白酒行业出口的瓶颈有望快速打破，实现出口的快速增加，出口市场前景可期。

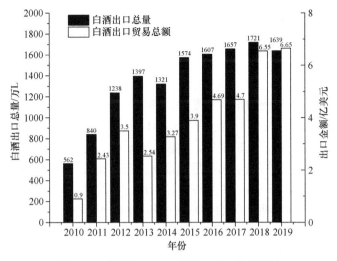

图 3-10　中国白酒出口数量及出口金额统计

3.2　未来发酵食品的技术发展趋势

发酵食品因其传统的工艺，具有民族特色、风味独特、口感鲜明等特点，得到人民群众的广泛喜爱并获得持续稳定发展。但不可否认的是，我国发酵食品工业普遍存在工艺装备较为落后、产品结构不合理、食品安全风险相对较高、可持续发展研究较少等问题，严重制约了行业的进步。而从 20 世纪 80 年代就开始出现出口黄酒中氨基甲酸乙酯超标等食品安全事件，进一步反映出发酵食品工业存在诸多问题，包括：行业集中度低，效益差异较大；机械化、自动化程度较低，批次稳定性差；劳动强度大，用工数量多；资源转化率低，排放多。随着我国经济的快速发展，人民对美好生活有了更高的追求，对发酵食品的产量和质量也提出了更高的要求。近年来，随着科技的不断发展，发酵食品企业逐步从手工作坊向机械化、自动化、信息化和智能化发展。同时，随着整个社会的环保理念加强，传统发酵食品企业也需要向绿色制造靠拢，实现节能减排。

我国于 2015 年提出了《中国制造 2025》计划，通过努力实现中国制造向中国创造、中国速度向中国质量、中国产品向中国品牌三大转变，推动中国到 2025 年基本实现工业化，迈入制造强国行列[13]。而发酵食品因其自身的工艺传统、机械化和绿色化水平较低的特点，也面临提高效率并转型升级的内在需求。另外，我国在"十三五"规划中提出"大力发展循环经济""发展绿色环保产业"，全社会倡导"绿水青山就是金山银山"的理念。在未来，随着我国经济结构转型，我国发酵食品的技术水平持续上升空间很大，主要转向以智能制造和绿色制造为核心进行布局[22]。

3.2.1 智能制造技术

当前，以物联网、云计算、移动通信、大数据、深度学习等为代表的信息技术/人工智能技术、以绿色能源为代表的新能源技术、以 3D 打印技术为代表的数字化智能制造等技术系统的出现和发展，推动着新一轮产业革命。智能制造的实施阶段是：数字化→网络化→智能化（图 3-11）。数字化是将物理世界的信息转化为计算机能理解的信息，包括采集、建模、结构化、存储、分析、传递、控制等一系列过程；网络化是将数字化信息通过网络进行传递与共享，网络的终端可以是人，也可以是机器、产品、工具等物体，通过网络化，缩短时空距离为制造过程中人–人、人–机、机–机之间的信息共享和协同工作奠定基础；智能化是在数字化、网络化基础之上，深度处理和利用信息，实现优化策略。自动化作为常见的一种效率提升手段，是智能制造的有益支撑，但非必要条件。此外，智能制造的推进必须与先进管理理念的贯彻同步进行才能取得预期效果。

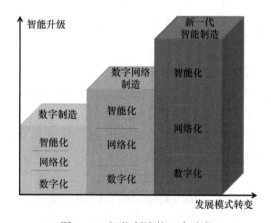

图 3-11 智能制造的三个阶段

目前，发酵食品行业正处于智能化学习和实践摸索的阶段，智能制造概念不清晰，智能制造体系、模式也不清晰，具体做法和软硬件等应用尚不成熟。发酵食品产业智能制造的系统本质上是发酵食品生产技术与新一代信息技术的"深度融合"（工业与 ICT 技术融合），贯穿于菌种选育、产品设计、工艺、装备、生产及服务全生命周期。发酵食品生产很多依赖经验和人的判断，形成了一种人信息物理系统（human cyber physical system，HCPS），为智能制造带来新的内涵。

1. 白酒

白酒传统酿造工艺在过去十几年发生了巨大变化，在"中国白酒 169 计划"和"中国白酒 158 计划"推动下，部分传统的白酒生产方式被机械化、自动化取代，促进了白酒产业的技术升级。同时全行业加大白酒酿造的基础研究，将智能酿造技术引入产业，以实现高品质白酒酿造。

在"中国白酒 158 计划"项目中，多家行业骨干企业及机械设备研究单位（劲牌、今世缘、老白干、景芝、河套等）进行技术攻关，重点研究白酒生产机械化水平的提升。"中国白酒 158 计划"实施取得多方面成果：在白酒生产的粮食管理方面，开发了粮仓计算机管理系统、自动化输粮/称重、除杂/泡粮系统和自控带压蒸粮系统，该工段基本可以达到数字化制造水平；在微生物发酵方面，已经开发了自动化制曲的装备和技术，曲料堆积可实现机械自动化生产，白酒发酵池插入无线温度计可实现在线监控。白酒生产的后处理方面基本可实现自动化生产，已经开发了智能机器人上甑系统、在线智能分级摘酒系统、罐区库存管理系统、在线勾兑调配系统和成品包装管理系统等，如图 3-12 所示为某品牌的现代化工厂和智能车间。总体来看，我国白酒企业在智能制造方面取得较好成绩，白酒企业在智能化酿造车间、生产线、自动输送系统和全程监控系统装置投入增加，固定资产投入提高，降低了运行成本，提高了劳动效率，提高了出酒率。中国白酒传统酿造工艺复杂，揭示其工艺原理是一个漫长的过程。白酒生产的微生物发酵过程存在难点，包括：对曲中的糖化菌、发酵菌和风味菌的确定；不同菌种的最优组合及与酒率酒质的关系；纯种的机械生产工艺等的研究。另外，可以对白酒堆积过程中不同时间、不同空间点酒醅样品的温度、水分、酸度、淀粉、还原糖、蛋白质、含氧量等指标进行系统跟踪测定，将高通量技术应用于白酒高温堆积酒醅微生物区系分析，以弄清曲中的糖化菌、发酵菌和风味菌，开发出多菌种混合曲，并研发白酒专用设备，使其达到自动化与智能化。

酿造车间　中药提取车间

图 3-12　白酒现代化工厂车间

总之，我国白酒行业工艺技术装备严重落后于其他食品行业，仅停留在机械代替人力的初级阶段，距现代化生产要求还有相当大的差距，还有很多方面有待提高（表 3-3）。存在问题如下所述。

1）仍然沿袭着传统的开放式生产，生产环境差，粮食辅料及微生物环境易受污染，食品安全卫生得不到保障。

2）工艺技术条件由于受人为、环境等因素影响，产品质量不稳定。

表 3-3 中国白酒酿造工艺发展趋势

生产过程	传统手工操作	半机械化操作	自动化车间	智能化车间
酒醅出窖	人工出池，人工吊运	行车出池，行车吊运	行车抓取、吊运	行车抓取、吊运
加料配料	人工搬运，根据经验配比	人工搬运，根据经验配比	人工加料，行车辅助，利用称重模块控制原料配比	自动给料，利用称重模块控制原料配比
物料翻拌	人工翻拌搅匀	人工翻拌搅匀	通过链板输送机和搅拌机实现自动翻拌搅匀	通过链板输送机和搅拌机实现自动翻拌搅匀
装甑	人工用铁铲装甑	人工用铁铲装甑	人工用铁铲装甑	智能化机器人，采用传感器技术，分析甑锅表面温度，进行布料
摊晾	人工挖甑，穿堆机冷却	行车提甑，人工下料，穿堆机冷却	旋转锅甑、翻转出料、链板输送机将物料输送至摊晾机，摊晾机将物料冷却至设定好的温度	旋转锅甑、翻转出料、链板输送机将物料输送至摊晾机，摊晾机将物料冷却至设定好的温度
接酒	凭酿酒工经验	凭酿酒工经验	凭酿酒工经验，在自动输送过程中控制阀门将不同级酒储存于不同罐中	采用传感技术进行分级接酒，分罐储存
输酒	人工平车转运	人工平车转运	自动输酒至酒库	自动输酒至酒库
称重	人工磅秤称重	人工磅秤称重	自动称重模块	自动称重模块
溯源	每个班组存于不同专属酒罐	每个班组存于不同专属酒罐	自动生成批次代码后，自动输入酒库	自动生成批次代码后，自动输入酒库
过程检测	无	无	部分监测	全过程监测
数据采集	无	无	部分数据采集	全过程数据采集
清洁生产	物料翻拌、摊晾等操作与人接触	物料翻拌、摊晾等操作与人接触	整个物料翻拌、物料输送、物料摊晾都是在链板输送机上进行，与人接触较少	整个物料翻拌、物料输送、物料摊晾都是在链板输送机上进行，与人接触较少
劳动强度	劳动强度大	劳动强度较大	除手动装甑和加料外，其余工艺均实现机械化、自动化	无劳动强度，通过按键操作完成酿酒生产

3）白酒现有的生产设备非标准化，大多数企业都是根据生产需求自行研制，设备材质多样化，而且多为碳钢、塑料等，也给白酒产品质量、食品安全带来了不利因素。

4）工艺的个性化使得行业整体机械化水平较低，尤其体现在制曲、酿造、蒸馏等工艺环节，机械化程度远低于饮料、啤酒等相近行业，大多企业处于半机械化阶段，部分企业罐装工序实现了机械化。

2. 黄酒

目前，黄酒企业间的机械化酿造水平差异较大，中小型企业普遍水平较低，同时数字化酿造受限于酿造机理等因素也尝试较少。此外，工艺机理不清等问题也困扰着行业的进步，如黄酒风味形成时间长，占据大量陈化资源（容器及人力），过程不易控制；在黄酒酿造中，采用超高压杀菌技术，可以较好保留黄酒香气，缩短后熟时间。近年来，黄酒生产技术也有很大提高，新原料、新菌种、新技术和新设备不断融入。通过采用自流供水、蒸汽供热、红外消毒、流水线作业等科学生产工艺,机械化水平得到不断提高,蒸饭、拌曲、压榨、过滤、煎酒、灌装都采用机械完成。在中国酒业协会组织的"中国白酒 169 计划"中,浙江的会稽山突破传统制曲模式,实现大曲生产过程的自动化和机械化,同时在原料处理、主发酵自动工艺建设等方面,基本上完成了机械化改造。目前古越龙山、金枫酒业和张家港酿酒公司等基本上实现了机械化酿造。除了传统黄酒工艺外,还有新型黄酒酿造工艺,如膨化法、液化法等,其中液化法酿造黄酒可以节省能耗 50%,实现废水的零排放。在黄酒食品安全控制方面,已经形成 EC 的检测、源头控制和包装前控制的一整套技术。

黄酒生产企业总体机械化程度不高,受限于资金,大部分还是小规模作坊式生产,不到 25%的黄酒企业实现半机械化和机械化生产。在装备技术方面,已开发有黄酒/料酒全自动生产系统,解决黄酒/料酒制备过程中批次不稳定、耗时、耗能、耗力的技术问题,其他装备还有可控温料酒发酵容器、膜过滤装置和酒化罐等。当前,大部分料酒生产工艺相对比较传统,大部分沿袭黄酒的工艺路线。一些实力雄厚的企业逐步进行技术改造,引入发酵罐进行发酵,方便进行温度的智能控制,以达到节能的目的。

3. 啤酒

啤酒作为人类历史上最古老的酒精饮料,现在世界各地都有生产和消费。早期采用巴斯德灭菌、林德冷冻系统和酵母纯种发酵等技术,使啤酒酿造走向科学化。随着工业化的进程,手工酿造的小酒坊纷纷倒闭或被大型商业化啤酒厂吞并,啤酒生产进入了由大企业主导的时期。国外现代啤酒生产的技术升级过程有以下 4 个阶段。

1)完全手动操作方式。在这一阶段,生产过程全部通过手动调节,完成各个变量的全面调节,控制过程烦琐,效率不高。生产受人为影响很大,啤酒质量难以保证,只适合早期小型酒厂。

2)集中手动控制方式。这是一种半手动控制方式,在操作室有控制界面,可实现对整体的集中处理,但生产中的数据还需由操作人员进行人工记录并处理。没有从根本上解决人为影响,仍只能局限于小型酒厂。

3)PC 机+数据采集卡方式。这是啤酒生产走向自动控制的一个标志。现场采集到的模拟量通过变送器送到插在工业 PC 机插槽上的数据采集卡上,再在 PC 机的画面进行显示监控,同时根据设定的程序控制阀门和主要设备的启停来满足工艺参数的要求。这种方式一定程度解决了自动化的问题,但仍存在不少缺陷,因此现代的大型酒厂需要研发新的系统来取代它。

4)分布式控制方式。这是一种在计算机控制多层网络结构技术基础上,添加先进控制算法的控制方式。目前,大多采用的分布式控制系统为 DCS(分布式控制系统）和 FCS（现场总线控制系统）；这种方式也是现代大型酒厂的主要工作模式[23, 24]。

目前，现代化的啤酒工厂（图 3-13）基本已经实现自动化、信息化和智能化，做到了从原料采购、生产到销售终端各环节的高效运作。自动控制系统包括制麦自控系统、原料处理及糖化自控系统、发酵自控系统、过滤控制系统、CIP 控制系统、自动灌装系统，以及公用工程（包括水、电、蒸汽、空气、CO_2、冷媒、污水处理）等自控系统。同时利用信息、计算机、网络等技术，把企业内部的管理信息系统、生产经营系统、质量保证系统及网络数据系统等进行高度集成，促进企业形成集控制、优化、调度、管理于一体的综合自动化模式，全面提升产品的质量和产量。啤酒行业目前智能化程度较高，可作为我国其他传统发酵食品行业现代化改造升级的样本，在第四次工业革命的基础上，带动其他行业向智能化迈进[25, 26]。

图 3-13 现代化啤酒工厂车间

4. 发酵调味品

（1）酱油

酱油在发酵调味品中占据较大比重。不同于其他传统发酵食品的生产工艺发展，酱油酿造逐渐向数字化制造进军，规模化的圆盘制曲和深层发酵得到了较为广泛的应用，酱油产业是传统发酵食品领域中最早且较为成功实施智能制造的领域（图 3-14）。目前，国内某些酱油龙头企业的创新能力、科研水平和仪器装备等方面均已接近或达到国际领先水平。在酱油发酵、酿造、灌装、仓储等环节基本可以实现自动化，部分生产环节实现数字化，主要系统包括：①生产线实时数据管理系统的 LDS（生产线数据采集系统）和 LMS（生产线管理系统）。②MES 生产过程执行管理系统。③ERP 企业资源计划系统，负责企业内部资源的配置和协调，如通过 ERP 系统进行采购管理。④智能立体仓库，从进仓到出仓，不再依赖人力调度，通过无线射频识别及条形码识别技术应用，由智能化数据平台统一协调。在各大酱油酿造企业之中，率先实现智能酿造改造，也是最早实现生产线管理系统全线无缝对接的企业。⑤机器人码垛系统。⑥极速灌装系统，从瓶胚吹瓶、无菌灌装、包装、仓储等局部环节正在或者已经实现互联网或数字化。此外，应用无线射频识别及条形码识别技术可实现酱油产品立体仓库的入库业务、出库业务及库存调拨的全过程管理自动化，有效提高供应链和物流的运作效率。此外，一些酱油企业进行工艺创新，如广东美味鲜调味食品公司在 2019 年投产美味鲜"广日式"工艺酱油产品，通过添加人工干预型酱香菌种，用蛋白质定向酶解鲜味氨基酸技术生产高品质酱油。

图 3-14　高盐稀醪酱油制曲、发酵及晾晒过程

（2）食醋

"柴米油盐酱醋茶"，食醋在调味品中的重要性仅次于酱油。食醋酿造主要采用固态发酵，其智能化实施有一定难度。以镇江香醋为例，某些食醋龙头企业在机械自动化方面实施较早，在智能制造方面的主要工作包括以下几个方面。

1）生产流程的智能化：采用大数据技术、物联网技术、生产信息化控制系统

（MES）、工业机器人和视觉识别等先进技术，集自动化、数字化、智能化为一体，通过产业链、供应链和智能装备间的互联互通和态势感知，提升食品安全全程保障和精益化生产能力，全面提升了食醋生产流程的智能化水平。

2）生产智能化装备应用：全自动高端醋灌装线可实现自动化、智能化和信息化。

3）移动营销管理（SFA）系统：对产品从出厂经由物流到经销商仓库、分销商物流直至售出全过程，进行实时跟踪管理。

4）全生命周期食品安全追溯体系：通过物联网技术，对香醋的原料（稻米）生长时用药、施肥甚至农田土壤的温度、湿度，进行实时监控并予以数据采集，将生产过程监控、仓储物流、质量追溯等关键环节纳入一体化管理，让食品安全更透明。

当然，国内其他食醋企业在市场竞争压力下，逐步提升企业的生产智能化水平，如山西的老陈醋多家大型企业也进行规模化生产和自动化改造，大大提升老陈醋的产能和质量。

5. 发酵酱类

发酵酱类在中国饮食文化中给人味觉添加了不同色彩，独具地方特色。典型如郫县豆瓣酱，它属于地理标志产品，是川菜之魂。郫县豆瓣酱采用传统工艺需要大量劳动力，而目前已有的不少大型豆瓣酱企业已经采取部分机械化生产，以尽量减少人工和劳动强度。为了提升豆瓣酱生产技术水平，四川高福记食品有限公司开发了包括豆瓣干燥回香系统、椒胚制备系统、蚕豆瓣制曲系统、豆瓣发酵制备系统、椒胚的输送系统（包括清洗机、蒸煮机、粉碎机、输送装置）等自动化设备（图3-15），发酵罐固稀发酵和目前采用的发酵池还需要进一步比较调试。但是，郫县豆瓣酱企业的生产关键技术尚未突破、生态体系（传感器、智能控制、工业软件等配套企业）发展滞后、专业人才短缺、相关扶持政策不到位、用于

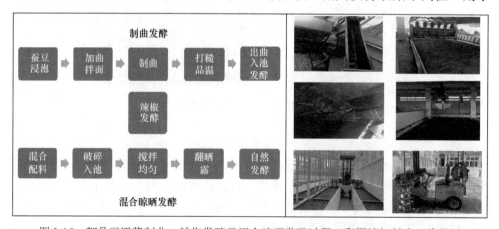

图 3-15　郫县豆瓣酱制曲、辣椒发酵及混合晾晒发酵过程（彩图请扫封底二维码）

提升智能酿造水平的融资比较困难及信息服务平台建设滞后都是目前企业实施智能制造面临的难题。

为提高郫县豆瓣酱自动化、智能化生产水平，郫县多家豆瓣酱企业与科研院所、企业深度合作，加快郫县豆瓣酱生产工艺自动化、智能化改造。例如，2018年鹃城豆瓣与中国轻工业成都设计工程公司合作实施技改，以红油豆瓣自动化、传统豆瓣半自动化生产为原则实施整体技改提升。丹丹郫县豆瓣集团与江南大学和电子科技大学合作，对豆瓣酱的生产、包装、储存等实施数字化、智能化改造。四川高福记生物科技有限公司与中国科学院合作研究郫县豆瓣酱产业关键共性技术，为郫县豆瓣酱自动化生产提供微生物发酵的生物理论支持。成都丽通食品有限公司与成都川一机械有限公司等合作，可为豆瓣酱新厂区定制生产自动化生产设备实施生产工艺改造。目前，政府层面牵头建立郫县豆瓣产业公共技术平台和食品生产集中区，整合生产工艺自动化、智能化生产技术，按照新的市场机制原则来运作，在保留传统风味、提升企业产能、强化产品品质的前提下，最终形成生产工艺自动化、智能化全套技术解决方案，可推动郫县豆瓣产业做精做强、转型升级。

黄豆酱是目前我国居民大量食用的另外一种重要豆酱，其生产方式采用现代化大规模固稀发酵，具有风味好、成本低等特点。由于采用常规发酵装备，黄豆酱生产技术装备方面专利较少，一些公开技术包括：黄豆酱发酵池生产系统、消毒灌装喷嘴、无菌包装设备、厚层通风装置，还有纳豆酱生产用搅拌培养设备、蒸煮锅等。传统豆酱采用自然接种，加入过量食盐；在工厂化生产中，采用多菌株制曲，可以缩短发酵时间，实现机械化、工业化和连续化生产。豆酱杀菌效果对货架期影响大，目前有欧姆加热法、微波灭菌和添加 Nisin 法等。黄豆酱生产的智能制造技术较为成熟，如采用全自动、封闭式的超高温连续蒸煮系统对黄豆酱进行蒸煮，可赋予黄豆酱良好的口感与风味；塔式圆盘自动制曲装备为菌种发育和曲料培养创造良好环境。

总体来看，我国发酵酱类都是采用固态发酵，最终产品也为固态或半固态形状。发酵酱类行业主要还是依靠传统工艺，大多数为小型企业，目前正在朝机械化和自动化方向发展。在智能制造方面，海天味业和美味鲜等大公司依托已有智能管理体系如 MES、ERP 等体系。

3.2.2　绿色制造技术

《中国制造 2025》将"绿色制造工程"作为重点实施的五大工程之一，部署全面推行绿色制造，努力构建高效、清洁、低碳、循环的绿色制造体系。现如今，我国的单位 GDP 能耗仍高于世界平均水平，与制造强国之间的差距更大，在能源利用率方面还有很大的提升空间。一般意义上，发酵和化工、机械等同属重污染行业领域。但是，我国发酵食品领域特点为以农产品为原料的固态或半固态发酵，无严重污染排放，一些固体废弃物可以循环利用，污水经过简单处理即可达标排放。当然，从深度绿色制造出发，我国发酵食品领域还可以进一步提升技术水平。

我国已制定工业绿色发展目标，主要包括：能源利用效率显著提升、资源利用水平明显提高、清洁生产水平大幅提升、绿色制造产业快速发展、绿色制造体系初步建立。当前我国发酵食品产业在原料利用、发酵转化、节能减排等方面存在问题，需要以原料绿色化、生产洁净化、废弃物资源化、能源低碳化为目标，积极突破关键共性技术，着力打造绿色制造体系，促进产业绿色升级转型，实现绿色发展。因此，我国发酵食品行业在绿色制造技术升级方面可借鉴如下策略：①提升原料利用水平，采用酿造原料全值化利用技术，减少资源浪费；②提升酿造效率，采用酿造菌种（菌群）高通量筛选技术及酿造菌种（菌群）合成与改造技术，提升工业发酵效率；③提升清洁生产水平，研发智能化酿造装备技术及废弃物资源化循环利用技术；④提升能源利用效率，采用先进节能技术装备、创新生产过程技术、建立能源管理体系、开发可再生资源及建立地区差异化的能源管理、节能减排标准和评价机制。下面将按照行业分别进行分析。

1. 酒类

在 2019 年工业和信息化部公布的 4 个批次共计 1407 家绿色工厂名单中，食品领域的绿色工厂有 119 家，其中，白酒行业 15 家，啤酒 5 家，黄酒及其他酒类暂时还未有企业获批。白酒行业（表 3-4）绿色工厂创建工作持续稳步推进，接近食品领域总体发展水平，但其他酒企对绿色工厂创建工作的重视程度还有待提升。

表 3-4 白酒行业绿色化现状

	技术水平和现状
节能减排	主要能源为电力；建立废弃物循环利用系统，但节能降耗成本较高；环境方面投入处于较低水平，天然气的利用率还较低
资源利用水平	较重视提升资源利用水平，如建立水循环系统；加强能源考核等，同时制定资源利用相关的企业政策或标准，但资源利用水平总体还有较高的上升空间
技术团队水平	大多企业均有申报绿色工厂或绿色设计产品；拥有绿色发展相关的专业团队和人才；组织员工参加绿色发展相关的教育和培训；有绿色发展相关的技术工艺或配套机械设备，但整体上绿色化人才占比较低

（1）白酒

白酒类企业绿色制造的发展举措主要集中于提升清洁生产水平方面，具体包括节能减排、循环利用、使用新能源等内容。传统白酒工艺使用大量稻壳，产生大量酒糟。在废弃酒糟处理方面，有些企业采用双轮锅炉进行燃烧产蒸汽，补充天然气锅炉；有些酒企等将酒糟粉碎用作牛羊饲料原料。白酒企业产生污水的

COD 较高，经过污水站处理可以达标排放，产生沼气可以作为燃料回用锅炉生产蒸汽。大部分白酒生产企业都实现了锅炉的煤改气工程，以降低污染排放。黄酒在发酵过程中会产生大量的 CO_2 气体，采用大罐发酵，使得发酵过程中 CO_2 气体的回收成为可能，收集的 CO_2 气体可作为商品出售或作其他用途。总体而言，黄酒废弃物处理压力不大，但是其高值化工作研究较少。

建立绿色园区对于很多白酒类企业的发展来说是必然要求。大部分白酒企业处在高品质水源地，对生态要求高，如茅台投入大量资金用于赤水河保护和建设，今世缘公司规划生态湿地公园进行生态保护。白酒企业开展循环生态经济是未来趋势。例如，茅台打造茅台生态循环经济产业示范园区，以茅台酒生产废弃物酒糟等为主要原料进行综合利用，实现酿酒过程中产生的所有废弃物零排放并变废为宝——建设自动化机械化、年产复糟酒约 6 万 t 生产线，酒糟产沼气 3000 万 m^3，沼渣产固体有机肥 10 万 t、液体有机肥 5 万 t，部分酒糟产有机饲料 5 万 t，综合产值预计为 30 亿～50 亿元。另外，泸州老窖从原料种植到废弃物的高值化利用，已初步形成了产业链；丢糟以制作有机肥，形成循环经济。

（2）黄酒

黄酒企业平均毛利较低，在绿色化方面投入较少，整个行业的绿色制造相关专利也非常少。黄酒生产过程中产生大量含酸米浆水，生物需氧量（BOD）含量高，目前其无害化处理和回用技术比较成熟，如作为黄酒的投料用水、酒精生产投料用水或沉淀作为饲料，部分米浆水进入市政污水系统处理。固废方面，黄酒酒糟含有大量活性的酵母细胞和酶、残余的淀粉和糖分、蛋白质等，营养成分比较丰富，并有特殊的糟香，可进行综合利用，如做食用香糟或白酒的香醅等。黄酒在发酵过程中会产生大量的 CO_2 气体，采用大罐发酵，使得发酵过程中 CO_2 气体的回收成为可能，收集的 CO_2 气体可作为商品出售或作其他用途。总体而言，黄酒废弃物处理压力不大，但是其高值化工作研究较少。同时，黄酒企业限于资金实力和观念等，在诸如智能电站等绿色化方面投入较少。

（3）啤酒

啤酒产业在绿色制造方面走在前列，现代的啤酒工厂可以实现节能减排，推动可持续发展。例如，可以通过建立能源网络监督管理系统，实现啤酒工厂能源（水、电、风、气、汽、冷、冷媒、CO_2）等能耗计量，计量数据实时采集归档，生产数据采集归档，结合生产数据进行能耗分析、能耗趋势分析、能源成本分析，为能源合理利用管理提供科学化、数字化的考核管理手段。不久的将来，啤酒工厂将实现零碳排放。例如，嘉士伯集团就提出了"共同迈向零目标"战略，包括：①零碳足迹，到 2022 年，实现在所有酒厂减少 50% 碳排放，从可再生资源获取

100%电力，消除碳足迹15%，与30家供应链合作减少分享碳足迹；到2030年实现零碳排放，减少碳足迹30%。②零水资源浪费：到2022年，在所有酒厂减少25%用水，在高风险酒厂探索低于2.0HL/HL水耗水平，与合作伙伴一起在高风险区域保护共同水资源，到2030年减少50%的水资源消耗。

2. 调味品类

调味品类企业绿色工厂获批情况为，酱油行业2家，食醋行业1家，且均为行业龙头企业，整体行业在绿色工厂建设上有待提高。从绿色制造专利数量来看，酱油行业专利申请较多（图3-16），特别是几个龙头企业，而食醋方面则较少。总体而言，酱油行业实现绿色制造不存在难以突破的技术瓶颈，较易解决，且投入成本低，今后绿色生产方面可主要研发提高原料利用率的技术或选育优良菌种等。而目前我国食醋行业还处在人工、半机械化向机械化、自动化方向升级阶段，整体机械化程度较低，要实现绿色制造还需要更多的投入。

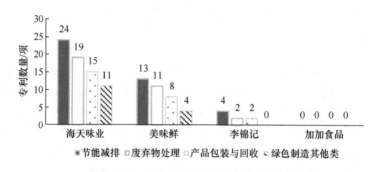

图3-16 酱油企业绿色制造专利数量

绿色生产方面，酱油生产中主要的废弃物是清洗圆盘等产生的废水，通过企业自己的废水处理厂处理，经检测COD等指标合格后排放。酱油生产过程废水量小，处理成本低。高盐稀醪酱油产生的酱油渣可外卖作为饲料，另外冷凝水回收系统、二次蒸汽回用于预热酱油、中水回用（冷却水，道路冲洗，绿化浇灌用水）、沼气闪蒸汽回用和压缩机余热回收等节能系统已经应用在酱油企业。节电方面，电机变频技术、智能制冷供冷、智能建筑照明设计等也在酱油企业中应用。传统固态工艺食醋生产会产生大量醋渣，由于含有较多稻壳，目前采用焚烧或者堆肥方式进行处理，一些节能技术应用较好，如污水系统产沼气回用加热锅炉，生产过程优化管理以提高蒸汽的使用效率。老陈醋方面，有企业构建大型醋糟生产沼气工程及废水处理和回用技术：使用醋糟产生的沼气作为生产用气、生活用气等即可节省数千万的费用；将废水处理并回用，达到资源化利用的目的，还可以使生产园区及周边醋生产企业和村庄废水实现零排放。另外，食醋废渣还可以应用于生物质发电，实现了热电联合生产，产生了良好的环境效益和经济效益。

　　绿色能源应用方面，发酵食品企业大力推行光伏发电——平时直接供给生产使用。例如，恒顺醋业建设古瑞瓦特光伏发电站，利用闲置屋顶资源实施分布式光伏发电，主要利用灌装（新品）车间、瓶场、物流车间和停车场的屋顶建设屋顶光伏电站。其中灌装车间装机 960 kW，年均发电量大约 212 万 kW·h，每年可节约标准煤 765 t，减少 CO_2 排放 2117 t，每年可节约电费 25 万元。此外，提高微生物发酵能力也可以减少排放，如通过筛选蛋白酶活力高的米曲霉，提高大豆原料的利用率，多压榨出酱油，产生较少酱渣。

3. 发酵酱类

　　发酵酱类在绿色制造技术方面积累较少。其中，郫县豆瓣酱生产工艺中产生较少污染，因此在绿色制造方面专利较少，高福记和丹丹郫县豆瓣集团都只有 2 项。黄豆酱生产方面共有 8 项与绿色制造有关的专利，与豆豉生产相关的仅有 6 项关于产品包装的专利。目前郫县豆瓣酱企业消耗的主要能源是电力，因此一些豆瓣酱企业实施节能降耗工作。例如，成都市旺丰食品有限责任公司每年在环境保护方面的支出占销售总收入的 2%，满江红占比为 1%。郫县豆瓣酱生产企业产生的废弃物主要是废水：成都市旺丰食品有限责任公司将废水经处理厂处理达标排放，企业没有建立废弃物循环利用系统，而四川省满江红食品科技有限公司利用公司的废弃物处理系统排放达标污水。目前，郫县豆瓣酱行业缺少绿色发展理念先进示范企业和绿色发展示范生产线，相关企业绿色发展所需要的专门人才短缺，另外缺少绿色制造标准和绿色制造技术装备等也是行业实行绿色制造面临的困境。

3.2.3　其他新技术

　　发酵食品工业目前还存在一些重要的技术问题需要解决。例如，复杂的发酵代谢机制不清，控制体系难以构建；在线自感知技术体系构建困难，自学习系统构建路径不清；成套装备系统缺乏，控制运营系统不兼容等。这些问题都阻碍着发酵食品工业向智能制造和绿色制造发展，因此一些关键理论和技术急需突破并应用到实际生产。目前，相关的前沿技术有合成微生物群落与组学技术、食品感知与风味导向的发酵技术、固态发酵在线监测技术及新型固态发酵反应器和相关技术。

1. 合成微生物群落与组学技术

　　合成微生物群落是合成生物学在微生物群落水平上一个新的研究前沿，在特征良好且受控的环境中，将两种或两种以上遗传背景完全解析的微生物共同培养，创建而成的人工微生物体系。所使用的微生物可以是没有改造的野生型菌株，也可以是经过基因改造的工程菌株。与自然微生物群落相比，合成微生物群落具有复杂度低、可控性高、稳定性好等优点。利用分子生物学、代谢组学等技术改变细胞间交流、物种代谢作用及群落空间结构等方式进行调控，从而实现对合成群落的改造，研究微生物群落组成与功能关系和种群之间的相互作用，建立种群之间的代谢网络。合成微生物群落实现了从传统的单一微生物行为研究扩展到了多种微生物群落行为研究，能够很好地利用多种微生物混合发酵的优势，在生态理论验证、工业发酵、生物降解等领域有着重要的应用[27-29]。

建立含有更多菌株的培养体系，除了设计合成微生物组时使用的"自下而上"的设计方式，还有一种"自上而下"的设计方式，即向自然学习，从自然界已有的微生物菌群出发，删去功能冗余和不重要的菌株，仅保留能够实现微生物菌群功能的关键菌株，得到"最小必要菌群"。以这种方式得到的培养体系具有较好的稳定性与鲁棒性，基本保留了原菌落的功能[30]。

目前，已有很多相关研究推动着该领域向前发展。例如，王鹏等通过高通量测序、GC-MS 等技术，获得白酒发酵过程中的风味代谢功能微生物群和共现微生物群，两者集合即为白酒酿造的核心微生物群，得出该微生物群主要包含 10 个属，该研究为构建白酒发酵合成微生物群落和实现合成微生物组酿造白酒奠定了基础[31]；Minty 等建立了里氏木霉和大肠杆菌的合成微生物群落，里氏木霉能够分泌纤维素酶将木质纤维素生物质水解成可溶的糖类，大肠杆菌将可溶的糖类代谢成所需的产品，该体系成功地将微晶纤维素和预处理玉米秸秆直接转化为异丁醇，展现了合成微生物群落在生物加工方面的巨大潜力[32]。

2. 新型固态发酵装备技术

固态发酵技术在发酵食品行业中应用广泛，白酒、黄酒、食醋、酱油、酱类调味品等都需要进行固态发酵，因此研究新型固态发酵装备技术十分重要。优化固态发酵反应器的最终目的，就是要最大化地获得产品，而针对不同的场景也需要应用不同类型的反应器[33, 34]。

目前常用的固态发酵反应器有如下几种：①浅盘型固态发酵反应器。目前已开发了双层、三层浅盘型反应器及滴流床浅盘反应器，强化了水和营养的传质和补给，提高了产量。②填充床型固态发酵反应器。该反应器发酵过程无机械搅拌，通过空气流动和水分蒸发来控制温度。③转鼓型固态发酵反应器（图 3-17）。目前该反应器研究最多，规模化应用前景最好。通过研究曲线搅拌桨来降低机械损伤，实现产量提高。④气相双动态型固态发酵反应器。具有水分损失小、能耗低、菌体损伤小、热传递好等优点。⑤气固流化床型固态发酵反应器。该种反应器研究还较少，但它是未来的发展趋势。除了新型反应器的研究，固态发酵辅助技术也需要不断进步。例如，基质预处理技术、混菌发酵技术、周期刺激技术、在线监测技术等[35,36]。

图 3-17　转鼓式食醋固态发酵反应器

此外，也有研究人员设计了一种转鼓式食醋固态发酵反应器，该反应器由动力与传动系统、通氧降温系统、淋醋熏醋系统组成，所有的工艺流程均在该反应器中完成，实现了从物料进入到成醋产出一体化；对食醋发酵过程中的菌落组成进行研究，发现使用该反应器相比传统食醋酿造工艺，细菌数量明显降低，有效减少了杂菌污染[37]。目前，圆盘制曲机（图 3-18）在白酒自动化生产中有大量的应用，具有操作方便、生产效率高、节能环保、安全卫生等优点，采用人机对话、智能化控制系统，可以实现工艺参数及设备集中监测和生产过程的自动控制，对白酒生产的智能化进程起到了巨大的推动作用。针对浓香型白酒酿造工艺，还开发了新式应用液体窖泥进行发酵的白酒固态发酵罐和无窖泥浓香型白酒装置，

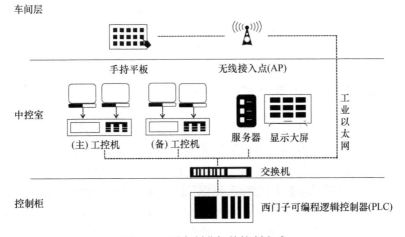

图 3-18　圆盘制曲机的控制方式

虽然目前还没能实现应用，但为浓香型白酒的机械化生产提供了新的思路，为将来实现智能化生产打下基础[38]。总之，未来将会研发设计出各种新型的固态发酵设备，以满足某种特征发酵食品生产需要。

3.3 未来发酵食品的产业发展趋势

我国传统发酵食品历史悠久，工业化水平逐年提高，其中白酒、啤酒、葡萄酒、酸奶等产品的工业化生产发展迅速，其他产品如腐乳、豆豉、酱油、发酵肠等产业则工业化程度相对较低。传统酿造食品产业在国民经济中占有较大比重，据不完全统计，全国传统发酵食品规模以上企业超过 4000 家。当前我国传统酿造食品工业正在深度调整中，从以传统手工生产为主的经验式生产方式转向自动化、智能化生产，并正在从以纯种微生物为核心的简单化发酵体系向可溯源多菌种共发酵体系方向发展。

我国发酵食品产业有行业协会 3 个，包括中国调味品协会、中国酒业协会和中国发酵工业协会。通过行业协会可协调和促进发酵食品产业发展，如"中国白酒 158 计划"和"中国白酒 169 计划"促进了白酒产业技术水平的整体提升。但是，最终发酵食品产业的发展还需要依赖于企业的创新。未来的发酵食品产业发展趋势主要依赖如下几个方面：一是以餐饮为导向开发和创新发酵食品，因为生活水平提高、城市化水平提升和行业分工将导致餐饮业持续快速增长，对发酵食品需求量增加。二是基于文化导向的发酵食品，人民受教育水平提高和对精神文化需求也将引导传统发酵食品走向。三是基于未来科技的发酵食品，未来科技进步必将提升和定义传统发酵食品的发展方向。

在中国，未来发酵食品行业有很大的发展空间和市场前景，主要推动力包括消费市场双循环、企业加快整合、科技进步、饮食文化融合及"互联网+"等。由于发酵食品行业竞争激烈程度的不断增加，且消费者更加趋于理性，科学的市场营销策略将成为相关食品企业可持续发展的重要保证。

3.3.1 餐饮导向的未来发酵食品

2018 年，CCTV "舌尖上的中国"栏目风靡全国，也从深层次反映中国人对味觉的不断追求。随着我国经济发展的逐步回升，经济活动增多，城乡人均收入持续增加，需求渐旺，餐饮行业快速发展，而发酵食品中的多种调味品对味觉记忆起关键作用。同时，随着人民生活水平不断提高，消费者的需求也出现差异化，对发酵食品提出了更高级的要求：由过去的吃饱肚子发展到现在追求"品位"、追求"休闲"的精神享受。不仅要吃饱，而且要求食物有营养，能体验浪漫和文化韵味。随着时代的进步和社会的发展，发酵食品越来越多地受到人们的喜爱。此外发酵食品具有微生物功能特性，能够通过微生物作用继而提高机体功能，如抗氧化、保健、预防慢性病等。近年来，发酵食品中所含有的营养成分和保健功能引起了国内外研究学者的广泛关注。

1. 发酵食品细分化、多元化

发酵食品行业细分是遵循地域的饮食习惯，以及新兴的饮食潮流。当前，突出"健康""自然""绿色"和个性化等元素，使发酵食品行业呈多元化方向发展。随着消费者对发酵食品的需求多样化，发酵产业应该开发出种类更加丰富、满足不同用途的发酵食品。如今，目标市场细分越来越专一，激烈的市场竞争、顾客需求的多样化，要求餐饮市场必须进一步细分市场，培养多层次的顾客群。在餐饮行业，传统的市场细分标准一直是按照消费档次把市场划分为高、中、低三档。此种划分形式过于单一，必然导致竞争激烈，已远远不能满足消费者日益多样化的需求；为了能够更好赢得市场机会，不断发展，经营者必须寻求新的细分标准。

以酱油为例，酱油产业分类有多种方式，可以按照酿造工艺分为高盐稀态酱油、低盐固态酱油、高盐固态酱油等，也可以根据酱油的市场要素进行分类。例如，依照产品的市场定位和功能，可分为儿童酱油、凉拌酱油、火锅酱油、铁强化酱油、海鲜酱油、面条鲜酱油等。换个思路，未来发酵食品可以研发出与不同菜系搭配的调味品，方便消费者使用，且更加营养健康。例如，蒸鱼豉油通常是蒸鱼用的一种豉油，以生抽为原料，再加入老抽、冰糖、花雕酒等多种调味鲜料熬煮而成，因此要比普通生抽味道鲜美回甜，更适合搭配海鲜、河鲜类清淡菜肴。酱油膏选用普通酿造酱油，加入盐、黄砂糖、胡椒粉等调味料，经晒炼加工制成。酱油膏因其中含有一定量的淀粉质配料，所以浓稠如膏，颜色多为棕黑色，与蚝油类似，适用于红烧、拌炒类菜肴，还可直接搭配食物作为蘸汁食用。日本酱油多以大豆及小麦直接发酵酿造而成，其中不含有焦糖等添加剂成分，但含有少量酒精，因此口味独特，与普通酱油相比，味道差别较大，是具有"异国风情"菜品的最佳佐餐"搭档"，如韩国的紫菜包饭、石锅拌饭等[8]。随着人们生活水平和饮食要求的提高，传统口味单一、层次单一的发酵食品逐渐不能满足消费者的需求，人们对安全营养、口感卓越、口味独特的食品的渴望更为迫切。旺盛的市场需求为复合发酵食品的生产和发展提供了良好的市场氛围。以复合调料为例，国际上80%为复合调料，而我国复合调料产品较少，还不能满足需求；就品种来说，还集中在辣味、鲜味等少数单一风味上；就用途来说，以增鲜品、汤料、蘸料、佐餐酱为主，尚未覆盖中餐烹调的方方面面。就菜肴调味料来说，品种也非常有限。然而，利用我国悠久的文化传统和多样化的烹调调味类型，可以开发出各种菜肴用风味调料，以及用于凉拌菜、烧炖菜、烹炒菜、煎炸菜、拌面卤等的调料，其品种丰富程度不可限量[20]。

现在的饮食业仅仅依靠"新"是不够的，可以根据不同的消费人群的消费需求，定制个性化的发酵食品。例如，经过特殊发酵的面包、馒头有利于消化吸收，适宜消化功能弱的人食用，这是因为酵母中的酶能促进营养物质的分解。因此，身体瘦弱的人、儿童和老年人等消化功能较弱的人，更适合食用这类食物。对于要减肥的人来说，早餐最好吃面包等发酵面食，因为其中的能量会很快释放出来，满足一上午的能量需求。氧自由基是引起人体衰老的罪魁祸首，随着年龄的增长，人体代谢产生的氧自由基积累越来越多，对体内细胞和器官产生了一系列的损害作用。葡萄经过发酵制成葡萄酒或葡萄果醋，这些食品含有许多抗氧化的物质，如多酚、维生素 C、维生素 E、黄酮类物质和 些微量元素等，可以有效清除自由基，起到保护人体细胞器官组织的作用，延缓人体的衰老[18]。

发酵食品的工业化、标准化不等于没有个性，没有个性的产品是缺少竞争力的产品。发酵食品也必须重视食物的色香味形，保留顾客需求品种的个性，为消费者开发出差异化的产品，是发酵食品得以快速发展的重要前提。例如，白酒正在向低度、优质、高档、保健方向发展；另外液态发酵白酒日趋完善并有突破性进展，固液发酵结合的新型白酒质量进一步提高，不同香型、不同风格的各类地方名白酒应运而生。

2. 发酵食品的本土化

城市化进程和交通改善，城市人口规模扩大，不同地方人群带来各地特殊菜系。鲁、川、苏、粤、浙、闽、湘、徽传统地域八大菜系早已走出产地，从地方名吃伴随人流走向各地，共同繁荣了国内餐饮市场。消费者在全国各地都可以品尝到家乡美食，但异地成长的结果是地方风味失去了原有的味道，所谓的特色化与个性化越来越少。许多地方特色食物为了迎合当地消费者的口味，对食物味道做出部分调整，加之地理自然环境、食材、厨师个体差异等客观因素，导致中餐很多菜系味道发生变化。肯德基、麦当劳等西式快餐采用统一配送和标准化制作，每家店面所售的食品味道几乎相同。但是中餐标准化任重道远。传统中餐的这种难以界定标准的、随意性的加工方式，一直是中餐跨地区经营难以逾越的障碍。为了扩大规模，发展中餐连锁，越来越多的中餐企业都开始了对中餐标准化的探索，比如半成品的中餐及冷链物流配送模式[39]。

根据 2017 年《中国餐饮报告白皮书》的统计，中国餐饮规模已经高达 14 万亿元。餐饮消费对 GDP 的贡献超越了投资和外贸，主要源自中产阶级崛起引发的餐饮消费升级，而与以往不同的是大众餐饮消费占比 70%。中华饮食文化博大精深，其中白酒产业发展历史悠久，各地区的特色白酒文化底蕴深厚，形成了规模化的产业基础。受地方文化因素、环境因素、饮食习俗与爱好的影响，我国不同区域盛产不同种类的酒产品。北方餐饮中主要是白酒，南方主要是红酒、白酒和洋酒，以红酒和白酒为主，只有浙江、上海等地区的餐饮以黄酒、红酒为主。中国黄酒，以其悠久的历史、精湛的工艺和上乘的口感，数千年来一直长盛不衰。黄酒是民族特产，唯中国独有。说起黄酒，人们几乎都能想到浙江绍兴，绍兴黄酒千百年来长盛不衰，美名远扬。中国黄酒有许多代表性的酒种，如绍兴酒、福建红曲酒、江西封缸酒、湖南水酒、广东米酒、即墨老酒、大连黄酒等[40]。从餐饮渠道发展形势来看，餐饮规模和结构及消费人群与以前相比都发生了较大的改变。餐饮渠道是推广酒类新品、培养口感偏好的最佳场所。俗话说，"先尝后买，知道好歹"。餐饮渠道一直在酒业之中占据重要位置，酒类即点消费、随机消费、场景化消费的特点，恰与餐饮店的特性重合。事实证明，餐饮渠道依然是关系酒业未来发展的重要领域。

四川素有天府之国的美誉，川菜为我国四大地方菜之一，是特色突出且较为完善的地方风味体系。川酒在我国更是具有举足轻重的地位，秦汉伊始，巴蜀地区便拥有了发达的酿酒业，历史名酒、品牌名酒比比皆是，有"川酒天下"之称，近十年来更是形成了"白酒金三角"产业聚集区[41, 42]。大量事实证明，白酒的品质与原材料、土壤、水质等生态资源禀赋高度相关，因而白酒工业也就有高度的地域依赖性。酿酒界公认，地球 28°N 附近是最适宜酿造白酒的地带，四川有着得天独厚的土壤气候环境、独一无二的微生物资源、保护良好的青山绿水和源远流长的酿酒工艺，因此四川白酒是能够有效利用四川地域生态资源的特色产业。川菜、川酒是四川地域文化的标签，其高超精湛的制作技艺、厚重深远的文化底蕴更是成为产业发展的重要支撑。四川白酒酿造业已存续数千年，孕育出了川酒"六朵金花"这些拥有百年历史的国家级名酒。四川白酒酿造工艺经历世代传承，已臻化境，成为白酒产业最核心的竞争力。制酒工艺、菜肴烹饪技艺成为国家级或省级非物质文化遗产，彰显出四川独一无二的地理坐标和区域文化。从餐饮活动看川菜、川酒的二维一体，两大产业的密切关联是实现互动发展的保障。饮食是人类最基本的需求之一，人类的饮食内容主要包括以"菜肴、点心"等食品为主的餐品，其次是以"酒水"等饮料为主的饮品，餐品与饮品共同构成了饮食文明的重要物质载体。

3.3.2　文化导向的未来发酵食品

每一个民族或国家都有自己独特的文化，这其中融合了历史、宗教等因素。文化既是抽象的，又是具有最实在的力量。文化最根本的意义是对自己生活方式的肯定，最广义的文化最根本的意义是对一个生活世界的肯定，在第二个层次上才是这个生活世界所产生的种种风格、形式，以及它们的总汇。当代商品经济消费本身，既是经济行为，又是文化行为。经济因素融于文化，文化因素融于经济，文化是最大的经济，经济是最大的文化，文化与经济在当今社会已彼此相融于对方领域。人类饮食不仅是营养的摄取手段，而且作为文明和文化的标志，渗透到政治、经济、军事、文化、宗教等各个方面。当我们在世界各地旅游时，还能深切感受到各地食品所表现的文化印记。食文化不仅表现在烹调方式不同，其他如礼仪、餐桌、餐具等，也无形地支配着人们的食物结构，深刻地影响着食物的消费倾向、农业生产结构和市场。因此，无论古今，各国家、各民族为了维护本国利益，或本民族的凝聚力，都十分重视保护和传承本民族的文化，尤其是食文化[43]。

1. 食文化是支持发酵食品产业的重要支柱

许多国家都十分珍视自己的食品文化，保护和发扬自己的食品文化，甚至把它作为维护民族权益、保护本国农业的战略。日本有一种类似我国豆豉的大豆发酵食品——纳豆，通过日本科学家和工程师的不断努力，日本已经把纳豆的地位大大提升，促进了纳豆产业的发展。对于这样的发酵食品，日本学者锲而不舍，不仅使它成为现代方便食品，而且由于其抗血栓、抗氧化等功能的发现，纳豆成为更受欢迎的功能食品。而纳豆规格所要求的小粒大豆，保护了日本豆农，抵御了美国大豆的竞争。

充分挖掘本土文化，发扬地方特色食品文化。以黄酒为例，我国饮食文化不一样，口感要求不一样，风俗习惯不一样，气候温度不同，形成嗜好品的本身就是带有嗜好性，黄酒风味形成和消费也深受地方饮食文化影响，到目前为止黄酒消费也走不出江苏、浙江、上海[44]。另外，调研酒类消费发现，江苏、浙江和上海地区消费者偏好红酒和啤酒，白酒和黄酒消费相当；而对湖北、湖南和江西的消费者，红酒、啤酒和白酒的消费比较重都较大，而黄酒消费最少（图3-19）[45]。黄酒与区域饮食文化一样都具有地域"印记"，相互交融，密不可分，形成了

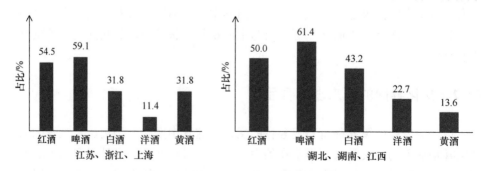

图3-19　中国部分省份酒类消费情况

一个统一体。黄酒产品可与特色饮食文化资源整合，采用"借势"的做法，推进黄酒产品"点"的突破。例如，在北京，"孔乙己"等专营南方菜品、酒品的酒店数量正逐年增多，这些酒店以销售黄酒为主。古越龙山在南京开办特色餐饮店，店内整体包装上都凸显了古越龙山品牌和江南文化特色，在经营内容上以江南特色菜系为主，供货酒品从低档到高档全部为古越龙山产品。会稽山与全聚德之间的战略合作，通过两个"中华老字号"之间的资源互补，黄酒产品在推广能力上得到了明显加强[46]。

2. 发挥食品文化功能是开发现代食品的要点之一

食品不仅要满足人们的生理需要，它还是满足人们心理需要的重要载体。随着社会的发达进步，它这种满足心理需要的文化功能也越来越重要。充分认识食品的文化功能，对现代食品的开发和制造尤为关键。例如，主要发挥文化功能的食品外形和包装，往往成为这种产品能否畅销的决定因素。对食品文化功能要求的提高，反映了随时代变迁人们的追求变化。这一变化是从本能的需求—物质的欲求—功能的欲求，嗜好舒适的追求—文化精神的欲求的。人们对包括食品在内的商品除了其本身功能的要求外，对其满足心理感觉上的要求更加重视。现在人们购买商品时重视的往往并不是其使用性能，而是其带给人的外观满足感。在开发新食品时除了要满足营养、嗜好等功能要求之外，适应时代的文化潮流，发挥其附加的文化功能，显得越来越重要，有时甚至成为成功商品的决定性因素。开发新食品，发挥文化功能应该考虑两个方面的因素[43]。

第一是食品本身的功能因素。食品必须满足基本的营养性、卫生性、嗜好性、保存性和品质要求。发挥食品文化功能的前提是品质，品质要通过规格、标准保证。"皮之不存，毛将焉付"，没有质量也就谈不上文化功能。

第二是满足消费者感觉心理上的需要，即文化功能。发挥文化功能考虑的主要是产品满足以下感觉：①拥有感。产品给人以充足、富贵的感觉，可以显示拥有者的经济实力。②优越感。使人感到稀少、高级，可以显示地位或文化品位。③创造性。商品要有个性、趣味，可以满足自我价值体现等。

以酒为例，作为人类文明的结晶，它不仅是人们生活的必需饮品，也是世界各个民族共同认同的一种文化载体。酒不仅丰富了我们的日常和社交生活，而且也创造了辉煌灿烂的酒文化。酒文化是以酒为特质载体，以酒行为为中心的独特文化形态。酒文化具有鲜明的民族性特点，对社会生活各个方面产生影响，与其他文化现象紧密联系。评价酒文化研究内容既包括原料、器具、酿造技艺等自然属性，更侧重于酒的社会属性，即酒在社会活动中对政治、经济、文化、军事、宗教、艺术、科学技术、社会心理、民风民俗等领域所产生的具体影响。酒作为中国人追求个性自由的基本需求的替代物，与政治、军事、皇权社稷、世俗人情、悲欢离合、亲疏远近、喜怒哀乐、性情风度等有着密切联系。酒是人们用来表达感情、相思、友谊的良好媒介。酒是中华民族精神的优良文化载体，反映了社会文化、民族文化的精华，古代诗人以酒为题材的诗歌数不胜数[47]。

3.3.3 基于未来科技的发酵食品

迄今为止，人类社会已经历了三次工业革命。每一次革命都使我们的生活发生了翻天覆地的变化。在未来，以信息技术、人工智能为代表的科技文明将引领人类继续前进，带来更多的高科技，以及更加便捷的生活方式。未来科技同样对发酵食品产业的发展具有很大影响。例如，当今发酵食品生产中越来越多地应用现代生物工程技术，从发酵菌种的基因工程处理、复合多菌种发酵技术、风味物质的鉴定技术、生物酶解技术、固定化酵母技术、膜技术、萃取技术、微胶囊技术等，大大提升了发酵食品品质和各种理化技术指标。新技术为新品种和高档品的开发提供了可能，也为发酵食品的多功能化、复合化、保健化提供了强有力的工具。运用现代化技术，实现发酵食品的工业化生产，稳定食物品质，提高生产效率，从而让更多的人能够了解并享用到健康绿色的发酵食品。通过机械化工业和自动化技术能够实时掌握发酵环境，并在最佳发酵环境下进行工业化发酵生产，同时还能够知道材质的最佳配比，实现自行化生产，形成统一判定标准。需要利用现代生化技术对发酵微生物进行筛选、优化和培育，加强微生物菌种研究，从而提高生产效率，实现工业化发展。在促进发酵工业化发展的同时也要严格确保菌种的安全性，切实保障食物安全质量，推动我国发酵食品工艺的长久发展[48]。

1. 标准化

发酵食品代表了当地人类与环境、自然条件、社会因素的和平相处，也反映了人们的生活状态。不同地区的发酵食品各不相同，是当地人类因地制宜的创造物，在一定程度上也体现了中华劳动人民的智慧。随着时代的变迁、经济的发展，传统发酵食品要想持续发展必然也需要与时俱进，满足市场需求，提高生产的自动化和标准化水平。在新时代背景下，实现传统发酵食品的工业化发展是时代发展的必然趋势。传统家庭式发酵工艺虽然能够自给自足，但是在其工业化发展中仍存在很多难题，最大的因素主要在于传统酿造工艺的不可控性导致发酵食品质量不一。对于发酵条件下的温度、pH等因素并没有严格的标准要求，全靠经验，无法将其控制在最佳发酵条件下，导致制作出的发酵食品的大小、口感、品质等存在明显差异，难以用统一的标准对其进行评价。随着现代化技术的不断发展和提升，机械化工业和自动化控制能够有效改善传统发酵食品工艺存在的不足。传统发酵食品制作工艺显然已经不能满足市场需求，需要利用现代生化技术对发酵微生物进行筛选、优化和培育，需要加强微生物菌种研究，从而提高生产效率，实现工业化发展。另外，发酵食品产业需要确保菌种的安全稳定，以提高发酵食品的稳定性和产品的一致性。目前多数传统发酵食品企业积极引进国际先进的管理经验，逐步实行良好农业生产规范（GAP）、良好生产规范（GMP）、危害分析与关键控制点体系（HACCP）等先进管理体系[2]。

2. 便捷化

随着城市化的推进，都市人的生活节奏加快，使得"快餐式"的商品也越来越受到人们的欢迎。人们对餐饮消费中的上菜速度要求也越来越高，所以要求厨师对加工制作程序进行简化。未来发酵食品应该顺应人们快节奏生活的饮食需求，以复合调味品为例，复合调味品使烹饪加工程序更简化。复合调味品可以使原料在初加工时省去配制调料的步骤，无论是腌渍食材还是对菜品进行调味；无论是汤底的熬制还是调味蘸料的配制都可以通过各种复合调味品来实现，这大大地节省了厨师烹制菜品的时间，也给厨师的工作带来了便利。复合调味品有利于连锁餐饮企业产品口味标准化的管理。连锁餐饮企业在标准化管理中难度最大的当属产品口味的标准化，特别是中餐烹饪中厨师多数凭借经验和手感，容易出现口味上的偏差和不一致，复合调味品的使用就可以基本解决这一问题。例如，连锁火锅企业使用自制的固体火锅底料进行统一配送，各分店只需要用开水进行冲兑就可以使汤底口味保持一致。同样的做法还适用于连锁面馆、连锁米线店、中式快餐连锁店等，口味的标准化决定着产品质量的标准化，复合调味品的使用可以有效地解决这一问题。复合调味品可以使食物味道统一，从而提高对餐饮企业的满意度。消费者外出就餐的心理需求中求便利的心理十分显著，消费者希望在进餐过程中、调味方法上得到便利，复合调味品的使用可以满足这一需求。例如，经营烤肉的餐饮企业自制多种口味的调味料供消费者自由选择；通过自制的渍肉料腌渍出不同口味的烤肉，这样可以省去消费者自行调制调味料的麻烦，也避免了消费者因调制不当而影响口味。而且餐饮企业自制的复合调味品可以提供打包外卖，这样极大地方便了消费者外卖消费，也提高了其对餐饮企业的满意度[20, 39]。

3.3.4　电商和娱乐对发酵食品的影响

随着人们生活水平的不断提高，在一定程度上人们对食品生产、运输、销售等相关环节的要求持续提升。由于食品行业竞争激烈程度的不断增加，且消费者更加趋于理性，科学的市场营销策略将成为相关食品企业可持续发展的重要保证。在此过程中，食品企业应当加强市场分析，对消费者的需求进行研究，确定市场的最终走向，以便提供符合消费者需求的产品与服务。电商平台的出现满足了消费者对改变购物方式的需求，最大限度地发挥了电子商务平台的作用。互联网时代背景下，消费者的注意力越来越分散，此时单侧重对品牌产品的物质营销已无法满足消费者的需求，人们更希望在消费产品的同时附带轻松休闲的娱乐享受。因此，通过互联网让消费者轻松、娱乐地接受品牌信息越来越成为企业品牌营销过程中的共同选择。

1. 构建电子商务平台下的发酵食品企业品牌

品牌是企业长期发展过程中所形成的一个具有较高认可度的"标志"。在过去较长的一段时间里，我国食品企业的品牌意识并不强，这与其根深蒂固的区域营销理念不无关系，同时，薄弱的品牌意识导致食品企业在电子商务平台的营销举步维艰。针对这一问题，食品企业应当强化品牌意识，借助互联网等多种媒体平台进行品牌营销，突出产品质量与售后服务，提高消费者对企业品牌的关注度。例如，葡萄酒品牌应建立自己的葡萄酒立体化的网络平台，充分利用社会化媒体进行事件营销、口碑营销，使用微信公众号、微博、官方网站、微视频网站建立葡萄酒知识库，来普及葡萄酒知识和文化，葡萄酒企业通过赞助政务和商务活动，可在吸引公众关注的同时，培育和发展葡萄酒品牌网络红人，扩大品牌的影响力和市场范围，培养年轻的消费者，利用互联网的技术优势进行消费者信息分析、加强市场调研、及时沟通及互动，发现产品或者营销存在的问题，及时调整策略[49]。

（1）强化以电子商务平台为核心的多元营销模式

强化以电子商务平台为核心的多元营销模式，可以进一步扩大传统发酵食品的市场和规模。电子商务平台具有成本低、可复制性强、管理科学、资金运转速度快等特点，这也是电子商务平台得到快速发展的主要原因之一。然而，电子商务平台的开放性导致食品企业之间的竞争愈发激烈，为此，食品企业则需要优化传统营销模式，促进多元营销模式在电子商务平台下的食品营销中的应用。

发酵食品凭借电台、平面广告、微博等多种媒介与终端卖场的互动相结合，努力做到将娱乐营销"吃干榨净"。娱乐营销本质上是一种感性营销，它不是从理性上去说服客户购买，而是通过感性共鸣引发客户购买行为。这种迂回策略更符合中国的文化，比较容易被消费者接受。娱乐营销有两个明显的优势：首先，娱乐是永恒的话题，不论是电视节目的收视率还是网上的点击率，娱乐板块都是最高的，所以进行娱乐营销，把广告植入娱乐节目中，收视率有保证。其次，人在娱乐的时候比较放松，更容易接受一些信息。如图3-20所示，中国酒类电商交易规模逐年增长，酒仙网凭借上游供应链优势，快速拓展市场，成为酒类行业的新型渠道。此后，贵州茅台集团、洋河蓝色经典等传统酒类企业纷纷开启线上商城，在线下发展乏力的情况下角逐线上市场[21]。

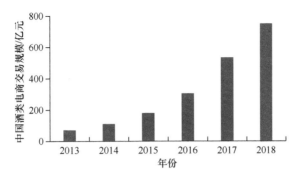

图 3-20　2013～2018 年中国酒类电商交易规模

（2）全渠道融合的销售模式是大势所趋

线上和线下销售渠道在发酵食品产业商业模式价值传递过程中呈现融合的趋势。线上线下共同发力，为消费者提供全渠道的接触点和方便快捷的多种类的选购途径。线下传统销售模式反馈回来的销售数据准确度不高，无法满足发酵食品行业利用销售数据调整企业发展的需要，而且对于传统经销商和代理商在销售时提供的服务质量不可控制，不利于其品牌形象的建立。发酵食品企业致力于全渠道的融合，就是改变传统的发酵食品销售方式，在线下建立直营连锁门店，进行统一管理、统一采购，采用高质量的产品、高标准的服务树立品牌形象。但这种销售渠道存在的缺点就是容易受到地域空间的限制。线上购物平台帮助企业通过大数据的搜集、整理分析消费者的购物需求，再供线下直营门店进行货物的采购与配送时参考。线上和线下全渠道融合可供消费者选购的机会多，避免了发酵食品企业过于依赖一种销售方式，是发酵食品产业可持续发展的重要趋势[50]。以京东为例，消费者可以根据自己的喜好在网上选购来自 70 多个国家，近 2.3 万个品牌的酒水，丰富的产地和品牌选择迎合了消费升级的环境，满足了消费多元化需求，而一个较大的酒水类实体店拥有的酒水品种一般不会超过 60 种。网络渠道让消费者拥有更多选择。

（3）加强客户导向，建立消费者信息反馈机制

网络化社会的到来，人们可以随时随地地进行网络活动。网民的规模不断增大，智能手机的普及，给发酵食品产业的发展提供了一个良好的外部条件，为消费者网购提供了便利。浙江省中南新兴产业研究院数据表明，2018 年 6 月底，我国网络用户的规模达到了 8.02 亿人，手机网络用户的规模达到 7.88 亿人（图 3-21）。另外，国家邮政总局的统计数据表明，全国快递 2010 年为 23.4 亿件，2019 年增长到 700 亿件，我国快递服务企业业务量呈现井喷式的发展。全国物流配送体系的日益完善及物流配送成本的大幅降低，为发酵食品电子商务企业的规模化发展提供了保障。这些数据均表明了我国居民的网购行为对发酵食品在内的各行各业的巨大影响力。网购成为一种普遍的方式，如何利用信息平台对网购消费者进行分析也成为一项重要的任务。

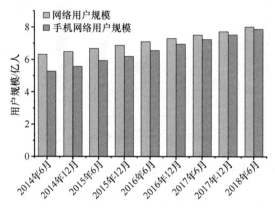

图 3-21 我国网络用户和手机网络用户的规模

消费者信息系统的建设就是对消费者的购买记录、口碑评价及线上产品销售数据做一个清晰的记录和收集，分析消费者购买动机（图 3-22）以便形成对消费者的认知，同时对产品的改进也有很大的帮助。这种数据的收集与整理对线下销售的产品布局也有较大的影响。打造线上、线下统一的信息平台系统，对消费者进行目的性的分析，提供精准的服务，提高消费者产品支付购买率，打造全渠道的信息和数据平台，把线上线下真正地结合起来，成为一个信息连通的有机整体。在未来，发酵食品产业发展趋势是以客户为导向、以客户为中心制定发酵食品产业的核心价值，创造良好的平台为客户提供产品和服务[51]。

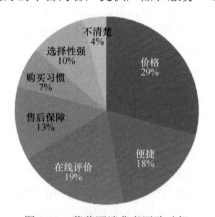

图 3-22 葡萄酒消费者网购动机

（4）强化供应链管理，降低成本，提高效率

现代发酵食品企业与传统发酵食品企业有很大的不同，传统发酵食品企业注重对产品加工环节介入程度较大，而现代发酵食品企业对产品加工环节介入程度较小，而是把重点放在了产品研发、品牌推广、市场营销的环节。产品加工属于供应链的上游阶段，产品品牌推广、市场营销属于供应链的下游阶段，相当于现代发酵食品产业注重发酵食品下游，而对于原材料的供应、产品的加工、物流运输管理方面介入程度不高。强化供应链管理，需要从价值链的全过程发力，与供应商建立良好的合作关系和策略，建立信息系统平台，设计后勤网络系统，根据市场信息及时做出调整。部分核心发酵食品企业有的实现了供应链的一体化建设，集生产、销售、物流、仓储于一体，减少了与外部相关企业的间接交流，降低了成本。发酵食品企业正在探索"企业+农户"的经营模式，在确定原材料产地的基础上，又能推动农业、食品行业精细化发展。而且这种经营模式对原材料质量、生产过程、销售渠道、物流配送等方面能够更好地把控，提高了生产效率[52]。

2. 互联网时代品牌传播——娱乐营销

在商品经济时代，电影、购物、网络游戏、演唱会、直播等娱乐活动已经成为现代人生活不可或缺的部分，人们甚至从早到晚都在参与各种各样的娱乐活动，一批新型的媒体也越发出彩。随之而来的娱乐活动的商业价值也越来越强大，娱乐、媒体已是营销市场上非常重要的力量。娱乐营销就是凭借某种具有娱乐特点的手段或形式将产品与客户的情感建立联系，产生情感上的共鸣，从而达到销售产品、建立忠诚客户并不断巩固目的的营销方式[53]。娱乐营销是一种创新的资源集约型的营销方式。在市场竞争日趋白热化的情况下，人们急需一种新颖的甚至是颠覆性的传播方式来突出重围，吸引大众的眼球。随着生产力的发展、生活水平的提高，人们越来越重视精神层面的追求，而这种注重知觉感受的营销方式应运而生。娱乐营销是一种表现形式极为生动化的营销方式。通过生动、时尚和非常个性化的方式来传播产品信息，侧重于产品、服务与消费者的互动，从各个方面强调人性化，从视觉、听觉、味觉、触觉、感觉和思维等全方位地对消费者产生影响，拉近企业与消费者之间的距离，形成一种全新的营销形式。娱乐营销是营销创意在执行过程中的一种表现手法。新颖且极具特色的创意，通过丰富生动的执行方式使发酵食品与消费者的情感产生共鸣，让消费者在潜移默化中接受传递的品牌文化，并最终产生消费行为。

（1）互联网时代的娱乐对品牌的影响

企业可以借助娱乐产品独特的资源和优势，找准目标受众的个体差异，设计娱乐主题，提供个性化服务，满足顾客的个性化需求，实现与消费者的情感互动，使企业的品牌和产品形象在娱乐活动中得以体现，建立高价值的品牌资产，使得企业的产品从众多的商品当中脱颖而出。典型成功案例如厨邦酱油，目前被誉为高档酱油的代名词——为帮助品牌年轻化，在年轻用户中树立良好品牌形象，公司通过大型明星美食综艺《鲜厨当道》节目，通过当下火爆的传播平台如微信、微博、一直播等，强势曝光与宣传厨邦酱油作为节目指定产品的信息，塑造品牌与产品良好的网络品牌，成为娱乐营销模式的范例之一。另外，通过深入配套广告影响，厨邦酱油"晒足180天"的广告人人皆知，助推企业酱油销售排名全国第三，仅次于海天和李锦记。

（2）品牌营销年轻化

根据《中国消费趋势报告》显示，2020年中国的消费市场扩大1倍，而在这个增量中的65%都将是由80后、90后及00后带来的，年轻人群体的消费力快速增长。我国消费者正在变得年轻化，不止接棒成为消费主力的年轻群体，还有中老年全体趋于年轻化的消费观念。移动互联时代消费结构、消费环境、消费习惯和消费趋势出现巨大变革，年轻化的浪潮汹涌而来，企业面临一个最大的挑战那就是如何打动年轻一代。新消息借助各种传媒渠道飞快传播，更年轻的群体占据了市场的主流，并逐渐拥有更多的消费权，影响着品牌的发展脉络。品牌年轻化无疑已成为首要课题，是否能够与年轻消费者进行顺畅的沟通，直接决定了品牌在当下时代的生命力。例如，蒙牛酸酸乳"青春，敢ZUO敢言"的品牌新态度，鼓励"青春就要敢ZUO敢言"，加上TFBOYS新代言人的选择及负波普的包装，都紧跟潮流趋势，迎合更年轻群体的真实需求[54, 55]。

（3）网络化时代发酵食品市场营销的发展趋势

发酵食品在网络平台进行销售时，除了需要先进的技术外，更重要的是吸引消费者，只有提高网络利用率，拥有高人气、高流量，才能提高网络营销的销量。不断涌现的社区网站使消费者更便捷地搜集信息，在网络平台上互动交流，及时给商家反馈意见。网络和市场的高速发展促使营销出现了新的方式：口碑营销、病毒营销、体验营销、精准营销等。①利用搜索引擎工具。消费者对互联网的各种海量信息除了被动接受外，更主要的是自己主动去搜索，一旦在搜索引擎工具上搜索自己想要的关键词后，后台的大数据就会分析出消费者的需求，会定期向消费者推送商品信息。②广告视频精准传播。在日常生活中，消费者经常观看网络视频，网络视频上有各种节目：热点事件、电视剧、纪录片、娱乐八卦、搞笑剧等，已经成为消费者生活娱乐的主要方式之一，大家都喜欢在网络视频搜寻自己喜欢看的节目，推动了视频网站的发展，大家关注多了，热点流量就上来了。视频软件也会利用大数据分析，为用户精准推送视频节目的同时精准推送视频广告，网络营销也应该借助广告视频开展精准营销。③社区化营销的沟通互动。网络环境下，社区化营销以提供平台的形式，给陌生的网友提供人际交流的媒介，如百度贴吧、知乎、天涯等。社区化营销的关键就是获得相适应的目标消费人群，让目标消费人群转化成实际购买的消费者。④借助微博、微信和头条。网络化时代葡萄酒企业可以借助微博、微信和头条公众号，进行文字或形象的视频信息的发布与推广、分析消费者行为、树立优质的品牌形象等。借助微博、微信和头条，基本是免费的，成本低，如李子柒的名人效应顺带销售大量郫县豆瓣酱。⑤利用网络直播。近年来，基于互联网技术的网络直播异常火爆，网络直播集合了信息接收平台和终端信息、实时视频和语音信息，实现实时交互，粉丝通过网络直播实现人际互动，实现虚拟个体社会化[53]。据数据统计显示，截至 2017 年我国在线直播用户数量达到了 3.9 亿，通过网络直播，产品、用户、营销和品牌实现了一站式便捷，网络直播拉近和粉丝的互动，增加了用户黏性的同时增加了品牌传播和推广的附加值。例如，2020 年，直播带货促进了"金字火腿"销量，提升了企业利润，厨邦和加加食品等公司也开启直播买酱油、打醋的秀场。

3.4　小　　结

在未来，传统发酵食品的核心内涵将进一步凝聚和强化。脱胎于农业文明的中国人注重家庭，对吃喝尤为重视，民族的味蕾记忆犹存不变；而各种传统和新开发的发酵类调味品、酒类、酱类将更加丰富大众的饮食生活。另外，发酵食品被认为是健康天然的代名词，通过将优质农产品发酵可以获取更多的天然营养元素。虽然现代科学技术已经能够解决各种农产品的保藏问题，发酵过程的高盐、酒精、有机酸等还在继续发挥食品保藏功能。基于对未来发酵食品核心内涵的理解，未来发酵食品产业将进一步扩大市场规模。

在 21 世纪，伴随着行业激烈竞争和产业结构调整，以及人工智能、大数据技术和互联网+等技术的广泛应用，各行各业开始逐渐进行转型升级。在未来，传统发酵食品的技术水平将更上一台阶，同时产业也将进一步规模化、集中化和产品多元化。营养、智能、绿色和安全等驱动因素将促使传统发酵食品产业有内在技术升级动力，国内国外双循环、健康意识提升、电商普及、饮食文化等因素将推动传统发酵食品产业快速发展[52, 56]。针对未来发酵食品生产技术水平方面，智能制造技术和绿色发展是永恒的主题，合成微生物群落与组学技术和新型固态发酵反应器装备等新技术将进一步升级传统发酵食品产业。

在未来传统发酵食品产业发展方面，餐饮导向、文化导向和未来工业文明引领的潮流将促进未来传统发酵食品产业的发展与壮大。营养功能导向的餐饮和饮食文化的交融将引导发酵食品进一步创新。工业文明的标准化和便捷化使得发酵食品在安全和质量方面更有保障，而电商销售和娱乐营销使得更多人了解和购买消费不同品牌的产品，产生的信息反馈也促使商家进行新产品开发。

参 考 文 献

[1] 李建涛. 传统发酵食品的现状及发展问题分析. 现代食品, 2018, (9): 13-14.

[2] 张娟, 陈坚. 中国传统发酵食品产业现状与研究进展. 生物产业技术, 2015, 4(4): 11-16.

[3] 崔绪英. 发酵食品的未来. 食品研究与开发, 1982, 1(1): 21-24.

[4] 梁智. 发酵的动态与未来. 发酵科技通讯, 1996, 2(4): 16-18.

[5] 王君高. 发酵食品与健康. 食品科技, 2012, (12): 71-72.

[6] 韩斌. 中国传统发酵食品的现状及进展分析. 科技资讯, 2012, (14): 220.

[7] 成黎. 传统发酵食品营养保健功能与质量安全评价. 食品科学, 2012, 22(1): 280-284.

[8] 白燕. 中国酱油产业发展概况及未来趋势分析. 食品工业科技, 2016, 37(18): 14-16.

[9] 孙宝国, 王静. 中国传统食品现代化. 中国工程科学, 2013, 34(4). 4-8.

[10] 宏源证券. 食品饮料: 持续受益于消费升级. 股市动态分析, 2011, (50): 51.

[11] 侯传伟. 我国传统发酵食品与高新技术改造. 农产品加工, 2014, 1(7): 248-250.

[12] 彭增起, 吕慧超. 绿色制造技术: 肉类工业面临的挑战与机遇. 食品科学, 2013, 12(7):
353-356.

[13] 周济. 智能制造——"中国制造2025"的主攻方向. 中国机械工程, 2015, 26(17): 2273-2284.

[14] 潘大金, 潘天全, 程伟, 等. 白酒酿造的绿色化与智能化研究现状及展望. 酿酒, 2020,
47(2): 24-29.

[15] 郑宇, 张强, 刘静, 等. 我国传统食醋生产过程中潜在危害因子的综述. 天津科技大学学
报, 2019, 3(4): 11-13.

[16] 王旭锋. 高盐稀态酱油中氨基甲酸乙酯控制技术的研究. 天津科技大学硕士学位论文, 2018.

[17] 燕慧. 发酵食品中的生物胺问题及其控制措施探讨. 中国调味品, 2014, (7): 130-132.

[18] 裴志朵. 微生物发酵工程对食品营养及保健功能的影响探究. 现代食品, 2020, 1(2): 81-84.

[19] 牛恩坤. 怎样才能把白酒卖给年轻人? 它最懂. 重庆与世界, 2017, (12): 66-67.

[20] 王式玉. 复合调味品在餐饮行业应用中存在的问题与对策. 中国调味品, 2018, 43(5):
185-188.

[21] 李砚君. 酒类电商精准营销研究. 深圳大学硕士学位论文, 2017.

[22] 陈坚. 中国食品科技: 从2020到2035. 中国食品学报, 2019, 19(12): 1-5.

[23] 欧阳金真. 基于西门子BRAUMAT啤酒发酵控制系统的设计. 华东理工大学硕士学位论
文, 2012.

[24] 徐杰. 啤酒酿造过程控制及智能故障诊断. 华东理工大学硕士学位论文, 2015.

[25] 刘尚义. 啤酒厂的综合自动化管理系统(上). 流程工业, 2016, (18): 56-59.

[26] 刘尚义. 啤酒厂的综合自动化管理系统(下). 流程工业, 2016, (18): 60-61.

[27] 尹珺, 马安周, 宋茂勇, 等. 合成微生物体系研究进展. 微生物学通报, 2020, 47(2): 583-593.

[28] 张鑫, 梁建东, 田维毅, 等. 合成微生物群落共培养研究概况. 天然产物研究与开发, 2019,
31(11): 2007-2014.

[29] 张照婧, 厉舒祯, 邓晔, 等. 合成微生物群落及其生物处理应用研究新进展. 应用与环境
生物学报, 2015, 21(6): 981-986.

[30] 朱彤, 吴边. 合成微生物组: 当"合成生物学"遇见"微生物组学". 科学通报, 2019, 64(17):
1791-1798.

[31] 王鹏, 吴群, 徐岩. 中国白酒发酵过程中的核心微生物群及其与环境因子的关系. 微生物学报, 2018, 58(1): 142-153.

[32] Minty J, Singer M, Scholz S, et al. Design and characterization of synthetic fungal-bacterial consortia for direct production of isobutanol from cellulosic biomass. Proceedings of the National Academy of Sciences of the United States of America, 2013, 110(36): 14592-14597.

[33] 刘敬然, 李冠华. 好氧固态发酵的研究现状与展望. 食品与机械, 2016, 32(6): 220-224.

[34] 隋文杰, 刘锐, 吴涛, 等. 固态发酵在食品加工中的应用研究进展. 生物产业技术, 2018, (3): 13-23.

[35] 苏占元, 张宿义, 周海燕, 等. 新型动态固态生物发酵反应器的研究及应用进展. 酿酒科技, 2014, (10): 82-84.

[36] 谢慧, 张雷, 曹胜炎, 等. 工业化固态发酵设备研究进展. 生物加工过程, 2017, 15(3): 42-52.

[37] 代鑫鹏. 转鼓式食醋固态发酵反应器设计与发酵过程分析. 河北农业大学硕士学位论文, 2019.

[38] 刘杰, 任博, 王家法, 等. 圆盘制曲机的结构、自动化控制以及在白酒行业中的应用. 酿酒科技, 2020, (7): 46-49, 57.

[39] 孙睿男, 任新平. 主食产业化、中式快餐工业化发展趋势研究. 现代食品, 2020, (2): 54-55.

[40] 傅立. 传承 黄酒历史发展的生命基因. 中国酒, 2019,(11): 76-77.

[41] 杨继瑞, 杜思远, 白佳飞. 白酒产业聚集与区域经济发展——兼谈四川新型白酒酒庄打造路径. 消费经济, 2020, 36(1): 83-89.

[42] 刘军丽, 杨祥禄, 王明. 地方特色优势产业互动融合发展研究——以川菜、川酒为例. 特区经济, 2017, (3): 72-74.

[43] 李里特. 弘扬中华食文化 振兴农业和食品产业. 中国食物与营养, 2005, (9): 4-7.

[44] 黄燕. 黄酒文化与绍兴市文旅产业发展战略研究. 现代营销(经营版), 2020, (10): 56-58.

[45] 贝尔. 大数据告诉你黄酒的消费趋势. 新食品, 2016, (14): 56-57.

[46] 郝志杰. 黄酒与饮食文化的"捆绑式"营销. 糖烟酒周刊, 2007, (34): 88.

[47] 杨利. 酒文化及酒的精神文化价值探微. 邵阳学院学报, 2005, (2): 82-83.

[48] 张勇, 鞠丽丽. 调味品行业现状与发展趋势分析. 食品安全导刊, 2018, (9): 51.

[49] 范玲玲. 网络化时代葡萄酒营销策略研究. 南京邮电大学硕士学位论文, 2019.

[50] 王蒙蒙. 休闲食品产业商业模式研究. 广东海洋大学硕士学位论文, 2019.

[51] 龚小妹. 电商平台背景下的食品营销策略. 食品研究与开发, 2020, 41(14): 235.

[52] 王延才. 中国酒业协会第五届理事会工作报告(二)——中国酿酒产业经济运行发展趋势. 酿酒科技, 2020, (9): 17-25.

[53] 冯婷. 产品同质化时代娱乐营销策略与模式探析. 南昌大学硕士学位论文, 2011.

[54] 戴世富, 张莹. 娱乐至上: 互联网时代品牌传播的秘笈——以重庆青春小酒"江小白"为例. 东南传播, 2014, (11): 106-108.

[55] 黄守峰. 移动互联时代茶叶品牌年轻化营销策略研究. 农业考古, 2017, (2): 103-107.

[56] 王延才. 中国酒业协会第五届理事会工作报告(一)——2015—2019 年中国酿酒产业发展概况. 酿酒科技, 2020, (8): 17-27.

第4章　未来发酵食品产业智能制造升级

陈　洁

制造业是工业的基石，是国民经济的支柱产业，发酵食品产业因其鲜明的民生特色在制造业中占据独特的位置。人工智能技术、新能源技术和智能制造等技术系统的出现和发展，推动着新一轮产业革命来临[1]。毫无疑问，新一轮产业革命将不仅对国际政治、经济等领域产生广泛影响，同时也将对传统发酵食品产业在内的制造业产生颠覆性影响。

目前，全球有上百个国家制定了新一轮产业革命战略计划。德国在2011年提出工业4.0计划，目标是通过信息物理系统（cyber-physical system，CPS）、物联网和云计算对制造技术进行升级和转变，建立个性化和数字化的产品与服务的生产模式，以实现智能工厂[2]。美国则在2012年前后提出了工业物联网战略，旨在建立世界性"工业互联网联盟"；基于产业技术发展和未来应用场景，利用信息技术分析工业互联网架构的需求和解决方案。工业互联网使行业边界变得模糊，大数据解析越来越成为企业创造新价值的重要来源[2]。日本于2015年启动了"工业价值链计划"，旨在通过结合制造和信息技术来创建一个企业可以在其中进行协作的空间。目标是将关联工厂和关联制造变为现实[3]。

我国同样推出了中国制造强国发展规划，于2015～2017年先后发布了实施制造强国战略的第一个十年行动纲领《中国制造2025》和以"两化"深度融合为主线的《关于深化"互联网+先进制造业"发展工业互联网的指导意见》及《新一代人工智能发展规划》等一系列战略国策，以促进我国制造业的转型升级和人工智能发展。

制造业是国民经济的主要支柱。在当今全球产业革命浪潮的推动下，面向智能制造的转型是中国由制造大国迈向制造强国的重要途径。传统发酵食品工业是我国轻工制造业的重要组成部分，也是重要民生相关行业。传统发酵工业因其工艺传统、产品独特，不仅在国民经济中占比高，社会影响大，且日益成为我国轻工食品领域的一张文化名片广为国际社会关注。近年来传统发酵工业规模不断扩大，以白酒为代表的产业影响力越来越大；但不可否认的是，我国传统发酵工业普遍存在工艺装备较为落后，产品结构不合理，智能制造水平低，缺乏系统的产业转型升级研究，严重制约了行业的进步。

本章主要针对传统发酵产业的智能制造情况及相关的转型升级情况，从行业内相关大中小型典型企业智能制造的总体现状和存在问题、不同类型企业智能制造特征及其关键技术和系统设计、发酵食品行业向智能制造升级面临的技术挑战等角度进行研讨，并在此基础上提出传统发酵工业的技术升级战略。其中主体内容是在中国工程院咨询研究项目"传统发酵食品产业技术升级战略研究"成果的基础上，结合数次专家咨询会议、中期报告会议及结题报告会议中专家提出的意见和建议等，对产业的现状、问题和升级战略等进行的总结。

4.1　不同类型企业智能制造特征、关键技术和系统设计

新一代科技革命和产业变革席卷全球，智能制造是工业 4.0 时代的核心内容，是制造业升级的突破口，已经成为制造业共识。国家工业与信息化部（简称工信部）在《智能制造发展规划（2016—2020 年）》中概括了智能制造的含义，即可以运行在制造活动的各个环节，如设计、开发和管理服务，并具备自我认知、自学习、自决策、自执行、自适应等功能，基于深度集成的现代信息通信技术和先进制造技术[4]。

由于我国制造业门类众多，行业间差异巨大，各类企业在智能制造实施和升级改造过程中难以找到真正着手点。因此，了解不同类型企业智能制造特征、关键技术和系统设计，并了解各类企业从传统制造向智能制造发展所受到的影响因素，对产业有效升级改造具有重要意义。

在定义不同企业智能制造特征、关键技术和系统设计之前，首先要认识产业分类。根据 GB/T 4754—2017《国民经济行业分类》（按第 1 号修改单修订）将制造业分为 31 个大类，涉及国民经济的方方面面。在该标准上，对制造业的说明表示，经物理变化或化学变化后成为新的产品，不论是动力机械制造或手工制作，也不论产品是批发销售或零售，均视为制造。制造业根据生产类型又可以分为离散型、流程型、混合型等。上述不同类型制造业，在产品结构、生产方式、物料管理、生产计划管理、工艺流程规划、生产进度管理、优化手段、宏观关注点等方面各有不同[5]。

离散型制造企业，其产品通常是由不同零部件经一系列不连续的工序装配而成；特点是多品种、变批量、不连续加工。离散型制造企业其产品的生产过程可以被分解成很多加工任务逐步完成，甚至可以在不同地域空间完成，代表行业包括电子电器、五金加工、家具、灯饰、光电、机电、机械加工、汽车制造等[6, 7]。

流程型制造，也称为连续生产，其产品生产过程中，原料连续不断进行加工，各生产环节衔接连续、自动。流程型制造企业生产通常批量大、周期短。代表行业包括石油化工、饮料、烟草、部分医药等[8]。

混合型制造，则是一类特征方面既不完全属于离散型的，也不完全属于流程型的制造类型。在产品制造过程中，部分环节是连续生产，部分环节更近似于离散生产。混合型制造不同于离散型和流程型制造在于：①系统中生产设备所完成的任务相对简单。②自动化程度高，人参与少。③专用设备采用多，使得柔性较差。④多为单向生产，工件由上游流向下游设备。⑤搬运设备通常同时具有输送产品和承担缓冲功能的作用。常见的企业包括大部分食品企业如酿造酒、酿造调味品、发酵乳制品等，以及部分化妆品、部分制药企业等[9]。离散型、流程型和混合型企业的具体特点比较见表 4-1[10, 11]。

表 4-1　不同类型生产企业特点对比

对象	离散型	流程型	混合型
生产方式	小批量、单件生产	大批量生产	中、人批生产
工艺流程	随时可变	基本不变	不经常改变
物流	单件、搬运	连续、自动	半连续、半自动
产品	多变	稳定	经常改变
设计	单台分别设计	基本不变	一次定性后基本不变
优化目标	缩短供货周期、提高设备利用率	稳定均衡生产、安全低耗	均衡生产、优质、低耗，提高设备利用率
优化手段	调整计划、分配负荷、优化排序	调整工艺参数，达到最优工况	调整工艺参数、调整计划、分配负荷、优化排序
信息类型	参数、符号、图形	参数很多	参数、符号、图形

传统发酵食品，一般认为主要包括酿造酒、调味品、茶、发酵乳肉蔬菜豆类等发酵食品及部分基于发酵的配料和添加剂等，这部分行业在上述标准中，分别被归入国民经济制造业分类中的农副食品加工业（13）中的各个中类或者小类，食品制造业（14）大类中的调味品、发酵制品制造（146）及酒、饮料和精制茶制造业（15）中的酒的制造（151）和精制茶加工（153）。上述传统发酵食品，基本都是典型的混合型生产方式。

不同的企业类型从传统制造向智能制造升级，其路径和关注点及特征、关键技术和系统设计都会不同。另外，由于不同企业所处的发展阶段不同，很多传统发酵企业尚处于手工乃至崇尚手工的阶段，部分企业开始了机械化，少部分企业开始了自动化，甚至有个别企业，准备向智能化进军。不同发展阶段的企业及不同类型的企业，对智能化的理解也各不相同。为了推进传统发酵企业对智能制造内涵的认识，本节将重点介绍智能制造的主要内容及各个国家对智能制造内涵的阐述，流程型、离散型和混合型企业智能制造的特征，以期加深发酵食品行业未来对从传统制造向智能制造升级的路径的理解。

4.1.1　智能制造与工业 4.0、大数据分析、物联网技术的关联

根据工信部对智能制造的定义，以及国内外专家对智能制造的阐述，智能制造的核心技术、管理要求、主要功能和经济目标大体可以理解为，具有以智能工厂为载体，以关键制造环节智能化为核心，以端到端数据流为基础，将有效缩短产品开发周期，降低运营成本，提高生产效率，提升产品质量，降低资源能源消耗[12]。

工业 4.0 实际上是基于工业发展的不同阶段做出的划分。工业 1.0 意指第一次工业革命，标志性生产力是蒸汽动力机械设备应用于生产，大约是 18 世纪 70 年代开始，也被称为蒸汽机时代；工业 2.0 意指第二次工业革命，标志性生产力是电机发明和电流使用，大规模流水线生产，大约是 19 世纪 70 年代开始，被称为电气化时代；工业 3.0 意指第三次工业革命，标志性生产力是应用 IT 技术实现自动化生产，大约是 20 世纪 60 年代至 70 年代初开始，也被称为信息化时代；工业 4.0 就是智能化时代（图 4-1）。不同工业阶段制造技术特征对比见表 4-2[13]。

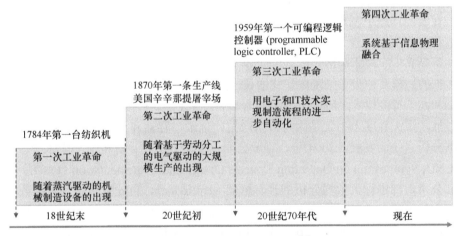

图 4-1　工业 4.0 的演化过程[14]

表 4-2　不同工业阶段制造技术特征对比

工业阶段	主要标志	时代特点	生产模式	制造技术特点	制造装备及系统
工业 1.0	蒸汽机动力应用	蒸汽时代	单件小批量	机械化	集中动力源的机床
工业 2.0	电能和电力运用	电气时代	大规模生产	标准化、刚性自动化	普通机床、组合机床、刚性生产线
工业 3.0	数字化信息技术	信息化时代	柔性化生产	柔性自动化、数字化、网络化	数控机床、复合机床、柔性制造系统、计算机集成制造系统
工业 4.0	新一代信息技术	智能化时代	网络化协同、大规模个性化定制	人-机-物互联、自感知、自分析、自决策、自执行	智能化装备、增材制造、混合制造、云制造、信息-物理生产系统

工业 4.0 概念最初由德国提出，2013 年 4 月，德国国际工业博览会在汉诺威召开，其间发布了《关于实施工业 4.0 战略的建议》，该报告一经产生就对全球制造业产生了重大的国际影响[15]。工业 4.0 的核心是利用信息物理系统（CPS），通过该机制将人、资源、机器、产品和软件等紧密联系在一起，使不同组成元素间能够以多种方式交换信息[16]。工业 4.0 的两大主题是"智能生产"和"智能工厂"。智能生产是产品设计、生产规划及各个生产环节之间实现数据共享和协同生产；智能工厂的目标是在设备层对各层软硬件进行模块化，统一接口，将生产系统从层次化的网络化转化为管理、生产和控制互联的平面结构[16]。其中主要涉及了生产设备的网络化，生产流程的自动化，产品生命周期的数字化，以及物联网、射频识别（radio frequency identification，RFID）、3D 技术和智能化机器人等许多新技术。

大数据分析是智能制造的核心，尤其是对于传统发酵食品产业这样的混合型制造流程。大数据分析是指利用各种复杂的模型、规范化的数据集及分析处理技术（基于大规模集群的计算软件或者大数据分析系统）分析大规模的数据来帮助人类在实际问题中发现可解释的模式、理解因果关系并制定明智的决策。近年来，随着信息收集、记录、存储和传递技术的突破，同时随着云计算、物联网、社交网络等新兴信息技术和应用模式的快速发展，人类社会产生的各类结构化和非结构化数据的规模及种类等呈现爆炸式增长，推动人类社会迈入大数据时代。当前，大数据和人工智能技术之所以能够深刻地影响人类生活、科技创新、经济走向甚至社会发展，很大程度上不仅是因为数据产生、记录、存储和传递，而且在于各类大数据分析系统的发展。2004 年，谷歌公司一位研究员在计算机学界学术会议——USENIX Symposium on Operating Systems Design and Implementation（OSDI）报告了其公司内部进行大数据分析的计算框架 MapReduce，自此开启了大数据分析系统研究的"黄金时期"[17, 18]。2006 年，Apache 基金会所开发的 Hadoop 平台，是MapReduce 的开源实现。Hadoop 平台作为能够对大量数据进行分布式处理的软件框架，目前成为学术界和工业界最广泛使用的软件架构之一。2012 年，加利福尼亚大学伯克利分校 Algorithms, Machine and People（AMP）实验室在 USENIX Symposium on Networked Systems Design and Implementation（NSDI）研讨会介绍了一种用于大规模数据处理的快速通用计算引擎 Spark,其催生了一个高速增长和应用广泛的科技生态系统。除了 MapReduce、Hadoop、Spark 等一般类型的计算框架以外，针对特殊应用的计算框架也不断出现，如 Pregel、GraphX、PowerGraph、PowerLyra、Gemini 和 Chaos 等图处理框架；Apache Hive、Impala、PrestoDB 等结构化查询语言（SQL）处理框架等。美国政府于 2012 年实施的"大数据研发计划"目标是提高人们从海量数据中学习的能力，加快美国在科学和工程方面的创新步伐，增强国家安全，改革当前的教学和学习方式。

在大数据时代背景下，如何对数据（所有类型数据）进行采集、处理、转换、存储、传递、分析和应用，乃至产品化和产业化，使数据本身包含的经济和社会价值得以有效挖掘并发挥最大作用，成为当今高科技发展的热点问题。无论在软件开发、医疗卫生、金融、教育、管理、农产品种养殖及全产业链、智能制造、智能物流、市场营销甚至日常外卖等方面都可以随处看到数据挖掘和应用的影子[19]。以大数据处理分析在蔬菜产业中的应用为例，目前利用大数据技术已经能够有效支撑蔬菜产业从农资到育苗、种植、采摘、产地初加工、冷链或者非冷链物流一直到销售，或者从采摘到加工、贮藏一直到销售全产业链服务，甚至可以支撑相关的耕地土壤、水文气候、病虫害预测、管理服务、产量评估、仓储物流销售、价格预测等全要素关联服务，成为蔬菜产业高效发展的有效支撑（图 4-2）[20]。

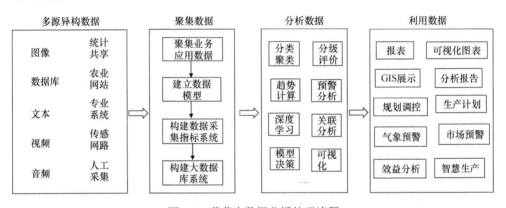

图 4-2　蔬菜大数据分析处理流程

物联网技术是智能制造的另外一个重要环节；物联网指的是一个互联的世界，其中各种对象都嵌入了电子传感器、执行器或其他数字设备，以便可以联网以收集和交换数据[21]。物联网的概念一经提出，就有了迅速发展（图 4-3）。 2004 年，日本总务省提出"U-Japan"战略，目的是通过网络技术实现随时、随地、任何物体、任何人均可连接的社会。2008 年欧盟委员会制定了欧洲物联网政策路线图；2009 年全球首个物联网发展战略规划《欧盟物联网行动计划》正式出台。2009 年 IBM 推出"智慧地球"概念。我国的物联网技术发展，自从 2009 年 8 月温家宝总理提出"感知中国"，成为国内热点，发展迅速。加快物联网技术研发，促进相关产业发展已成为国家战略需求。

物联网这个新的应用生态系统中消费者、服务提供商、内容提供商、系统集成企业、网络运营商、设备制造商等组成了庞大的产业链，从行业性公共平台应用，到公共服务系统，一直到个人服务系统，几乎可以涵盖所有城市农村社会发展和产业发展需求[22]。依然以农业应用为例说明，农业物联网架构如图 4-4 所示，

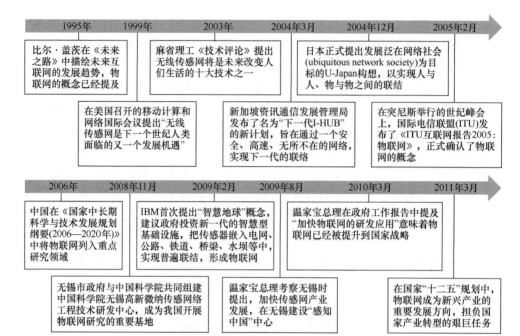

图 4-3 物联网技术的发展历程追溯

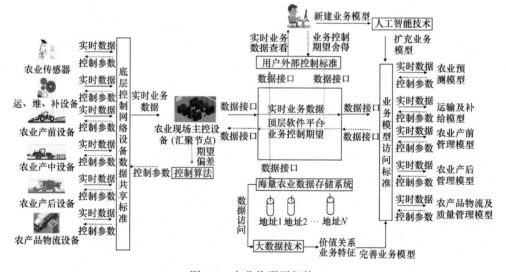

图 4-4 农业物联网架构

从土壤、水、天气、种子、生长、采收、运输等各种农业信息、数据传输一直到智能信息处理技术，并根据种植、设施园艺、畜禽养殖、水产养殖及农产品物流的重大需求，形成典型的产业应用。农业物联网技术已经成为挖掘农业生产力、提高农业装备精准化水平、实现农业生产智能化的关键支撑技术[23]。

4.1.2　智能制造系统及其关键技术

所谓智能制造，智能工厂是载体，关键制造环节智能化是核心，以端到端数据流及物联网作为技术支撑[4]。周济在《智能制造——"中国制造 2025"的主攻方向》一文中指出[24]，智能制造是一个大系统工程，要从产品、生产、模式、基础 4 个维度系统推进，其中，智能产品是主体，智能生产是主线，以用户为中心的产业模式变革是主题，以信息物理系统和工业互联网为基础。

智能制造需要集成宽广领域和技术；从图 4-5 所示的智能制造全生命周期管理示意图可以看出，整个智能制造不仅有着生产和供应链的全生命周期管理，还包括产品全生命周期管理、市场订单全生命周期管理、资产全生命周期管理及资金流、产品质量安全等全生命周期管理。其中智能工厂或者智能生产，即制造过程是实现智能制造的载体[25]。

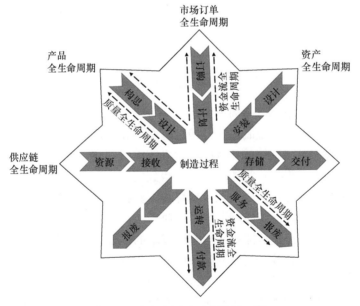

图 4-5　智能制造生命周期管理[4]

在智能工厂中，通过生产管理系统、计算机辅助软件、智能设施的融合，打通从产品设计到配送、服务的联系。实现生产经营计划，供应链、库存管理和质量控制管理等形式的智能化管理。企业业务流程、工艺流程和资本流程的协调，以及生产资源在企业内部和企业之间的分配，由此得以实现[26]。因此，智能工厂的建立不仅可以大幅改善劳动条件，减少人工投入，提高生产过程可控性，更有价值的是，可以实现资源的整合优化和高效利用，提升生产效率和产品质量。

实现智能制造，网络化是基础，数字化是工具，智能化则是目标。网络化主要是利用 RFID、传感器、无线数据通信等技术对物理对象、系统和服务进行联结，以实现对象间的信息交换和数据共享[27]。数字化，一是指数字技术在产品中得到广泛应用，形成了创新产品；二是数字设计、建模和仿真，以及数字设备信息管理的广泛应用，而实现生产过程集成和优化。人工智能技术和先进制造技术的深入融合，形成了智能制造（图 4-6）[28]。

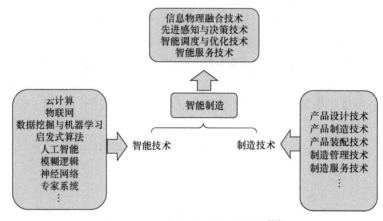

图 4-6 智能制造关键技术架构[28]

智能制造将重塑整个产品周期的所有流程，包括设计、制造和服务，以及这些流程的集成。但很多传统制造业升级过程中，逐步对不同环节进行升级改造，同时会发现，各类专家系统或者智能辅助系统彼此独立，难以连接，难以集成。这个问题近年来得到重视，智能制造系统得到发展，即将贯穿全制造流程各个环节的智能活动以柔性方式集成。在云计算和大数据的出现、物联网的发展及信息环境的迅速变化的推动下智能制造发展迅速[2]。

智能制造系统既然是智能技术与制造技术的集成，其关键技术包括基于 CPS 的制造服务智能系统、基于物联网的智能感知与互联技术、基于大数据分析的设计制造运维集成协同技术、基于人工智能的制造服务优化技术等[29]。

CPS 的制造服务智能化建模技术是针对制造过程全生命周期各个环节，在各级大数据收集的基础上，进行系统建模，实现对目标要求的分析、预测与优化，以及各个环节或者装备之间的协同，进而提升制造服务的决策能力和智能水平。CPS 在工程中的应用旨在实现网络系统与物理系统的完美映射和深度集成（图 4-7）。

智能制造的实现，需利用感知技术（图 4-8），将制造过程全生命周期所涉及的人、物、机、环境和信息等制造资源、过程与服务等信息感知，即全过程物联网技术。实时数据收集和共享基于诸如 RFID 和无线传感技术之类的关键技术。通过使用这些技术，可以无缝集成物理制造流程和相关信息流。此外，ZigBee、

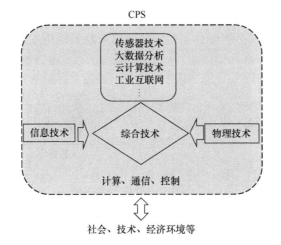

图 4-7 CPS 系统框架[28]

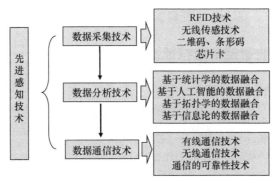

图 4-8 先进感知技术架构体系[28]

WiFi、蓝牙等多种无线通信技术在制造物联网中占有极为重要的地位。在数据分析过程中存在传感器节点资源、存储空间、通信带宽、处理能力等方面的问题。数据分析的主要技术包括基于统计学的数据融合（包括参数估计法、卡尔曼滤波法和回归分析法等）、基于人工智能的数据融合（包括遗传算法、神经网络和模糊逻辑等）、基于拓扑学的数据融合（包括平面网络结构法和层次网络结构法等）及基于信息论的数据融合（包括聚类分析法和熵值法等）。

基于大数据分析的设计-制造-运维一体化协同技术就是对制造过程所涉及的大量数据，采用数学、物理、机器学习、人工智能等科学技术相融合的先进方法进行挖掘，提升制造过程管理的智能化水平，从而达成缩短产品制造周期、提高生产效率、提高产品品质、提升服务质量及减少资源消耗等目标。

基于人工智能的制造服务决策优化技术则是指面对产品全生命周期中各种需要应对的问题通过数据分析获得的知识进行自诊断、自推理、自决策和自维护修复的技术。相关技术包括专家系统、神经网络、模糊逻辑、遗传算法、进化策略、人工免疫系统和多智能体系统等，被越来越多地用于制造服务优化决策中（图 4-9）[30]。

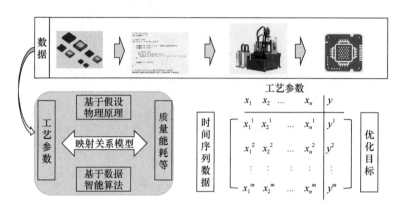

图 4-9　基于制造数据的制造过程优化[30]

4.1.3　离散型工业智能制造特征及其系统设计

如前所述，离散型企业具有多品种、小批量的特点。整个制造过程工序不连续，设备单元孤岛特征明显。基于上述特征，离散型企业向智能制造升级改造时，数据开放共享是重要基础。离散型企业首先应该对生产制造过程进行物理信息系统的整体规划，生产层面完成数字化改造，设备层面完成自动化，管理层面引入专家系统[31]。

离散型生产的产品一般是由多个零部件组成，生产复杂度高，组装难度大，因此模块设计与互动是智能化改造的切入点。将零部件模块化，降低产品维度，也就降低了产品的复杂度，有利于过程智能化升级。

随着个性化需求和订单服务的不断深化，敏捷柔性制造成为离散型企业升级的核心关键。不仅要对传统的生产线进行改造，建设柔性生产线，实现从大规模制造到大规模定制的转变，同时要对产品开发、设计、物流和智能服务等进行改造，实现产品创新高效化、产品生产集约高效化、客户服务高效化等。

总而言之，一般认为离散型制造智能工厂有以下一些特征：①工厂制造物料流动过程的高度自动化。离散型制造过程中物流搬运、管理与调度完全依赖机器人、传输带、无人小车等自动化设备。②工厂内部的设备、材料、环节、方法及人等参与产品制造过程的全要素要完成有机互联与泛在感知。③对制造过程的信息物联系统建模与仿真，利用制造大数据对制造过程进行决策分析[24]。具体框架见图 4-10 和图 4-11[32]。

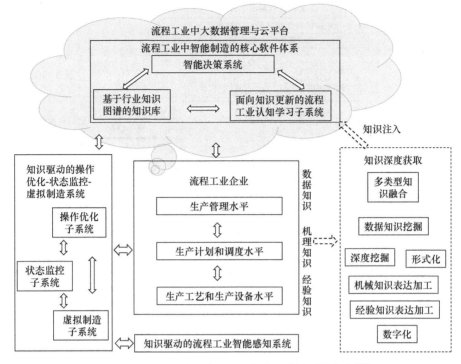

图 4-10　知识驱动的流程工业智能再制造系统框架[32]

4.1.4　流程型工业智能制造特征及其系统设计

流程型企业的生产管理模式不同于离散型行业。例如，生产过程须统筹考虑加工能力、原材料物性、成品半成品、储存、公用工程、销售等环节之间关联与协同，以及流程之间的物料\水电气等的实时计量、实时分析与处理等因素。

对于流程型企业进行智能化升级改造时，要完成生产运行智能化、设备管理智能化、管理决策智能化及产业链协同智能化[33]。要重点考虑生产链条长、流程关联度高的特点，要着力提升生产流程中的实时感知能力、机理分析能力、模型预测能力、优化协同能力，分析、改造、优化企业业务流程，重点挖掘信息物理系统中信息能力，将信息空间与物理空间有效结合起来。图 4-12 是中国石化九江分公司（简称九江石化）智能工厂总体架构图[34]。

在流程型企业智能制造升级改造中，实时感知能力是基础。实现智能制造必须对生产过程要素、环境有全面的感知，主要如物料物性参数（流体黏度、流变学性质或者力学性质、传热传质特征等）、工艺参数（pH、温度、压力、流量等）、设备运行参数（管路震动/腐蚀/泄漏、电机的电压/电流、辊轮转速、风机压力、电机的电压/电流/转速/温度等）、安全环境（可燃有毒有害气体、污染物、粉尘等）。

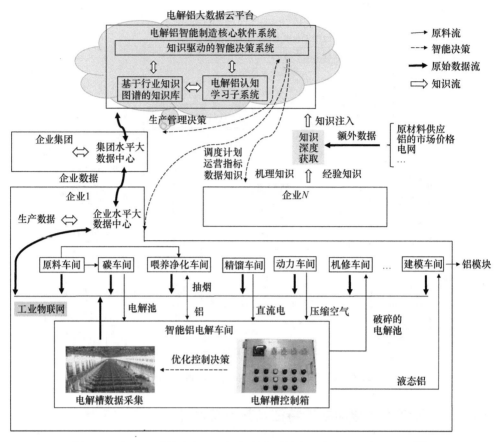

图 4-11　知识驱动的流程工业智能制造系统在铝电解企业中的应用[32]

1）机理分析是保障。流程型企业实现智能制造必须对各类物料（包括原辅材料、添加剂、助剂等）的物理化学特性、整个流程中不同阶段物料混合后的状态或者化学反应机理有充分的认识，掌握物料结构中各要素的内在工作方式及诸要素在一定环境条件下相互联系、相互作用的规则和原理，这是实现工艺过程实时监控、优化和调整的支撑。

2）模型预测能力是支撑。模型预测在流程型企业中应用较为广泛，无论是石化企业，还是发酵食品企业，只要生产过程物料分子结构有变动，那么要达成智能制造必须有较强的模型预测能力，既有反应模型、工艺调控模型，又有设备运行、安全环保、应急处理的模型。模型最理想应该是基于反应机理，但如果反应机理过于复杂，也可以逐步提升，先基于统计数据、大数据分析或经验积累。

3）协同优化能力是具象。通过有效感知、有效模型预测，达成生产运行智能化（在设备管控、生产运行、能源系统、质量管理、安全管理等之间的生产协同与优化），经营决策智能化（将基于大数据技术的经营管理辅助决策模型与生产

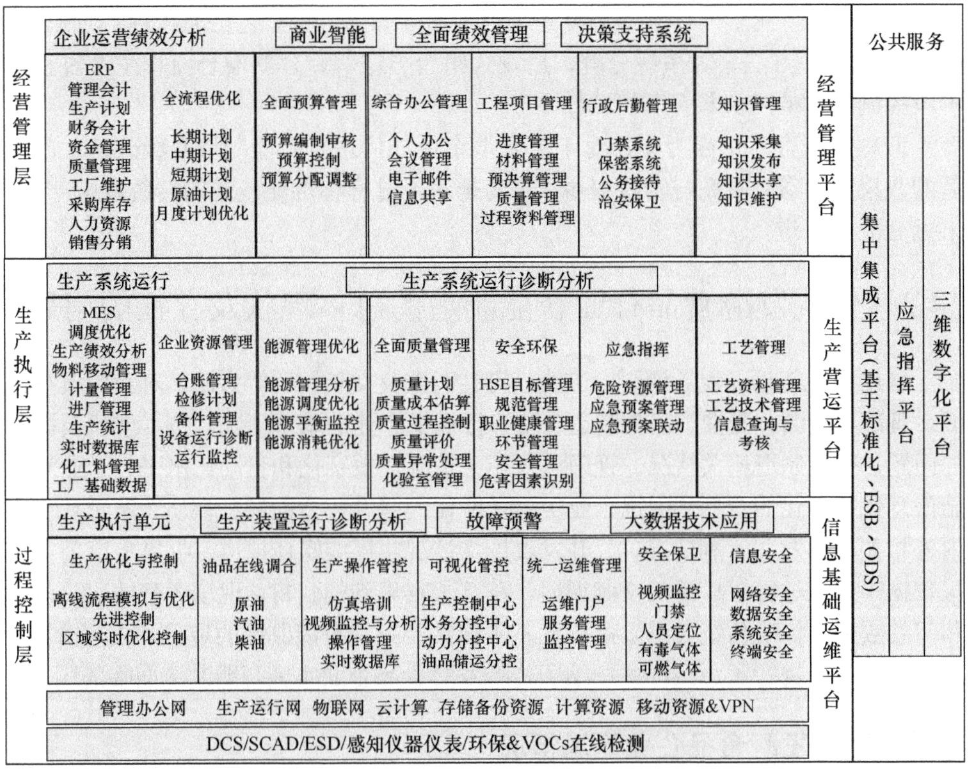

	企业运营绩效分析	商业智能	全面绩效管理	决策支持系统			公共服务			
经营管理层	ERP 管理会计 生产计划 财务会计 资金管理 质量管理 工厂维护 采购库存 人力资源 销售分销	全流程优化 长期计划 中期计划 短期计划 原油计划 月度计划优化	全面预算管理 预算编制审核 预算控制 预算分配调整	综合办公管理 个人办公 会议管理 电子邮件 信息共享	工程项目管理 进度管理 材料管理 预决算管理 质量管理 过程资料管理	行政后勤管理 门禁系统 保密系统 公务接待 治安保卫	知识管理 知识采集 知识发布 知识共享 知识维护	经营管理平台	集中集成平台（基于标准化、ESB、ODS）	应急指挥平台	三维数字化平台
生产执行层	生产系统运行		生产系统运行诊断分析					生产营运平台			
	MES 调度优化 生产绩效分析 物料移动管理 计量管理 进厂管理 生产统计 实时数据库 化工料管理 工厂基础数据	企业资源管理 台账管理 检修计划 备件管理 设备运行诊断 运行监控	能源管理优化 能源管理分析 能源调度优化 能源平衡监控 能源消耗优化	全面质量管理 质量计划 质量成本核算 质量过程控制 质量评价 质量异常处理 化验室管理	安全环保 HSE目标管理 规范管理 职业健康管理 环节管理 安全管理 危害因素识别	应急指挥 危险资源管理 应急预案管理 应急预案联动	工艺管理 工艺资料管理 工艺技术查询与考核				
过程控制层	生产执行单元	生产装置运行诊断分析		故障预警		大数据技术应用		信息基础运维平台			
	生产优化与控制 离线流程模拟与优化 先进控制 区域实时优化控制	油品在线调合 原油 汽油 柴油	生产操作管控 仿真培训 视频监控与分析 操作管理 实时数据库	可视化管控 生产控制中心 水务分控中心 动力分控中心 油品储运分控	统一运维管理 运维门户 服务监控 监控管理	安全保卫 视频监控 门禁 人员定位 有毒气体 可燃气体	信息安全 网络安全 数据安全 系统安全 终端安全				
	管理办公网　生产运行网　物联网　云计算　存储备份资源　计算资源　移动资源&VPN										
	DCS/SCAD/ESD/感知仪器仪表/环保&VOCs在线检测										

图 4-12　九江石化智能工厂总体架构图

ERP. 企业资源计划（enterprise resource planning）；MES. 生产过程执行管理系统（manufacturing execution system）；HSE. 健康、安全与环境管理体系（health, safety and environment system）；VPN. 虚拟专用网络（virtual private network）；DCS. 分布式控制系统（distributed control system）；SCAD. 数据采集与监视控制系统（supervisory control and data acquisition）；ESD. 紧急停车系统（emergency shutdown device）；VOCs. 挥发性有机物（volatile organic compounds）；ESB. 企业服务总线（enterprise service bus）；ODS. 操作型数据存储（operational data store）

实时决策系统联动，与市场信息集成，快速响应变化，实现由传统经验型决策管理模式向智慧决策管理模式转变），以及产业链协同智能化（打破企业之间的围墙，带动上下游企业之间相邻互联，通过发展公用服务管理平台，带动产业链升级和价值链优化）。

4.1.5　混合型工业智能制造特征及其系统设计

如前所述，无论是离散型还是流程型，智能制造升级过程的基础之一是生产调度的建模与优化。无论是基于工艺原理还是基于大数据，建模是管理、运行和决策的基础。在 20 世纪 70 年代以前，在混合型工业中，有关混合型生产调度的建模与优化问题都是将混合生产过程中离散型或者流程型这两种加工过程分离，然后再统一转化成为其中的一种生产方式进行建模。随着各种智能优化算法的发展，混合流程企业生产计划与调度建模已经有了很多发展，包括非线性规划模型、Petri 网的建模方法、大系统分解、启发式组合方法等，建立混合流程生产过程多阶段控制结构的广义模型等[35, 36]。

但总体而言，迄今为止，对于混合型企业如何进行智能制造升级改造、改造后的效果如何等，研究与实践很少，尤其是对于过程标准化较难的传统发酵产业，未见有公开报道。

4.2 传统发酵食品行业智能制造的总体现状及存在的问题

采用实地走访、现场调研、访谈、问卷调查及文献调研等方法，对我国典型白酒、黄酒、果酒、酱油、酱类制造、醋等行业中企业的基本情况、技术现状及面临的问题、智能制造相关情况、管理运行相关情况、数字化和自动化水平、企业对实施信息化智能化的意愿、困扰企业实施智能化的问题等方面展开调研，同时基于国内外相关行业发明专利情况、公开发表论文情况、权威媒体报道、收集上市公司年报数据等方法进行了广泛的文献调研，在基于收集到的资料、现场考察情况、访谈和问卷数据等，对传统发酵食品行业基本现状及有关智能制造的现状、发展阶段、认知和需求等进行了总结，并归纳了传统发酵食品企业实施智能制造面临的困境。

4.2.1 上市发酵食品企业研发情况

截至 2019 年 12 月，我国上市的发酵食品企业基本情况统计见表 4-3。根据上市公司 2018 年年报，分别对 17 家上市酒企、4 家酱油类生产企业、1 家醋企业、3 家黄酒企业的研发人员数量、占比，专利与发明专利数量，研发投入金额、占营业收入比例及较上年变动情况进行了比较分析。结果显示，在上市的发酵食品企业中，酱油和醋企业的研发投入比重（研发投入占营业收入比例）为 1.4%~3%，普遍比白酒、黄酒企业的比重高。较高的酒企是古井贡酒（2.59%）和金种子酒（1.49%），其他所有企业都小于 1%，大部分白酒上市公司甚至小于 0.5%。

表 4-3 上市发酵食品企业情况统计（2018 年）

股票简称	流通市值/亿元	员工数量	研发人员的数量	研发人员数量占公司总人数的比例/%	专利数量	发明专利数量	2018年研发投入/亿元	研发投入总额占营业收入比例/%	研发投入较上年同期变动比例/%
				酒类					
贵州茅台	14 801.65	26 568	551	2.07	488	51	3.86	0.52	−11.28
五粮液	4 936.40	26 291	2680	10.19	373	41	0.84	0.21	8.02
洋河股份	1 283.91	15 290	393	2.57	211	53	0.33	0.14	−13.03
泸州老窖	1 239.34	2880	452	15.69	350	9	0.85	0.65	−0.17
山西汾酒	742.90	7656	275	3.59	119	18	0.12	0.13	8.04

续表

股票简称	流通市值/亿元	员工数量	研发人员的数量	研发人员数量占公司总人数的比例/%	专利数量	发明专利数量	2018年研发投入/亿元	研发投入总额占营业收入比例/%	研发投入较上年同期变动比例/%
酒类									
古井贡酒	431.93	8323	968	11.63	937	92	2.25	2.59	56.13
今世缘	401.94	3329	110	3.30	186	36	0.14	0.39	−2.24
顺鑫农业(牛栏山)	351.97	5063	64	1.26	41	7	0.14	0.12	1.14
口子窖	322.80	3814	83	2.18	69	2	0.15	0.35	8.14
水井坊	245.57	1339	27	2.02	192	5	0.07	0.27	37.80
迎驾贡酒	166.64	6608	364	5.51	197	15	0.15	0.43	10.33
酒鬼酒	110.28	1409	56	3.97	172	1	0.04	0.30	513.38
舍得酒业	99.61	4781	123	2.57	49	2	0.09	0.40	21.70
老白干酒	98.22	5724	94	1.64	69	14	0.08	0.22	18.15
伊力特	69.33	2015	284	14.07	14	2	0.18	0.85	434.01
金徽酒	60.13	2142	37	1.73	47	3	0.08	0.54	14.54
金种子酒	35.90	3114	81	2.60	139	39	0.19	1.49	−8.55
酱油									
海天味业	2933.68	5120	362	7.07	140	57	4.93	2.89	22.74
中炬高新	349.88	4588	557	12.14	221	87	1.22	2.90	13.07
千禾味业	104.48	2089	33	1.58	51	41	0.20	1.91	−9.16
加加食品	44.81	1394	88	5.02	23	13	0.26	1.47	3.99
醋									
恒顺醋业	114.56	2627	98	3.73	265	149	0.48	2.82	257.37
黄酒									
古越龙山	63.76	2450	105	4.29	109	9	0.08	0.48	31.31
会稽山	42.38	1471	76	5.17	99	34	0.12	0.97	2.32
金枫酒业	26.40	1098	24	2.19	50	20	0.04	0.40	−4.08

从投入的绝对值看，在上市的发酵食品企业中，2018年度研发投入金额超过1亿元人民币的公司仅4家，包括：海天味业（4.93亿元）、贵州茅台（3.86亿元）、古井贡酒（2.25亿元）和中炬高新（1.22亿元）。

从研发人员占比看，各个上市公司差别比较大。研发人员占比较高的企业为五粮液（10.19%）、泸州老窖（15.69%）、古井贡酒（11.63%）、伊力特（14.07%）、中炬高新（12.14%），其他上市公司研发人员占比在1%～7%。

从专利数量看，专利数量最多的是古井贡酒，达到937项，其中发明专利92项。此外贵州茅台、五粮液、洋河股份、泸州老窖、山西汾酒、今世缘、迎驾贡酒、水井坊、酒鬼酒、金种子酒、海天味业、中炬高新、恒顺醋业、古越龙山专利数都超过 100 项，发明专利数超过 50 件的传统发酵食品上市公司分别为恒顺醋业、古井贡酒、中炬高新、海天味业、洋河股份和贵州茅台 6 家公司。同时发明专利数少于 10 项的企业有 9 家。

4.2.2 发酵食品企业中智能制造技术应用情况

（1）传统发酵食品企业申请专利中与智能制造相关的专利情况

为了研究发酵食品企业中智能制造技术应用情况，我们对上市公司的专利内容进行了分类研究。

我国专利分为发明、实用新型和外观设计。调研统计主要针对可查询的 47 家主要传统发酵食品企业 2000～2019 年 10 年间发明专利情况，其中包括 17 家白酒企业、7 家黄酒企业、7 家果酒企业、5 家酱油企业、5 家酱类企业和 6 家醋企业。按发明专利内容将涉及智能制造技术相关的专利细分为生产工艺、装备、新产品、检测方法及控制系统。从专利分类统计结果看，企业目前主要精力放在新产品开发及生产工艺研究（图 4-13）。

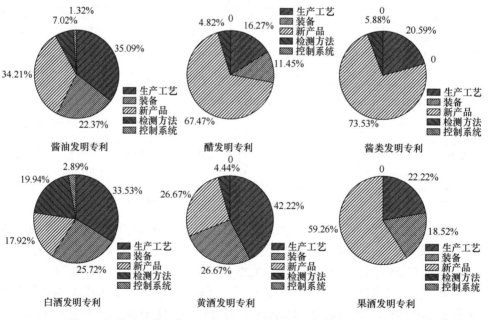

图 4-13 酱油、醋、酱及酒类发明专利分布情况（2000～2019 年）

分行业看，酱油类企业有强大的研发能力，各个企业的发明专利数量、类别都有涉及；但是醋企业发明专利主要集中在恒顺醋业，其他醋企业发明专利很少；酱类大部分为与智能制造关联相对较低的新产品开发专利。具体分析如下。

　　酱油类企业的专利生产工艺发明和新产品开发分别约占调研统计发明专利的
35%和34%，装备开发方面的专利占比也较高，说明酱油类企业整体的机械化、
自动化程度进展较大，相对而言控制系统的专利约占 1%，企业在信息化方面研发
能力较弱。海天味业在装备和工艺方面的研发相关专利占比较大；广东美味鲜在
工艺和新产品开发的专利占很大比重；李锦记侧重装备方面的研发，是统计的 5 家
酱油企业中唯一有控制系统专利的企业（图 4-14）。

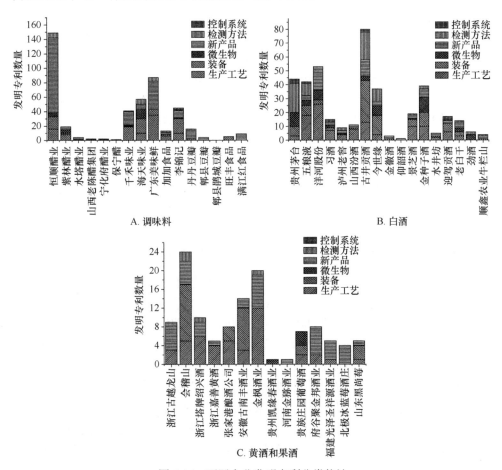

图 4-14　不同企业发明专利分类统计
A. 醋、酱油、酱类企业；B. 白酒企业；C. 黄酒和果酒企业

　　统计的 5 家醋企业的总发明专利数为 164 件，恒顺醋业占据了绝大部分份额。
醋企业中新产品开发专利占有绝对数量优势，达到 68%，其次依次是生产工艺
（16%）、生产装备（11%）和检测方法（5%）。作为醋业的龙头，恒顺醋业有 103
项新产品发明专利，占据其总专利数的 72%，其次生产工艺和生产装备方面
的研发专利数量也较同类企业有很大的优势。水塔醋业、宁化府醋业、保宁醋的

发明专利为个位数，研发能力明显不足。

郫县豆瓣酱统计的 5 家企业，新产品开发专利数达到 74%，另外仅有工艺和检测方面的专利，表现出研发的薄弱。

统计的 17 家白酒类企业发明专利中，生产工艺和新产品专利数分别达到约 34% 和 18%，装备和检测方法分别约占 26% 和 20%，而与智能控制相关的发明专利占近 3%（图 4-13）。发明专利数量前 5 的酒企为古井贡酒、洋河股份、贵州茅台、五粮液、金种子酒。古井贡酒的装备、检测方法的专利占较大数量，洋河股份主要是生产工艺和新产品，而贵州茅台在检测方法方面的发明专利占有很大比重（图 4-14）。非上市企业中的景芝酒业发明专利数量相对较多，主要是生产工艺和装备，新产品及检测方法的专利也有涉及。黄酒和果酒产值都较小，统计的 7 家黄酒企业中有 3 家上市企业。黄酒行业发明专利主要集中在生产工艺（42%），其次是装备和新产品，各自占比为 27%。会稽山和金枫酒业发明专利超过了 20 项，生产工艺和装备相关的发明专利占比较高（图 4-14）。

果酒大部分为小企业，统计的 8 家果酒企业的发明专利中，接近 60% 的发明专利是新产品的开发，其次是工艺和装备方面的专利。各个企业的发明专利的数量和种类都较少，基本在个位数。从发明专利的内容及方向可以反映出果酒行业整体研发能力不足。

（2）传统发酵食品行业中智能制造相关技术的采用情况

为了进一步了解传统发酵食品行业中智能制造相关技术采用情况，我们对国内大中型相关企业发放了调查问卷，对问卷涉及的有关智能制造相关技术和设备采用情况进行分析，结果如图 4-15 所示，现阶段我国传统发酵行业中与智能制造技术和设备应用相关的环节主要集中在生产加工、包装等环节，这反映出发酵食品智能制造尚处于起步阶段。

此次调查中发酵食品企业包括调味品类（海天味业、紫林醋业、恒顺醋业、郫县豆瓣等），白酒（贵州茅台、五粮液、山西汾酒、古井贡酒、景芝酒业等），黄酒及部分果酒企业共 33 家。不管是现场调研的海天味业，还是文献公开报道、年报统计分析的加加食品、美味鲜等酱油企业，在机械化、自动化及数字化制造方面都走在了行业的前列。

智能监控设备使用情况：受访的企业中约有 32% 未使用智能监控设备。在使用的公司中，大部分智能监控设备应用在生产监控上（约 39%），其次是安全监控和仓储（均约 8%）。在调研的白酒企业中只有古井贡酒没有应用智能监控设备，山西汾酒应用于大曲配比，其他企业多应用于生产监控。在调味品方面基本上所有调研的企业也都应用了智能监控设备，而在黄酒和果酒企业基本上没有用到智能监控设备。

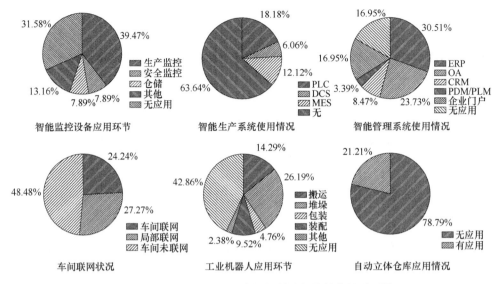

图 4-15　传统发酵食品行业中智能制造相关技术的采用情况

　　智能生产系统使用情况：在调研的发酵食品企业中超过 60% 的企业没有应用智能生产系统。只有一小部分应用了智能生产系统，且大部分都是白酒企业，在调味品企业方面只有海天味业使用生产过程执行管理系统（manufacturing execution system，MES）、紫林醋业应用到可编程逻辑控制器（programmable logic controller，PLC）。调查的果酒企业，未有智能生产系统软件应用。

　　智能管理系统使用情况：企业信息化的主要标志是采用各种信息化硬件和软件设备，在企业管理中心采用办公自动化（office automation，OA）、客户关系管理（customer relationship management，CRM）、企业资源计划（enterprise resource planning，ERP）、企业门户等信息化软件。17% 的企业都没有应用智能管理系统，应用最多的三个系统是 ERP（约 31%）、OA（约 24%）和企业门户（约 17%）。除了仰韶酒，大部分的白酒企业都应用了不同的智能管理系统，其中 ERP 和 OA 的应用较多。同样在调味品企业方面除了旺丰食品，其他的调味品企业也都应用了智能管理系统。而在果酒方面除了贵州凯缘春酒业应用了 ERP、CRM、产品数据管理/产品生命周期管理（product data management/product lifecycle management，PDM/PLM）等智能管理系统，其他的果酒企业均没有应用智能管理系统。

　　工业机器人应用环节：工业机器人则主要应用到装配、搬运、堆垛、包装等。但是调研的企业中有接近一半（约 43%）的企业没有应用工业机器人，且大部分仍然是果酒企业。白酒和调味品企业工业机器人的应用较为普遍，大部分工业机器人应用在装配、搬运和堆垛。

　　车间联网状况：受访的大部分企业的车间处于未联网的状态（约 49%），在联网的车间中有一半以上是局部联网。联网的白酒企业有五粮液，局部联网的有山西汾酒和景芝酒业。调味品企业车间大部分都联网或者局部联网，只有旺丰食品和满江红食品车间还没有联网。而所有的果酒企业车间均没有联网。

自动立体仓库应用情况：受调查的企业中，约79%的企业没有应用自动立体仓库，白酒企业应用自动立体仓库主要有洋河股份、山西汾酒、景芝酒业、仰韶酒业，调味品企业只有海天味业和恒顺醋业应用了自动立体仓库。而在黄酒和果酒企业中没有一家应用到自动立体仓库。果酒企业的自动化水平较低，工业机器人、自动立体仓库等的使用都较少，很多调查企业都未对智能化升级做好准备。

4.2.3 发酵食品企业总体自动化、数字化集成水平

通过生产、包装、物流、管理和服务（信息、软件、数据等）5个方面评价调研公司自动化和数字化集成水平结果见图4-16。除洋河酒业、恒顺醋业及仰韶等8家企业认为自己企业在生产方面的自动化和数字化集成水平较低外，其他企业都较高。大部分企业自认为在包装、物流环节自动化和数字化集成水平较高。除仰韶酒业认为自己的管理和服务环节自动化和数字化集成水平较低外，其他企业得分都较高，问卷调研结果基本与实地走访调研相符。有不少企业将自动化和信息化认为是智能化的一部分，而不是一个阶段。

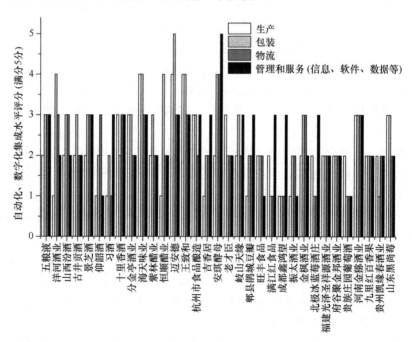

图 4-16　公司自动化、数字化集成水平评分

与企业的访谈中也发现企业的自动化实施分为 4 种情况。

一是企业生产管理等关键环节还未实现机械化、自动化，如酿酒的发酵、勾兑、郫县豆瓣酱辣椒发酵、蚕豆发酵及混合日晒发酵。这部分企业主要是豆瓣酱及部分白酒和黄酒生产企业。

二是企业生产部分辅助环节实现自动化，如物料输送、搬运、堆垛、包装。目前传统发酵行业中大部分酒类和调味品企业处于此类情况。

三是企业核心生产环节实现自动化，如生产、灌装自动化。目前传统发酵行业中龙头企业处于此类情况。

四是全流程自动化，调研企业中仅海天味业酱油生产及劲牌有限公司生产中初步实现。

4.2.4　传统发酵行业智能制造的现状

1. 酱油行业

酱油是整个传统发酵行业中自动化和智能化进展最快的行业。酱油行业中的几个龙头企业，都逐渐在从机械化、自动化向智能酿造方向发展。以海天味业为例，海天味业在发酵、酿造、灌装、仓储等环节基本实现自动化，以及部分生产环节的数字化，目前已建成系统包括：①生产线实时数据管理系统 LDS 和 LMS。LDS（生产线数据采集系统），收集所有设备的生产数据，并根据管理人员的需要自动编制各类分析报表，为生产和设备管理优化提供依据；LMS（生产线管理系统），管理人员利用这个系统在计算机上实现对订单的制定和管理，其他操作人员和设备维护人员可以在生产线各终端同步查看订单内容和完成进度。②MES 系统。③ERP 系统。④智能立体仓库。⑤机器人码垛系统。⑥极速灌装系统等。因此，瓶胚吹瓶、无菌灌装、包装、仓储等局部环节正在或者已经实现互联网或数字化。甚至是比较复杂的制曲过程，也都完成了自动化，并向智能方向改造：采用圆盘制曲工艺制曲，圆盘式自动制曲机是入曲、出曲、翻曲、调温、调湿、消毒和搅拌培养等一体的全封闭、自动发酵装置。发酵整个过程物料都是在全封闭的环境中完成，安装温度、溶氧、pH 等传感器，实时监测罐内信息，同时每隔一定的时间进行立体发酵过程中需要的其他工艺参数离线检测。

其他一些酱油龙头企业，也或多或少向自动化乃至智能制造发展，通过应用工业互联网系统与设备、工业软件、工业云等服务平台等，目的在于建设数字化、智能化、柔性化的酱油生产工厂。

总之，酱油行业在制曲、发酵、酿造、灌装、仓储等环节自动化、数字化水平都有很大的提升，但是还存在智能化升级的各种问题和瓶颈。例如，目前酱油行业应用的 ERP、MES、DCS 系统间无法实现无缝集成，资源调度、运行指标、生产指令等执行还处在向数字化、智能化方向发展的阶段，还需要人工去决策，甚至部分环节还未能达到自动化水平，且自动化水平受限制主要集中在制曲发酵环节。比如，发酵罐就地清洗系统（cleaning in place，CIP）清洗、圆盘清洗还不能做到完全自动化的程度，需要人工介入。另外，在制曲发酵阶段，200 t 的透明玻璃发酵罐采用日晒方式发酵，在长达数月的发酵过程中，稀醪中心及表层温度不能保证均一。且不同季节发酵的产品会因温度的变化，产品品质有差异。其次pH、溶氧等指标的测定也不能达到实时准确的标准。因此，数字化酿造酱油，首先应从工厂的最底层出发，利用稳定的传感器先解决测定指标的可行性和准确性。在此基础上不断优化学习，实现主要的生产、决策依靠计算机来执行。

2. 醋行业

调味品行业中酿造醋规模较大的有镇江香醋、山西老陈醋、永春老醋和四川保宁醋等地理标志产品。针对酿醋行业的现场调研发现，目前整个酿造醋行业，绝大部分企业整个生产线还处于手工向机械化方向发展，个别企业在灌装部分实现自动化，整个生产过程离全机械化都有距离，尚未实现全流程的自动化，离数字化、智能化尚有较远的距离。

很多企业的发酵过程逐步由传统的缸式发酵改为槽式发酵，人工翻缸升级为机器自动翻醅；一些企业在发酵过程中通过温度传感器在线监测发酵醅料温度，同时根据温度变化控制翻醅机自动翻醅、清理料斗等流程，基本实现发酵阶段翻醅的机械化和自动化。另外，部分龙头企业的仓储尤其是成品装配和封箱采用自动化生产线，并采用智能化仓储（立体仓储），此部分的智能化水平上升。

部分企业采用了信息化系统和工控系统，如采用 ERP 管理系统，利用 ERP系统辅助采购；实现 DCS 监控，采用 PLC 进行温控。但是即使这些企业采用了信息化系统进行数据收集，但缺乏数据的有效分析和建模，另外不同系统之间的连通还存在着问题。总体而言，整个酿造醋行业生产尚处于部分机械化、部分手工操作阶段，主要依靠人工经验结合理化指标检测来控制生产工艺。自动化系统大部分企业只有部分环节使用，中小企业尚未使用。智能检测环节、工业机器人的应用主要是搬运、堆垛等环节；智能监控、智能管理系统开始使用，酿醋企业常用的智能管理系统主要是 OA、企业门户，但是都没有使用智能生产系统（表 4-4～表 4-7）。

3. 豆瓣酱

豆瓣酱制曲发酵环节还处于机械化、自动化的初级阶段。图 4-17 为郫县豆瓣酱制曲、辣椒发酵及混合日晒发酵过程。

表 4-4　企业对智能制造认识及自身情况问卷调查（酒类）

评价指标	白酒											黄酒和果酒							
	五粮液	洋河股份	山西汾酒	古井贡酒	景芝酒业	仰韶酒业	习酒	十里香酒业	分金亭酒业	振太酒业	金枫酒业	北极冰蓝莓酒庄	福建光泽圣泽源酒业	府谷聚金邦酒业	贵族庄园葡萄酒	河南金黍酒业	九里红百香果	贵州凯缘春酒业	山东黑尚莓
企业认为智能制造包括哪些内容	过程监控预警, ERP, MES, DCS, IPD	ERP, MES	ERP	过程监控预警, ERP, MES, DCS	过程监控预警, ERP	过程监控预警	过程监控预警, ERP, MES	过程监控预警, ERP	过程监控预警, ERP	过程监控预警, ERP	DCS	过程监控预警	过程监控预警	过程监控预警, ERP, MES	过程监控预警, MES	过程监控预警	过程监控预警	ERP, MES, DCS, IPD	过程监控预警, ERP
本公司自动化、电气化状况	一般	生产刚起步	酿造过程	酿造过程为半自动化, 灌装自动化	制造	灌装、自动化勾调、自动化拌料	几乎没有	发酵	恒温控制发酵	无	基本电气化	灌装过程	无	半自动化	关键环节自动化	关键环节自动化	半自动为主	发酵、陈酿控温	无
智能检测控制环节	调配灌装	发酵	调配灌装	调配灌装	发酵	仓储	原料预处理	发酵	发酵	发酵、陈酿、调配灌装	调配、灌装、仓储	原料预处理、发酵、陈酿、仓储	发酵	调配灌装	调配灌装	原料预处理、灌装	无	发酵、陈酿、原料预处理	无
工业机器人	装配	无	搬运、堆垛	堆垛	有, 装瓶	无	无	有, 装瓶	无	无	无	无	无	无	无	无	无	无	原料预处理
自动立体仓库	无	有	有	无	有	有	无	无	无	无	无	无	无	无	无	无	无	无	无
智能监控设备	安保, 生产监控, 安全监控	生产环节	大曲配比	无	生产	厂区监控	有	窖池温度、大曲温度、湿度	冷冻机组制冷	无	无	无	无	无	生产、出入库	无	无	无	无

续表

评价指标	白酒											黄酒和果酒							
	五粮液	洋河股份	山西汾酒	古井贡酒	景芝酒业	仰韶酒业	习酒	十里香酒业	分金亭酒业	振太酒业	金枫酒业	北极冰蓝莓酒庄	福建光泽圣祥源酒业	府谷聚金邦酒业	贵族庄园葡萄酒	河南金粉酒业	九里红百香果	贵州凯缘春酒业	山东黑尚莓
计算机辅助工艺规划	无	无	无	无	数字化酿酒工艺	无	无	无	无	无	无	无	无	无	无	无	无	无	无
使用的智能管理系统	OA	OA，企业门户	ERP	ERP，CRM，OA，企业门户	ERP	无	OA，企业门户	ERP，CRM，OA	ERP，OA	ERP，OA	ERP，OA	无	无	无	无	无	无	ERP，CRM，PDM/PLM	无
车间联网状况	车间联网	无	局部联网	无	局部联网	无	无	车间联网	无	车间联网	未联网	未联网	未联网	未联网	未联网	未联网	未联网	联网	未联网
智能生产系统	PLC，DCS	无	无	PLC	PLC	无	MES	无	无	无	无	无	无	无	无	无	无	无	无
电子商务	原材料零部件采购，产品销售；阿里巴巴，天猫，京东，淘宝；B2B，B2C	原材料、零部件，产品销售；天猫，京东，自建	销售；天猫，京东，自建；B2C	原材料和零部件的采购；京东，天猫，淘宝；B2C	销售；阿里巴巴，天猫，京东，自建；B2B	销售；京东；B2C	销售；天猫，京东，自建；B2C	销售；京东；B2B	销售；天猫，京东；B2C	原材料、零部件，产品销售；天猫，京东	销售；天猫，京东；B2C	销售；自建	原料采购；淘宝	销售；其他；B2B	销售；淘宝	销售；淘宝；B2B	销售；阿里巴巴，自建	销售；淘宝；B2B，B2C，O2O	销售；阿里巴巴，淘宝

表 4-5　企业对智能制造认识及自身情况问卷调查（调味品）

评价指标	海天味业	紫林醋业	恒顺醋业	迈安德	王致和	杭州市食品酿造	吉香居	安琪酵母	老才臣	岐山天缘	郫县鹏城豆瓣	旺丰食品	满江红食品	成都鑫鸿望
企业认为智能制造包括哪些内容	过程监控预警、MES	过程监控预警、ERP、MES、DCS	ERP、MES、DCS	过程监控预警、MES	ERP、MES、DCS、IPD	过程监控预警、ERP	过程监控预警、ERP、DCS、IPD	过程监控预警、ERP、MES、DCS、IPD	过程监控预警、ERP	ERP、IPD	过程监控预警、ERP、MES	ERP、MES、IPD	过程监控预警、ERP	过程监控预警
本公司自动化、电气化状况	基本完成	部分环节自动化	无	基本完成	生产制造	较低	大部分自动化		较低	无	无	半自动、全自动各一半	部分全自动，大半部分半自动	较低
智能检测控制环节	原料预处理、发酵、灌装、仓储	发酵	仓储	原料预处理、发酵、灌装、仓储	发酵	发酵	发酵、调配、灌装、仓储	原料预处理、发酵、陈酿、调配、灌装仓储、仓储	原料预处理、发酵、陈酿、调配、罐装、仓储	调配罐装	无	发酵、调配、灌装	原料预处理、发酵、陈酿、调配、灌装、仓储	发酵、陈酿
工业机器人	搬运、堆垛、包装	搬运、堆垛	堆垛	搬运、堆垛、包装	搬运、堆垛	无	不理想、堆垛	搬运、堆垛、装配	搬运、堆垛	无	无	堆垛	无	无
自动立体仓库	有	无	有	有	无	无			无	无	无	无	无	无
智能监控设备	有	发酵	无	有	无	发酵、调配	发酵、调配、灌装、仓储	生产、包装、仓储、物流	有	罐装	生产监控、厂区安防	有	生产过程	生产过程
计算机辅助工艺规划	无	无	无	无	无			工业设计	生产投料过程	液态发酵	无	无	有	无
使用的智能管理系统	ERP	CRM、OA、企业门户	ERP、OA、企业门户	ERP、OA、企业门户	ERP、企业门户	ERP	ERP、企业门户	ERP、CRM、PLM、SCM、OA、BI、企业门户	ERP、OA	ERP、OA、企业门户	ERP	无	ERP	无

续表

评价指标	海天味业	紫林醋业	恒顺醋业	迈安德	王致和	杭州市食品酿造	吉香居	安琪酵母	老才臣	岐山天缘	郫县鹃城豆瓣	旺丰食品	满江红食品	成都鑫鸿望
车间联网状况	局部联网	局部联网	局部联网	局部联网	局部联网	无	局部联网	联网	联网	局部联网	车间联网	无	无	车间联网
智能生产系统	MES	PLC	无	MES	无	PLC		DCS, MES		PLC		无	无	无
电子商务	原材料、零部件采购,产品销售	原材料、零部件采购,产品销售	原材料、零部件采购,产品销售	原材料和零部件的采购,销售	销售		销售	原材料和零部件采购,产品销售	产品销售	原材料和零部件采购,产品销售	销售	销售	销售	无
	天猫,京东,自建	阿里巴巴,天猫,京东,自建	天猫,京东	天猫,京东,自建	天猫,京东	天猫,京东	阿里巴巴,天猫,淘宝,京东,经销商店	阿里巴巴,天猫,淘宝,京东	阿里巴巴,天猫,淘宝,京东,自建	天猫,京东,自建	阿里巴巴,天猫,淘宝,京东	淘宝	淘宝	无
	B2B, B2C	B2C		B2B, B2C		B2C	B2C	B2B, B2C	B2B	OTO				无

注: SCM. 软件配置管理（software configuration management）; BI. 商业智能（business intelligence）

表 4-6 企业现状、发展趋势和面临问题（酒类）

评价指标	白酒												黄酒、果酒						
	五粮液	洋河股份	山西汾酒	古井贡酒	景芝酒业	仰韶酒业	习酒	十里香酒业	分享酒业	振太酒业	金枫酒业	北极冰蓝莓酒庄	福建光泽圣祥源酒业	府谷聚金邦酒业	贵族庄园葡萄酒	河南金穟酒业	九里红白香果	贵州凯缘春果酒业	山东黑尚莓
近3年研发总投入/万元	24 696	7 800	3 473	63 440	/	5 500	1 200	3 000	210	100	1 100	330	100	50	/	200	/	500	260
占累计销售比/%	0.26	0.3	0.017	2.92	/	2.6	1.5	3	6.3	1	4	6	30	5	/	20	/	15	9
技术水平在行业内属于	较高	较高	较高	中等	较高	较高	先进	中等	中等	中等	较高	较高	较高	中等	较高	中等	中等	较高	先进
生产力效率	较高	较高	较高	中等	较高	中等	较高	较高	中等	较高	较高	较高	中等	中等	中等	中等	中等	较高	较高
原料利用度水平	较高	较高	较高	中等	中等	较高	先进	较高	中等	较高	较高	较高	较高	较高	较高	较高	中等	较高	较高
数字化水平	初步达到	初步达到	初步达到	尚未达到	初步达到	尚未达到	尚未达到	达到	初步达到	尚未达到	尚未达到	尚未达到	尚未达到	初步达到	尚未达到	尚未达到	尚未达到	尚未达到	初步达到
发展面临问题	人才、环保压力、有机、健康、食品安全	人才、劳动力、安全	人才、技术	人才、技术	资金、劳动力	资金、人才、劳动力、技术	人才、产品渠道、环保压力、技术升级	人才、劳动力、产品渠道、环保压力	资金、人才、产品渠道	资金、人才、原料、环保压力	人才、劳动力	资金、人才、产品渠道	人才、技术	资金	资金	资金、人才、产品渠道	资金、人才、产品渠道	资金、人才	资金、人才
传统发酵食品发展趋势	节能减排、有机、健康	智能制造、健康	智能制造、健康导向	个性化产品、节能减排、有机、健康	智能节能、有机、健康	智能制造、健康	智能制造	健康	智能制造、健康	智能制造	健康导向	智能制造、节能减排、健康	高端、健康、绿色有机	智能制造、节能减排、健康	高端、健康	个性化、高端健康、绿色有机	智能制造、健康	健康	健康
科技创新最需要解决需求	政策、人才、技术	人才、技术	具体技术	政策、高端人才	资金、人才	高端人才	高端人才	具体技术	法规、政策、资金、技术	投入资金	政策、法规	政策、资金、人才、技术	具体技术、资金、人才	投入资金	资金、人才	高端人才	人才、技术	政策、法规、资金	具体技术

表 4-7　企业现状、发展趋势和面临问题（调味品）

评价指标	调味品													
	海天味业	紫林醋业	恒顺醋业	迈安德	王致和	杭州市食品酿造	吉香居	安琪酵母	老才臣	岐山天缘	郫县鹃城豆瓣	旺丰食品	满江红食品	成都鑫鸿望
近3年研发总投入/万元	11 500	4 633	12 697	11 500	9 000	/	4 000	96 087	1 500	500	1 500	40	500	300
占累计销售比/%	3.2	3.39	2.71	3.2	3	/	2.6	5.5	15	2.4	1.87	/	3	5
产品技术水平在行业内属于	较高	较高	较高	较高	先进	较高	先进	先进	先进	较高	较高	中等	较高	中等
相比同行劳动生产力效率	较高	中等	中等	较高	较高	中等	较高	较高	较高	较高	中等	较高	较高	中等
原料利用度水平	较高	中等	较高	较高	中等	较高	较高	较高	较高	先进	较高	中等	较高	中等
数字化水平	超越同行水平	初步达到	尚未达到	超越同行水平	尚未达到	初步达到	尚未达到	初步达到	达到	初步达到	尚未达到	尚未达到	初步达到	尚未达到
发展面临问题	人才、技术	资金、人才、技术	人才、技术	人才、技术	技术、环保压力	产品渠道、技术水平升级、环保压力	人才、劳动力、原料、技术水平升级、环保压力	人才、劳动力	资金、人才、环保压力	人才、产品渠道、技术水平升级	人才、原料来源和质量、技术水平升级	人才、劳动力、技术水平未升级	人才、技术水平升级	劳动力、产品渠道
传统发酵食品企业发展趋势	智能、节能减排、健康导向	智能制造	智能制造	智能、节能减排、健康导向	不同年龄段产品	智能制造、节能减排、有机食品、健康导向	健康导向	智能制造	有机食品、健康导向	有机食品、健康导向	智能制造、健康导向	有机食品	智能制造、健康导向	健康导向

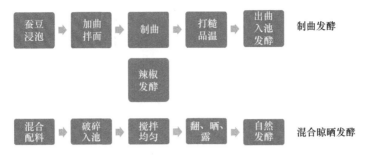

图 4-17　郫县豆瓣制曲、辣椒发酵及混合晾晒发酵过程

辣椒粉碎机和盐水析出设备属于单体控制设备,发酵池属于自然发酵,需要记录的数据有入池重量、盐分、水分,定期检查的是盐分和水分。完成发酵后,两种方式把发酵产物从辣椒池中取出放入混合池晾晒发酵。第一种属于输料车取料,需要工人在池中辅助进行;第二种属于机械化抓手取料,经过爪式料斗抓取放入送料车中的物料桶中,最后也需要工人辅助清理池中残留发酵物。混合发酵期间搅拌机械来回翻搅,每次需要翻搅 3 次。发酵过程中需要定期检测的参数有盐分、水分、氨和总酸。

总之,郫县豆瓣酱在制曲过程中,豆瓣浸泡、拌面、制曲、打糙初步实现机械化,但出曲、入池发酵还是简单的人工操作。辣椒发酵及出池也尚未实现机械化。目前部分厂家在后期的发酵辣椒胚与甜豆瓣混合后日晒发酵时借助机械化作业,减轻了人工劳动。在灌装、包装环节及原料预处理,产值稍大的企业已经可以实现这些生产环节的自动化。

4. 白酒

白酒领域自动化、信息化水平相对较低,智能化进展较为迟缓。但部分龙头白酒企业近年来开展了机械化、自动化、信息化为主题的技改升级,对酿酒车间规划及生产设备、配套实施进行改造升级,一些酒企自主研发智能酿酒机器人用于代替人工。

一些升级改造相对比较好的浓香型工厂或者新车间,可以基本实现机械化、局部自动化,仅有少数环节还需人工操作。其中原料输送、连续上甑、摊晾、拌曲等环节已经实现机械化,但是窖池发酵阶段入窖、开窖、糠壳输送需要人工操作,摘酒主要依靠人工经验来判断。酿酒生产过程中监测的关键点是用水量、糟醅温度、拌料用量等。但是母糟、糠壳、粮食的用量靠体积定量,基本还是依靠经验来判断。在蒸酒阶段,摘酒依靠工人经验判断,不同沸点的酒依靠馏出酒的酒花大小来判断酒的品质。

值得一提的一个案例是景芝酒业与设备企业合作,基于传统酿造工艺,研发了自动化浓香型白酒生产设备。同时企业在设备机械化、自动化的基础上研发了数字化酿酒管理系统，应用于车间生产流程，实现了白酒生产过程的定量控制、数字化管控、自动化生产。

图 4-18 是浓香型白酒酿造自动化设备流程示意图[37]。图 4-19 是数字化酿造工艺管理系统车间生产线管控界面。该系统的应用实现了酿酒工艺中重要参数的数据采集、统计分析、远程监控及预警。数据的监测分析和统计是通过采集用水量、酒醅消耗量、粮食消耗量、粮醅比、流酒温度、曲用量等指标数据实现，同时能够对这些指标进行查询、监控和调节。支持该系统实现数字化管控的主要设备涉及温度变送器、动载称重模块、数显流量计和 PLC 控制器等。在白酒生产工艺中，装甑流酒工序中采集气压、时间和流酒压力、温度、流速等指标主要是由压力表、流量计、PLC 控制器等实现。蒸煮糊化阶段主要采集蒸料和排酸时间。出甑晾糟实现数字化所采集的关键工艺参数主要包括加浆水温度、晾糟加浆量、下曲速度、入池温度、摊晾时间。入池发酵工序实现数字化管控所需采集的关键工艺参数主要包括入池水分、酸度、淀粉量、窖池温度等。通过关键工艺步骤的数字化酿造的升级，景芝酒业已初步完成白酒生产机械化、自动化升级。在此基础上通过云计算等，实现了白酒酿造的数字化工艺管理[38]。

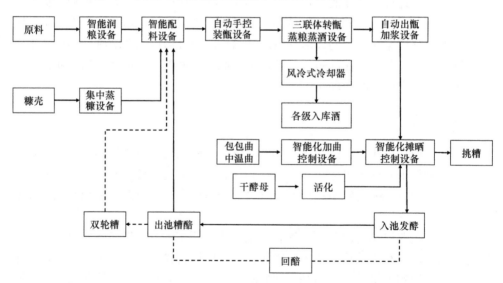

图 4-18　浓香型白酒酿造自动化设备流程示意图[37]

目前国内白酒企业总体在制曲、发酵工艺、窖泥生产机械化等领域取得了不少科研进展。机械化、自动化广泛应用于小曲与麸曲生产；也已经用于大曲制备过程中的原料前处理、出甑馏酒等工艺。但是对于发酵过程的机械化、自动化还需加强研究。在酿酒机械化、智能化升级过程中需要对传统工艺进行深入研究，厘清内在机理，更好地与现代信息化技术相结合，而不能简单模仿传统工艺。

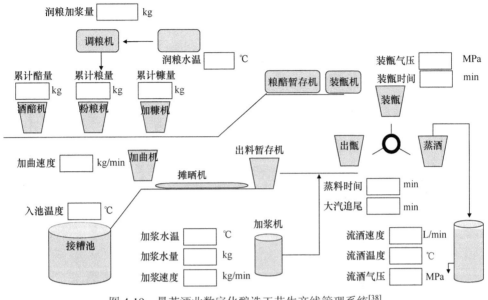

图 4-19　景芝酒业数字化酿造工艺生产线管理系统[38]

5. 黄酒和果酒

黄酒、果酒产业整体体量偏小，科技投入相对不足，致使技术进步较为缓慢。依靠经验生产的模式一直存在，手工劳动占有很大比重，生产效率较低，产品质量不稳定。仅有部分龙头企业实现了相对较好的机械化和自动化生产。例如，浙江古越龙山绍兴酒股份有限公司，其黄酒生产工艺中智能控制系统的应用，实现了发酵的自动控制，从而能够实时全面掌握黄酒发酵状态。在黄酒生产过程中采用泵输送物料，同时采用不锈钢发酵槽，初步实现物料输送机械化、开耙操作和发酵温度控制自动化；自动灌装机、自动清洗系统、在线监测系统，圆盘制曲机等也都有应用[39]。而无锡振太酒业有限公司智能控制环节主要在发酵、调配灌装。有智能管理系统的使用，如 ERP、OA，但是没有智能生产系统，数字化制造更未实现。总之，规模较大的黄酒企业虽已实现了机械化生产，但在机械化生产中仍摆脱不了凭经验控制。由于手工制作的黄酒与机械化生产的产品存在风味的差异，所以大型企业仍保留手工生产工艺。表 4-8 和表 4-9 是发酵企业运行管理中大量需要人工或自动化后产品质量下降的环节调研统计。

总体而言，目前我国传统酿造企业尚处于机械化、自动化、数字化并存，不同地区、不同行业、不同企业发展不平衡的阶段。调味品企业中的酱油、醋的龙头企业自动化、智能化进程明显加快，整体处于行业的前沿，但是中小企业仍然

表4-8 企业运行管理现状及需求（酒类）

评价指标	白酒											黄酒、果酒							
	五粮液	洋河酒业	山西汾酒	古井贡酒	景芝酒	仰韶酒	习酒	十里香酒	分金亭酒业	振太酒业	金枫酒业	北极冰蓝莓酒庄	福建光泽圣祥源酒业	府谷聚金邦酒业	贵族庄园葡萄酒	河南金稻酒业	九里红百香果	贵州凯缘春酒业	山东黑尊酒业
使用劳动力环节	制曲、酿酒、包装	生产与包装	制曲、酿酒	酿造、灌装、物流	酿造、包装	酿造车间、包装	制曲、制酒、包装	包装	预处理、废渣处理	坛酒压榨	坛酒灌装、堆坛、开坛、成品酒检测	包装	原料预处理	原料挑选	原料	发酵、灌装	原料预处理、包装	仓储	无
期待向自动化转变环节	酿酒	生产与包装	酿酒	灌装、物流	酿造、包装	酿酒、灌装	制酒、包装	包装	生产	酒体设计	坛酒管理	包装	生产加工	无	原料处理	发酵	包装	无	无
自动化后导致产品质量下降环节	酿酒	生产	酿造	酿造	不合理环节	酿酒	制曲、制酒	酿造	无	无	酒灌装管理	陈酿	杀菌	无	无	调配	无	无	无
需要老师傅、专家的环节	制曲、酿酒	生产、设计	制曲、酿酒	品酒、摘酒	酿造、勾兑、评酒	酿造、勾兑	制曲、制酒	酿造、制曲、勾调、品评	新技术、新工艺	无	储存	发酵、调配	生产加工	发酵	产品开发	发酵	发酵	调配	无
口感风味决定环节	原料、菌种、工艺、勾兑	原料、工艺、勾兑	原料、菌种、工艺、勾兑、天气	原料、菌种、工艺、勾兑、天气	原料、菌种、工艺、勾兑、天气	原料、菌种、工艺、勾兑、天气	原料、菌种、工艺、勾兑、天气	原料、菌种、工艺、勾兑、天气	原料	原料、工艺	菌种、工艺、勾兑	原料、菌种、工艺、勾兑、天气	原料、菌种、工艺、勾兑、天气	原料、菌种、工艺	原料、菌种、工艺	原料、工艺	原料、工艺	原料、菌种、工艺	无

表 4-9　企业运行管理现状及需求（调味品）

评价指标	调味品								
	海天味业	紫林醋业	恒顺醋业	王致和	杭州市食品酿造	吉香居	安琪酵母	老才臣	岐山天缘
使用劳动力环节	酿造	酿造	酿造、制曲	装瓶	灌装	前处理去皮、挑选	生产、研发、物流	腐乳装瓶、上线瓶/桶	固态发酵、装卸
期待向自动化转变环节	发酵	生产	酿造	装瓶	上瓶、堆码	包装、堆码	生产、物流仓储	腐乳装瓶、上线瓶/桶	全系统
自动化后导致产品质量下降环节	酿造	酿造、制曲	酿造	无		前处理去皮、挑选			无
需要老师傅、专家的环节	无	酿造、制曲	酿造	发酵	发酵、调配	市场开发、产品趋势研究	研发	传统食品生产	固态发酵动态控制
口感风味决定环节	原料、菌种	原料、工艺	原料、工艺	原料、菌种、工艺、勾兑或者调配、天气	原料、菌种、工艺、勾兑或者调配、天气	原料、工艺、调配	原料、菌种、工艺、勾兑或者调配、天气	原料、菌种、工艺、勾兑或者调配、天气	原料、菌种、工艺、天气

处于手工和机械化阶段。白酒领域规模较大的企业在积极探索酿酒工业的机械化、自动化、数字化升级，智能系统的使用也在不断尝试中。黄酒特别是果酒企业规模都不大，本身机械化、自动化升级的任务还远未实现，对智能化的意愿表现不强。黄酒虽然整体产值不大，且大部分中小企业都处于低端的手工劳作及简单的机械化，但是部分黄酒龙头企业在积极参与自动化、智能化升级的科学研究，为未来的升级做好准备。总之，传统发酵行业整体处于从工业 2.0 向工业 3.0 的过渡阶段。从走访调研和文献调研结果看大企业更接近以数字化为表现的工业 3.0 阶段的发展水平。

4.3　传统发酵食品行业向智能制造升级的需求及问题

4.3.1　传统发酵食品企业对智能制造的概念认知存在偏差

智能制造是一个综合性的系统工程，包括产品、装备、生产方式、管理、服务智能化等。工业 3.0 时代，已有的技术：工厂的上层是 MES 系统，再到上面是 ERP 系统、PLM 系统、SCM 系统、CRM 系统。智能制造要求这些已有技术更加集成化，这些系统之间实现横向和纵向的集成、互联。制造企业必须全面系统认识智能制造，不仅是过程和产品的智能化，更是系统的智能化[40]。数字化和网络化是智能化的前提，网络化主要是指将数字化的信息进行共享，其终端包括人、机器等，即所谓的物联网。智能化是在数字化和网络化基础之上，对信息进行深度处理和利用实现优化策略[40]。自动化是智能制造的支撑，是提高效率的重要手段，但并非是智能制造之必要条件。自动化的升级需要循序渐进，智能制造的推进必须与先进管理理念的贯彻同步进行才能取得预期效果。

智能制造企业按生产流程特点分为三个类型：离散型（如电子工业）、流程型（如化工）、混合型（如轻纺工业、食品和发酵工业）。不同类型企业智能制造升级模式有所不同，侧重点也不同。

德国工业 4.0 计划主要针对离散型制造业。事实上，对于离散型工厂来说，产品种类多、批量小，且不连续的工序装配过程包含很多变化和不确定因素，增加了管理难度；同时，由于产品单价高、质量要求严，通过自动化与智能化以实现柔性制造对于离散型企业而言，具有巨大吸引力。

流程型制造过程最大特点就是不间断，工艺过程是连续进行的，不能中断。因此，流程型工厂不仅需要在工厂内部实现数字化和智能化，而且需要对大量的原材料进行身份识别、对快速流程中的单个产品进行感知，以避免异常传导造成停线或系统混乱。因此，流程型工厂需要建设智能感知系统、异常自愈系统、自主决策系统和实时预测系统，让系统可以实时感知生产条件变化、主动响应和自主决策。

混合型则更加复杂，由于生产工艺和工艺参数往往不是很固定，上级物料和下级物料之间的数量关系，可能随加工过程、环境水平、人员技术水平、工艺条件不同而不同。另外，产品制造过程也不见得不可以间断。因此，在混合型工厂实施智能化升级改造，更为复杂。

传统发酵食品产业就是混合型制造业，既不同于离散型制造业，也不完全等同于流程型。上级物料和下级物料之间的数量关系，可能随发酵菌种、发酵条件、员工技术水平、工艺条件不同而有差异。其智能制造含义，与装备制造等离散型行业有很大不同；也与化工类工艺固定、过程稳定、环环相扣的行业不同。

调研发现企业对智能制造的理解，不同企业及不同人员之间存在一定的分歧，对智能制造的概念认知也很模糊。很多受访企业认为自动化、信息化升级是智能化改造的最重要基础，是起点和重点。不少调研企业将深度信息化和自动化认为是智能化的一部分。所有调研企业认为过程监控预警是智能制造包括的内容，大部分企业还认为 ERP、MES 也是智能制造内容（表 4-4 和表 4-5）。调研还发现，企业反馈的一个重要问题是什么是智能制造，没有一个清晰的智能制造的概念，片面地理解为升级 ERP、MES 等系统就是智能制造。认识的不足导致企业在设备、软件、系统、管理、人员、组织等方面的政策引导、支持力度不到位。对智能制造的理解，缺乏从系统角度全面理解智能制造。不少企业选择特定的生产环节或工厂的数字化、智能化升级，从全系统出发的数字化、智能化角度尝试的企业很少。

总体来看，传统发酵食品企业正处于智能化学习和实践摸索的阶段，对于智能制造概念不清晰，智能制造体系、模式也不清晰，具体做法和软硬件等应用尚不成熟。传统发酵食品产业智能制造的系统概念需要进一步明确。传统发酵食品产业智能制造的系统本质上是发酵食品生产技术与新一代信息技术的"深度融合"（工业与信息和通信技术融合），贯穿于菌种选育、产品设计、工艺、装备、生产及服务全生命周期。传统发酵食品生产很多依赖经验和人的判断，形成了一种人信息物理系统（human cyber physical system，HCPS），即一种由人、网络系统和物理系统组成的复合智能系统[41]，为智能制造带来新的内涵。

4.3.2　传统发酵行业智能制造升级改造发展不均衡

目前一般将智能制造分为三阶段：数字化制造（digital manufacturing）；"互联网+制造"（数字化网络化制造，smart manufacturing）；"智能+制造"（数字化网络化智能化制造，intelligent manufacturing）[14]。

从调研可以发现，总体而言，传统发酵行业正处于机械化、自动化向数字化迈进的过程，离数字化向智能化转变尚有较大差距。事实上，我国制造业企业从 20 世纪 80 年代逐步应用数字化，但大多数传统发酵食品企业目前还没有完成数字化制造的转型。

这种差距主要体现在三个方面：①产业共性技术水平低，如酿酒行业中的制曲、堆积、发酵等环节，主要基于经验。②关键设备技术水平落后，如上甄、蒸馏等设备依然依靠人工经验判断。③重大装备处于低端起步阶段。工业 2.0 阶段尚未完全实现，只有规模较大的发酵企业实现了生产的机械化、自动化，其他中小企业还远未实现机械化，就面临智能制造升级的现实状况。

但分行业看，传统发酵食品行业中各个子行业，包括白酒、黄酒、果酒、酱油、醋和郫县豆瓣酱等各个子行业，智能制造升级改造的发展极不均衡。

如前所述，酱油行业中大型酱油企业机械化、智能化进展较快，在制曲、发酵、酿造、灌装、仓储等环节自动化、数字化水平都有很大的提升。但即使是智能化升级改造步伐最快的海天味业等酱油企业还存在智能化升级的各种问题和瓶颈。例如，①REP、MES、DCS 系统间无法实现无缝集成；②企业目标、资源计划、调度，运行指标，生产指令与控制指令还需要人去决策，还处在向数字化、智能化方向发展的阶段；③部分环节，如制曲圆盘清洗还不能做到完全自动化的程度，需要人工介入；④产品品质有差异：pH、溶氧等指标的测定也不能达到实时准确的要求。

白酒行业纷纷开展白酒机械化和智能化改造。机械化、自动化已经广泛应用于小曲与麸曲生产，以及大曲原料的筛选到粉碎过程。酒醅出糟到蒸馏基本实现机械化。目前白酒行业中个别企业数字化酿造达到了较高的水准，但大部分的白酒企业，虽然还秉持着古法酿造的思路，但受限于劳动力成本、土地资源、环保要求的收紧及食品安全等因素。同时，白酒本身的生产环境差、劳动强度高也使得招工越来越困难，种种困境使得改变生产方式、提升生产机械化水平、降低劳动强度、提高效率已经成为白酒企业生死存亡的重点工作。

黄酒、果酒产业中规模较大企业都实现了机械化，并有部分自动化。但在机械化生产中仍摆脱不了凭经验控制，手工劳动大量存在，另外传统手工黄酒较机械化黄酒具有风味上的天然优势，因而不少大型黄酒企业仍然保留手工生产工艺。

醋及酱类行业中，大型醋企业基本实现机械化，有智能化仓储、自动化灌装线等，采用信息化和工控系统，如 ERP 管理系统，利用 ERP 系统辅助采购；实现 DCS 监控，采用 PLC 进行温控等。而酱类企业，如郫县豆瓣酱，制曲发酵环节还处于机械化、自动化的初级阶段。

总体而言，传统发酵行业尚处于智能制造的初级阶段。酱类，包括郫县豆瓣酱等中小企业，生产设备都停留在机械化、半自动化的层次。白酒、黄酒、酱油行业中的大型企业，在发酵、酿造、灌装、仓储等环节基本实现自动化，局部环节正在或者已经实现互联网或数字化；中小企业停留在机械化、半自动化层次。而在包装、仓储、物流及管理等辅助环节中，大部分传统发酵行业大型企业的包装和仓储、物流环节都能达到较好的自动化水平。

4.3.3 传统发酵食品智能制造升级改造的行业生态体系水平有待提升

所谓智能制造升级改造的行业生态体系主要是指信息基础设施升级情况、供应链和产业链的适应性与协同度、人文环境与信息文化先进性、职工智能教育覆盖率及智能职工普及率等情况。

在传统发酵食品行业中，白酒、黄酒和酱油行业中的大型企业信息技术设备装备率都比较高，如百人计算机安装量、宽带接入率、信息化投入等都比较高，企业物联网覆盖率、机械设备联网率、智能终端普及率也都比较高，部分龙头企业如今世缘酒业、海天味业等，数据中心及软件平台覆盖率也都比较高。但中小型企业，以及诸如黄酒、豆瓣酱等传统发酵食品行业，相对比较低。

但是在传统发酵食品行业中，供应链、产业链的适应性、协同度整体都比较弱。供应链和上下游企业的互联互通和协同程度、产业链企业信息系统集成水平（信息数据集成、业务集成、企业集成）几乎为零，或者刚刚处于起步阶段。

另外，人文环境、信息文化先进性、职工智能教育覆盖率，整个传统发酵行业相对都比较弱。大学生、专业人员占职工总数比例除了个别酱油企业外，整体水平很低。企业信息文化教育职工覆盖率、职工智能教育培训覆盖率、职工参加智能教育培训的人数占全体职工总数的百分比、有技术革新及有智能技术知识的网民占全体职工总数的百分比都非常低。

4.4 发酵食品行业向智能制造升级面临的技术挑战

4.4.1 基于发酵代谢机制的控制体系的构建

无论是白酒、黄酒，还是醋、酱油和酱，传统发酵食品复杂的发酵代谢机制迄今为止尚未完全清晰。作为存在活体微生物的开放的流程型制造业，对影响传统发酵食品品质，如颜色、风味和口感等的分子机制及控制途径的认识还十分有限。

事实上，酿酒行业中的制曲、堆积、发酵、上甑、蒸馏等环节对品质影响机制不清。醋行业中，由于是开放系统，发酵环节众多且漫长，目前风味的代谢形成机制不清；酒类、醋及酱类和其他发酵产品或多或少存在类似问题。

发酵是酒、酱油、醋等生产的共同环节，包含复杂的生物化学反应途径。酱油、醋、豆瓣及传统白酒发酵是一个多菌种协同发酵的过程，窖池内微生物的种类和数量始终处在变化中。工艺机理尚未完全清晰，其运行指标的设置依赖于生产经验。因此难以建立数学模型，难以进行数字化描述，也就难以推理与决策，以及智能优化控制，更难以实现与其他工艺环节及设备的协同。

传统的酿酒生产，较难开展连续测定发酵过程中酿酒微生物的群落变化。传统酿酒工艺主要靠感知经验，对关键工艺环节进行设置，缺乏科学研究数据的支撑。传统生产实践将浓香型固态酿造白酒发酵过程温度变化规律概括为前缓、中挺、后缓落。依据不同微生物具有不同的最适生长温度（如细菌 35～37℃、酵母菌 28～30℃、霉菌 25～30℃），因此发酵过程中可以通过温度的变化而影响固态白酒的品质。通过温控系统，能够合理监测发酵过程，挖掘发酵温度与产品品质间的关系。但是发酵是连续生产的开放系统，微生物的发酵过程不只受单一因素温度的影响，内在机制的研究尚未完全清晰，只能依据现有认知，局限性地对发酵过程调控。

白酒作为传统发酵产业占比较大的行业，具有独特的传统工艺流程与地域特色。目前，白酒生产还远未能达到智能化阶段，大部分企业主要是局部环节的机械化、智能化运用。并且白酒具有其传统和文化情怀，其中，传统生产工艺中窖池微生物的变化情况至今仍未完全清晰，是制约智能化升级的重要因素。

除了机制不清外，发酵过程动力学研究严重滞后，控制体系尚未形成。由于分子机制不清，所以动力学研究处于整体动力学状态，难以对实际控制具有有效价值。

而智能化，或者深度学习需要的数据积累和分析都有限，目前的情况是分子机制短期内很难阐述清晰，而数据积累度也不足以进行深度学习从而迅速形成有效的智能生产管理和控制系统，形成智能感知、异常自愈、自主决策和实时预测系统，因此让系统具备实时感知生产条件变化、主动响应和自主决策这些智能化生产体系还非常遥远。

4.4.2 在线感知技术体系的构建

传统发酵食品工艺流程非常长，以镇江香醋为例（图 4-20），整个工艺分为三个大阶段，而每个阶段又有若干个小阶段，整个醋的酿造和成熟过程长达 1～2 年。其中无论是酒精发酵，还是醋酸发酵或后期成熟，都是开放式的，即微生物群落不是固定的，同时发酵时间也很长，各个阶段的指标非常灵活。目前很多情况下依赖人工经验来判断，尤其是特色和风味。另外，各个公司甚至公司中的不同品种，其香气、滋味特色，除了原料差异、发酵菌种不同、酿造和陈放条件不同外，其他工艺，如淋醋前是否熏制等也会影响成品色香味。这种流程长、产品个性化差异显著的产品，如何在自动化、智能化时代保持个性和特色，在线感知技术体系和自学习系统构建显得尤为重要。

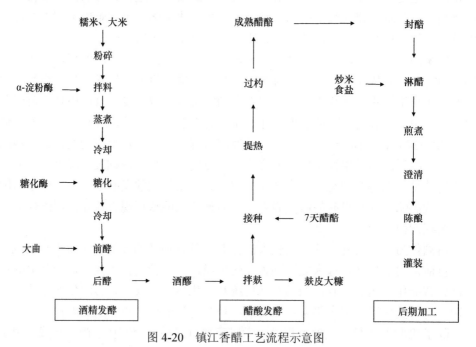

图 4-20　镇江香醋工艺流程示意图

然而，目前影响产品质量的关键发酵指标的智能传感技术发展滞后，发酵过程难以感知，缺乏发酵程度-风味代谢关联，相关在线控制质量的感知技术还是空白。同样地，自学习系统构建路径不清。人工经验如何描述、知识如何自动化（信息化程度提升、信息获取、智能感知系统、智能建模与可视化）？机理不清状况下如何深度学习，定性与定量如何结合？

传统酿酒工艺主要依靠感知经验，对关键工艺环节进行设置。目前只能依据现有认知，局限性地对发酵过程调控，因此难以实现与其他工艺环节控制系统及设备的协同，也较难学习。

传统酿造技艺中，几乎都是感知经验，缺乏科学研究数据的支撑——目前的机械化，大多是模拟人工，而非科学验证的结果。事实上，目前机械化带来的品质下降，也正是在科学验证缺乏和发酵分子机制不清的情况下，强行模拟人工带来的问题。

信息孤岛严重。由于缺乏统一数据标准，各个工厂采集到的数据有限或者即使采集到了很多数据也难以集成应用。各个公司数据的采集管理和建模技术停留在初级水平，缺乏对工业数据的挖掘能力。例如，生产各环节数据采集不充分。由于传统发酵行业发酵过程受限于感知系统的落后，采集的主要是生产过程的部分数据，如发酵温度、用水量、粮食消耗量、气压等指标。酒、酱油、醋等生产工艺全流程其他指标如溶氧、pH 等传感器技术的限制，相关数据的采集严重不足。企业普遍缺乏数据的积累和信息化基础。海天味业、劲酒、景芝酒业等生产过程都已实现数字化，但是采集到的数据还不能充分应用，同时不同设备间数据不能打通，大数据分析在食品行业尚未实现。

智能制造的核心是以数据为驱动，通过感知、集成和分析制造体系各层级、制造产业各环节及产品全生命周期海量工业化数据，从而形成决策过程的智能化。因此，在线感知技术体系的构建，形成工艺、生产过程信息的采集和富集，是发酵食品产业实现智能化升级转型的必备条件。

4.4.3　成套装备与控制运营系统的兼容性

传统发酵食品企业在升级改造中，都是逐步改造，不断引入系统，逐步解决劳动强度大、效率低问题，逐步采用信息化管理系统，逐步采用智能监控系统等。在升级改造过程中，由于共性技术水平比较低，装备个性化比较强，因此很难有成套设备供应，机械化、自动化大量都是自主设计加现成设备混合拼装而成；或者部分采用现成装备。然而，缺乏关键技术自主化，核心零部件依赖国外厂商，或核心专利技术由外资控制。例如，我国虽是全球工业机器人应用的第二大市场，但国内工业机器人的研发还主要是以仿制和集成模式为主，工业机器人的主要供应商依旧源自欧洲和日本。从单机自动化控制到全系统控制，整个产业技术积累和数据积累不足，需要酿造企业和装备供应商密切合作。

缺乏自主核心装备带来的巨大问题是控制运营系统不兼容。在调研中发现发酵食品企业在发展智能制造时面临的主要问题是工艺标准化尚未完全解决，传感器、智能控制、工业软件等智能制造生态体系发展缓慢，核心零部件缺乏及关键技术尚未突破，智能模型体系的构建滞后。其中，生态体系滞后和关键技术尚未突破是实施智能制造所面临的最大挑战（图 4-21）。同时也发现大部分企业对融资平台的关注较少。

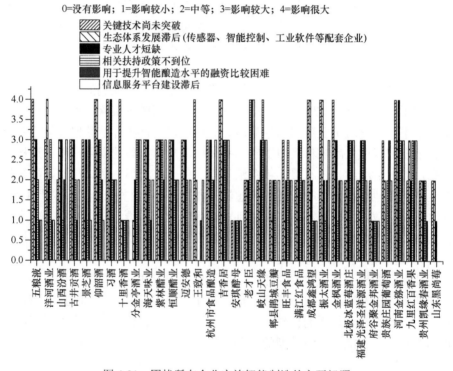

图 4-21　困扰所在企业实施智能制造的主要问题

不同企业开发的软硬件相互不兼容，难以实现公司内甚至行业内的相互协调。各单元间数据结构和接口不兼容，各流程环节的数据处理方式不统一，这使得公司内管理层面［以企业资源计划为主，包括实验室信息管理系统（laboratory information management system，LIMS）、原辅料质量评价系统、计量管理系统、安全监测系统等］、生产层面（包括 MES、生产计划与调度系统、流程模拟系统，并生成企业运行数据库，管理层的原料辅料、中间品和成品评价和分析数据及各项目标在这一层转换成具体操作指令）和操作层面（包括 PLM、根据排产计划，监测生产设备负荷、采集实时数据等）三大板块之间难以互相协调。

事实上，从表 4-4 和表 4-5 数据可以看出，各个传统发酵企业目前所用工业软件多而杂，以国内厂家的 ERP、MES、仓库管理系统（warehouse management system，WMS）、PLM 软件为主，各系统之间相互独立（点对点的信息接口）。定制开发所需高昂的研发费用，使得一些企业会选择较为实用的配置实施模式，限制了企业的个性化需求及后期的升级潜能。这些问题，使得企业在有限资金及不影响正常生产运行下进行后期智能化升级改造非常困难。

4.4.4 产品特点与通用技术的结合

在软件行业，每年都会出现一些新的技术趋势，如大数据、云计算、人工智能、区块链、中台等，但如何将新技术用于本企业的技术创新和技术升级，则需要理性考虑，技术升级应该在更好地理解公司业务、流程、客户基础上通过技术来达成公司在业务上的目标。技术创新不是凭空出现的，技术创新一定是为了满足业务的发展，解决业务的痛点。

智能制造本质上是技术，而非业务目标。传统发酵行业中智能制造技术成果能不能落地、推广并成功应用，除企业及相关科技公司共同努力外，还涉及商业性判断，如技术自身导致的生产成本、实施条件和竞争力等。因此，原则上讲，任何升级改造，业务目标或者企业战略发展目标最大，技术目标最小，而产品目标介于二者之间。

智能制造的实施基础是：数字化→网络化→智能化。在许多行业，过度追求自动化可能会导致建设成本的激增和柔性的降低。另外，智能制造的推进必须与先进管理理念的贯彻同步进行才能取得预期效果。

因此，对于传统发酵产业基于智能制造的技术升级而言，推进传统发酵食品产业智能制造这样一种技术目标，如何体现公司的业务目标或者发展战略是重要挑战之一。

另外，传统发酵食品品种繁多，众多产品中固然有畅销的主流产品，更有大量小众产品。很多传统发酵食品的小众产品依赖手工、依赖经验，工艺流程长，风味滋味等品质形成机制迄今为止还不清晰。大量小众产品之所以能够延绵数千年，风味独特、个性显著是其存在的底蕴所在。

在传统发酵食品大规模机械化、自动化进程中，曾经有很多负面影响，即在大规模机械化、自动化后，典型风味特征丢失。因此在技术升级过程中，产品典型特征如何与通用技术结合也成为重要挑战之一。以下为所面临和急需深入思考的问题。

1）存在活体微生物的开放的流程型制造业，影响产品质量的分子机制及其控制途径？

2）人工经验如何描述、知识如何自动化（信息化程度提升、信息获取、智能感知系统、智能建模与可视化）？

3）机理不清状况下如何深度学习？定性与定量如何结合？

4.5 面向未来的发酵食品产业智能制造升级路径

4.5.1 推进发酵食品产业智能制造的角度与目标设计

推进传统产业智能制造，为保证实施成效，应避免三类误区：第一是真正的智能制造，绝非在传统产业中简单应用一些自动化、信息化技术；第二是智能制造的目的是为企业创造价值，不是为先进而先进；第三是需要结合传统发酵食品的特点，不能照搬硬套一般制造业的做法。

所谓考虑发酵食品行业特色、为企业创造价值，着眼点体现在企业业务上，即技术要服务于业务。智能制造与自动化、信息化的区别在于支持业务创新和帮助企业实现业务的转型升级。因此，应从业务创新的角度考虑以下几个方面。

1. 传统发酵食品产业升级的技术目标与业务目标

就发酵食品产业而言，原材料一致性差、产品质量稳定性差、生产组织困难、能耗高、废液处理复杂、物流不顺畅、依赖人员经验（自动化、智能化水平低）、产品设计效率低，这些问题可归结为技术升级目标。事实上，提高产品质量、提升自动化水平、缩短交货周期、减少库存、推进集约化生产等属于业务目标。

2. 实现新业务目标的技术线路

（1）优化决策

优化决策的实现本质是要科学、快速地处理具体业务，以及对其进行深度的优化。智能决策是智能制造的应有优势。事实上，产品设计、规格归并（勾兑）、生产和产品异常的处置、产品质量动态监控、生产的组织、废料废液的处置、技术服务的本质都是做决策。传统上，这些决策主要依赖人的经验，而推进智能决策可以有多种形式：计算机辅助决策、人机共融决策、自主决策等。智能决策的基础是信息、知识的数字化。

（2）信息获取

传统的发酵食品产业最缺乏的正是信息和知识，定性参数难量化、设备运行或菌体生长状态不清晰、动态质量知识缺乏、监测指标的阈值难确定等，这些因素导致企业人员认为智能决策还不如人的决策。传统发酵食品行业的信息获取是难点。

（3）知识的数字化、模型化

在传统生产及决策模式下，知识属于少数专家，难以共享与拓展；受限于人的能力和精力，对复杂问题的解决通常需要分成若干个子问题来处理。因而限制了整体优化的可能性，降低了知识的收益。相反，智能制造可以进行全维度的优化、增进资源共享、推动部门间的协调，知识将带来效益。由此更要将知识数字化和模型化。

智能制造所需要的知识难以数字化是传统发酵食品行业的一个显著特点，但推进智能制造，无法绕过这一点。如何低成本高质量地生产知识、管理知识、科学使用知识，从技术层面需要解决平台、标准、组织及技术方法等。

（4）平台与标准

发酵食品生产相关的知识是零散的并且与不同的应用过程相对应，需要用平台来管理；而所谓标准是期望像过去管理产品和工艺标准那样管理智能制造所需要的智能决策的知识。知识的来源一部分是检测控制系统产生，另外需要组织人的参与：如专家、操作工的原始知识；将原始知识提炼和标准化，转化成可数字化的知识；数字化知识的模型化；等等。

3. 技术线路的配套条件

关于工业与信息技术的融合，智能制造体融合了物理系统和智能（信息）系统，从而产生众多新技术、新应用。发酵食品生产装备或生产流程是物理系统，与信息系统深度融合，无论在理论还是在技术层面都将带来众多课题，这些也构成发酵食品产业技术创新的基础。需要特别提出的是传统发酵食品生产很多依赖经验和人的判断，形成了一种人信息物理系统（HCPS），为智能制造带来新的内涵。具备认知和学习能力是智能制造系统最本质的特征。

发酵食品产业智能制造的主要功能：一是智能生产，其目标是生产过程优化（智能优化制造），包括智能生产线、智能车间、智能工厂，可以实现自学习、自适应、自主控制等。二是智能服务，推动以产品为中心向以用户为中心转变，实现定制化生产、服务型制造。三是智能设计，实现菌种、配方等实验性的知识型工作的自动化。

发酵食品产业智能制造的主要支撑系统：一是生产装备和过程的感知、传感网络系统，二是制造和服务的云平台。支撑系统的构建既需要新型智能化传感和执行器件，更需要大量工业软件、工业 APP 等。

发酵食品行业推进智能制造特别需要关注其生产流程自身的创新设计和优化改进，生产过程的装备、工艺（物理侧）是信息技术（Cyber 侧）的基础和前提；

而"Cyber侧"为"物理侧"的创新和改进提供支撑手段和引领思想。

将知识用于发酵食品生产的业务流程，需要利用工业互联网、大数据、云计算等新一代信息技术，同时还涉及管理权限和手段、组织流程，甚至商业模式的改革。

4.5.2 面向未来的各类发酵食品工业企业智能制造升级策略

1. 加强顶层设计与战略引导

传统发酵行业存在发展不平衡、生态体系水平低下等行业特点问题，而且传统发酵行业生产及管理与典型离散型和流程型企业有本质差异，更多强调个性化和嗜好性，同时又存在大量机制不明、数据不充分等问题。因此，很难照搬照抄业已有良好示范的其他一些离散型和流程型企业智能制造示范企业的经验。基于此，整个传统发酵行业要加速基于智能制造的升级改造，必须要强化顶层设计和统筹规划，解决好行业共性和基础问题。以点上示范带动面上提升，不断总结完善智能制造标准，提升行业生态体系水平，走出有特色的智能制造发展道路。

顶层设计和政府的统筹作用对传统发酵产业的智能制造升级起着重要的推动作用。在中央政府意见指导下，各地方政府针对本地区特色传统发酵产业出台了详细实施规划。建立传统发酵产业智能制造实施协调推进工作组，建立龙头企业、行业协会、科研院所等多方参与的组织体系，主要负责传统发酵产业智能制造的统筹规划和协调。统筹组织智能制造在各行业的实施，并选择少数试点企业，制定智能制造的发展路径。加强分类推进、分类引导，制定相关政策，进一步明确国家、地方、企业主体的分工定位、发展任务。

国家层面，要重点做好宏观指导和分年度计划制定，以及对实施智能制造中遇到的重大问题的研判；地方层面，结合区域特色传统发酵产业的特点，制定具体领域智能制造规划，落实政策，支持产业发展；企业层面，重点引导特色传统发酵企业从实际需求出发，抓住智能制造的关键环节，树立智能制造标杆、完善标准。传统发酵产业发展参差不齐，实现智能转型不能搞"一刀切"，要结合行业、企业发展情况，探索转型升级的技术路径。

白酒行业，未来是智能化生产大众化白酒与传统手工工艺生产高端白酒并存的格局。醋、酱油产业中风味对产品的影响相对较小，应大力推进龙头企业智能化升级。豆瓣酱等典型的区域性产业，应加大这些传统产业的机械化、自动化步伐，地方政府应加强相关产业技术升级的扶持力度。

2. 推动关键理论与基础技术突破

鉴于传统发酵工艺机理研究对数字化、智能化升级的重要作用，加强支持发酵过程共性技术研发，厘清关键机理。因企制宜，循序渐进地推进企业的技术改造、智能升级。针对传统发酵食品行业制定关键共性技术规划和战略布局，提出研发方向和重点领域，引导社会力量参与传统发酵食品发酵过程关键机理与智能制造关键共性技术攻关。优先在大型龙头企业实现突破，并逐步带动智能制造在全产业应用。

加强大数据驱动的发酵工业过程运行动态的智能建模。微生物发酵过程是复杂性生物反应过程。在原料来源、组成（氮源、碳源及影响发酵的其他底物）、微生物菌群及产物（发酵食品产物具有多样性和特征性）随时间变化不断变化的这样一种发酵过程体系中，同时在部分过程机制尚不清晰、部分关键参数难以在线实时监控的前提下（pH、醇等比较容易，但是风味等比较难实时检测），减少模型对反应机理的依赖，算法改进和智能建模就尤为重要。通过大数据驱动，改善动力学发酵模型预测精度低、算法收敛速度慢、易陷入局部最优及稳定性差等问题，对于有效提高智能制造推进速度，具有重要价值。

强化"算法+工艺"融合基础理论。在缺少发酵过程反应机理及发酵产物品质控制机理的情况下，前后工艺之间、每个工段各种工艺条件之间及原料、微生物和中间产物之间都存在着十分复杂的非线性关系，采用传统手段很难确保工艺优化的可靠性和有效性。将"算法+工艺"有机融合，强化"算法+工艺"融合基础理论，将具有良好自学习、自组织、自适应能力的算法用于处理发酵条件和发酵产物之间没有明确数学关系的数据，建立起之间的映射关系，利用预测模型对参数进行优化可以提高效率，节省资源[42]。

工艺和装备间的融合与协同发展。传统发酵食品，由于大多特色显著，很多工艺也很特别，这导致通用性差，因此，装备发展相对落后，很多工厂尤其是酒、酱等公司自行制造非标设备以满足升级改造自动化需求。将传统发酵行业与上下游机械装备和自动化行业连接起来，推进装备企业与下游应用的发酵行业融合与协同发展，开展深层次、多方位的技术交流，共同研发。

推动通用型技术、装备和控制系统理论、技术与发酵食品的融合。加强智能感知系统技术投入，推动通用型技术、装备和控制系统理论、技术与发酵食品产品特点和需求的融合。

3. 推动数据集成及关键装备提升

数据集成是关键。企业需要建设数据采集、存储、传输等系统的信息化基础设施，以及设立数据中心。其中，数据的采集是重点，发酵过程中很多数据采集目前很困难，原料变化—发酵程度—产物积累—成熟过程/产品形成过程—产品风味相关性如何表征，目前尚未有非常成熟的传感器或者在线表征的手段，尚需要进一步研究开发。要建立统一的数据规范，在企业进行自动化及智能化升级之前需提前做好规划，为之后生产过程中数据的采集与应用提供支持。

智能装备是支撑。关键基础零部件，感知系统、智能仪表和控制系统，数控机床与基础制造装备，智能专用装备是智能制造装备的核心。政府制定有利于技术创新的产业政策和法规，为传统发酵产业持续实施重点领域补短板行动，突破关键技术、核心零部件、智能制造共性技术与软件，扶持智能制造系统解决方案供应商。除了加大自主研发力度外，海外并购也是企业获取关键技术的常见途径。

4. 推动传统发酵行业智能制造升级改造的行业生态体系水平提升

由于各类传统发酵企业的技术升级，不仅受自身产品技术特点和管理水平影响，也由于特色产品的流程通用性不足而导致传统发酵行业的产业链相对薄弱。

如何增强传统发酵食品行业中供应链、产业链的适应性和协同度？如何增强产业链企业信息系统集成水平？不解决这些生态体系问题，依靠单一企业努力，很难建好智能制造系统。

因此，生态体系的完善需要产业链相关方共同建设。企业要加大投入，提高研发水平；同时政府要加强产业引导，政策支持；行业协会等组织要加强企业间的协调与合作。

5. 推动标准的建立，加快企业对标

强化不同线条间标准的统一。对标准化的需求主要体现在三个方面：①集成标准化。基于共识的国际标准需要兼顾现有国家和区域的工业自动化标准。在智能制造的国际标准化工作中，不同国家、不同技术领域、不同标准化组织间势必有着竞争和合作关系；而国际标准化是建立共识和协同的重要平台。②用例标准化。未来工厂相关的标准不仅需要给出简单的产品方法，而且需要给出工业自动化解决方案，并与实际应用相适应[43,44]。③通信标准化。需重视通信标准化的构建。

加强不同硬件供应商之间软硬件的兼容。智能制造要求处于互联网、物联网的产业链各支链进行跨单元、跨企业的数据系统标准化。建立不同单元间标准化数据结构和接口，对各流程环节的数据处理方式进行梳理和统一，最终实现同一产业链跨行业的相互协调。建立工业软件接口规范、集成规程、产品线工程等软件系统集成和接口标准，从而使不同企业开发的软硬件相互兼容。节省开发应用成本，避免各自为政、资源重复利用。

鼓励上下游企业加强交流与合作，实现上下游产品标准对接，增强标准的兼容性和集成水平。标准化与技术进步、产业发展和市场运行紧密衔接。要把加强标准体系建设和上下游标准衔接水平放在重要位置。事实上，发酵食品行业未来要走向智能，如果缺乏行业生态系统的同步智能化，就很难实现整体智能制造，这就需要集成很多工厂，就需要互联，需要建立标准，要制定让整个产业链和生

态圈互联互通的标准。

要把标准验证和制修订作为重要支持方向。智能制造是模式上的创新，需要充分利用发酵食品行业及相关上下游行业已有的资源，充分引导，转变观念。因此，要重点支持标准制修订工作，同时还需要把标准建设工作阶段性成果及时应用于试点企业，形成边制定、边验证、边推广的工作模式，引导基于智能制造的企业升级工作不断走向深入。

6. 强化政策和保障措施

构建智能制造体系支撑。要增强政策研究及服务支撑力量，充分发挥国家和地方相关工业和科技部门、学会和行业协会等的力量，强化顶层设计，同步加快构建立体网络化支撑体系。横向上注重多部门协同工作，在制定专项行动计划、实施方案、试点项目等工作方案，项目评审、项目遴选、项目评估等具体工作时密切配合，发挥组织合力[40]。纵向方面，要强化政策和资金支持力度，从国家到地方，组织开展不同类型、产业链上下游协同、行业生产系统同步进步的智能制造试点示范，以加快推进行业智能制造示范试点工作。

加大政府引导支持水平。目前行业使用的大量与智能制造相关的装备，尤其是高端装备，以及软件体系，包括通用性强的 ERP、MES、PLM 等，均以国外产品为主。因此，主管部门除了要在基础研究、重大关键技术、产业化技术等方面加大支持力度外，在集成化通用化、一站式服务上也需要加大支持。要重点筹划推进装备和软件的国产化工作，引导企业开发本土化的智能制造整体解决方案，加强本土化智能制造企业发展。

加强知识产权保护与合作。在智能化发展领域，知识产权竞争成为中国企业乃至全球企业必须面对的问题。要解决好技术推广、示范与知识产权保护、成果转化运用方面的难点问题，助推行业产业升级和创新发展。

完善复合人才培养的保障体系。建立完善投融资机制，鼓励引导社会各类资金投向智能制造领域。加快紧缺人才培养，理顺研究机构体制机制，建立科研机构人才合作机制。加强高层次人才的引进，对引进高层次人才计划给予相应的政策支持。

搭建多方协作服务平台。支持成立不同机构、不同产业之间合作的技术联盟，以及区域研究院等研究平台。建立以优势企业为主体的产学研一体的产业联盟，构筑成套装备制造企业和智能控制装置、智能控制软件企业间的信息资源平台。加强智能制造创新平台建设，围绕智能制造关键共性技术研发、系统解决方案、标准及技术成果转化，建立传统发酵产业与智能装备及智能制造系统解决方案供应商联盟的智能制造协同创新平台。

4.6 小 结

作为混合型制造业的传统发酵行业，智能制造尚处于起步和实践摸索的阶段，智能制造概念不清晰，智能制造体系、模式也不清晰，具体做法和软硬件等应用尚不成熟。传统发酵食品产业智能制造的系统概念需要进一步明确。传统发酵食品产业智能制造的系统本质上是发酵食品生产技术与新一代信息技术的深度融合，贯穿于菌种选育、产品设计、工艺、装备、生产及服务全生命周期。传统发酵食品生产很多依赖经验和人的判断，形成了一种人信息物理系统（HCPS），为智能制造带来新的内涵。

传统发酵行业，发酵机制尚未完全清晰，发酵过程动力学研究严重滞后，控制体系尚未形成。发展智能制造时面临的主要问题是工艺标准化尚未完全解决，传感器、智能控制、工业软件等智能制造生态体系发展缓慢，核心零部件缺乏及关键技术尚未突破，智能模型体系的构建滞后。其中生态体系滞后和关键技术尚未突破是实施智能制造所面临的最大挑战。未来的发酵食品产业智能制造升级路径中，顶层设计与战略引导必不可少，重要途径是推进关键理论与基础技术突破、关键装备提升、生态体系水平提升及标准的统一。

参 考 文 献

[1] 吴敬琏, 陈志武, 周其仁, 等. 双创驱动: 激活中国经济新动能. 北京: 中信出版集团, 2016.

[2] Zhong R Y, Xu X, Klotz E, et al. Intelligent manufacturing in the context of industry 4.0: a review. Engineering, 2017, 3(5): 616-630.

[3] Zheng P, Wang H, Sang Z, et al. Smart manufacturing systems for Industry 4.0: Conceptual framework, scenarios, and future perspectives. Frontiers of Mechanical Engineering, 2018, 13(2): 137-150.

[4] 工业和信息化部, 国家标准化管理委员会. 国家智能制造标准体系建设指南. 2018.

[5] 国家统计局. 国民经济行业分类: GB/T 4754—2017 (按第 1 号修改单修订). 2019.

[6] 秦仕雄, 罗付强, 杨鑫. 离散型企业智能制造之路探索. 中国机械, 2020, (1): 51.

[7] Liu F, Miao Z. The application of RFID technology in production control in the discrete manufacturing industry. 2006 IEEE International Conference on Video and Signal Based Surveillance. IEEE, 2006: 68.

[8] 罗焕佐, 宋国宁, 王晓峰, 等. 流程企业智能排产与优化调度技术. 计算机集成制造系统, 2003, (11): 980-982, 994.

[9] 王永超. 连续/离散混合型制造系统的生产过程虚拟仿真建模. 系统仿真学报, 2008, (5): 2445-2453.

[10] 徐峰, 张乃尧, 华炜. 混合型企业的资源模型和制定生产计划的方法. 上海: 中国智能自动化学术会议, 1998.

[11] 李智. 混合型生产的生产计划调度研究. 机械制造, 2004, (5): 47-50.

[12] 机械工业仪器仪表综合技术经济研究所. 对智能制造的一些认识. 中国机电工业, 2016, (6): 5-9.

[13] 刘强. 智能制造理论体系架构研究. 中国机械工程, 2020, 31(1): 24-36.

[14] Zhou J, Li P, Zhou Y, et al. Toward new-generation intelligent manufacturing. Engineering, 2018, 4(1): 11-20.

[15] 孙达凯, 屠蔚蓝. 工业 4.0 和智能制造探讨. 科学与信息化, 2020, (7): 141.

[16] Baheti R, Gill H. Cyber-physical systems. The Impact of Control Technology, 2011, 12(1): 161-166.

[17] Dean J, Ghemawat S. Simplified data processing on large clusters Sixth Symp. Oper. Syst. Des. Implement, 2004, 51(1): 107-113.

[18] 张晓达. 面向大数据分析系统的资源调度研究. 南京大学博士学位论文, 2019.

[19] Kusiak A. Smart manufacturing must embrace big data. Nature News, 2017, 544(7648): 23.

[20] 孙想, 吴华瑞, 朱华吉, 等. 蔬菜产业大数据平台应用研究. 北方园艺, 2020, (20): 154-162.

[21] Bi Z, Xu L D, Wang C. Internet of things for enterprise systems of modern manufacturing. IEEE Transactions on Industrial Informatics, 2014, 10(2): 1537-1546.

[22] Xu L D, He W, Li S. Internet of things in industries: A survey. IEEE Transactions on industrial informatics, 2014, 10(4): 2233-2243.

[23] 李道亮, 杨昊. 农业物联网技术研究进展与发展趋势分析. 农业机械学报, 2018, 49(1): 1-20.

[24] 周济. 智能制造——"中国制造 2025"的主攻方向. 中国机械工程, 2015, 26(17): 2273-2284.

[25] Yang S, Wang J, Shi L, et al. Engineering management for high-end equipment intelligent manufacturing. Frontiers of Engineering Management, 2018, 5(4): 420-450.

[26] Mubarok K, Arriaga E F. Building a smart and intelligent factory of the future with industry 4.0 technologies. Journal of Physics: Conference Series. IOP Publishing, 2020, 1569(3): 032031.

[27] Mittal S, Khan M A, Romero D, et al. Smart manufacturing: characteristics, technologies and enabling factors. Proceedings of the Institution of Mechanical Engineers, Part B: Journal of Engineering Manufacture, 2019, 233(5): 1342-1361.

[28] 欧阳华兵. 智能制造技术的研究现状与发展趋势. 上海电机学院学报, 2018, 21(6): 10-16, 23.

[29] Yao X, Zhou J, Lin Y, et al. Smart manufacturing based on cyber-physical systems and beyond. Journal of Intelligent Manufacturing, 2019, 30(8): 2805-2817.

[30] 梅雪松, 刘亚东, 赵飞, 等. 离散制造型智能工厂及发展趋势. 南昌工程学院学报, 2019, (2): 1-5.

[31] 岳维松, 程楠, 侯彦全. 离散型智能制造模式研究——基于海尔智能工厂. 工业经济论坛, 2017, 4(1): 105-110.

[32] 桂卫华, 曾朝晖, 陈晓方, 等. 知识驱动的流程工业智能制造. 中国科学: 信息科学, 2020, 50(9): 1345-1360.

[33] 熊晓洋. 大型流程型企业智能工厂建设探索. 当代石油化工, 2016, 24(7): 9-12.

[34] 罗敏明. 流程企业智能制造实践与探讨. 石油化工建设, 2016, (1): 16-19, 69.

[35] 牛海军. 混合流程生产系统优化调度方法研究. 西北工业大学博士学位论文, 2003.

[36] 黄圆圆. 混合型生产调度建模与优化研究. 西南交通大学硕士学位论文, 2008.

[37] 赵立强, 张东跃, 郭学凤, 等. 浓香型白酒酿造生产自动化智能化简介. 酿酒科技, 2017, (4): 82-87.

[38] 刘选成, 张东跃, 赵德义, 等. 数字化酿造工艺管理系统在浓香型白酒机械化、自动化和

智能化酿造生产中的应用. 酿酒科技, 2018, (11): 70-74, 79.

[39] 谢广发, 胡志明, 傅建伟, 等. 中国黄酒技术与装备研究新进展. 食品与发酵工业, 2017, 43(11): 225-231.

[40] 国家制造强国建设战略咨询委员会, 中国工程院战略咨询中心. 智能制造. 北京: 电子工业出版社, 2016.

[41] Zhou J, Zhou Y, Wang B, et al. Human-cyber-physical systems (HCPSs) in the context of new-generation intelligent manufacturing. Engineering, 2019, 5(4): 624-636.

[42] 范峥, 姬盼盼, 李超, 等. 模糊神经网络-遗传算法优化丙烯酸苄酯合成工艺. 化工学报, 2019, 70(11): 4315-4324.

[43] 王春喜. 未来工厂技术发展及标准化需求. 仪器仪表标准化与计量, 2018, (6): 5-11.

[44] Lu Y, Xu X, Wang L. Smart manufacturing process and system automation–a critical review of the standards and envisioned scenarios. Journal of Manufacturing Systems, 2020, 56: 312-325.

第5章 传统发酵食品产业未来绿色发展战略

陆震鸣

　　绿色制造工程是《中国制造 2025》重点实施的五大工程之一，是未来发酵食品制造过程实现高效、清洁、低碳、循环绿色发展的重要举措。可持续发展是世界各国政府、企业和民众日益关注的问题，未来的传统发酵食品产业要实现可持续发展更加需要借助绿色制造，使得传统发酵食品在整个生命周期过程中不污染环境或环境污染最小化。为实现传统发酵食品产业绿色制造升级目标提供坚实保障，未来传统发酵食品产业需要绿色技术创新作为驱动力，突破酿造原料技术、酿造菌种（菌群）选育、酿造废弃物资源化等行业核心关键技术。同时人们对未来传统发酵食品也提出了"更安全、更营养、更方便、更美味、更持续"多样化的要求，追求个性化健康的食品消费趋势，未来的传统发酵食品也将通过科技创新技术实现传统酿造产业的颠覆性发展，这也是未来传统发酵食品工业中的机遇与挑战。本章针对能耗较高、污染较大的传统发酵食品产业开展系统研究，针对传统发酵食品绿色发展的现状，厘清行业发展面临的技术、产品、政策等问题，结合国内外相关行业的经验，在把握我国消费结构的层次和多样性及地区差异的前提下，针对性提出本行业的资源配置优化建议。研究传统发酵食品产业的绿色产品、绿色工厂、绿色园区和绿色供应链的运行模式、经验与教训，分析传统发酵食品产业绿色标准、绿色技术装备发展现状，明确我国传统发酵食品产业绿色技术创新体系；研究绿色制备、末端治理、能量系统优化等相关绿色制造技术如何与传统发酵食品产业相结合，为引导企业以市场需求为导向推动技术创新、产品创新和模式创新提供策略。通过上述研究，提出我国传统发酵食品产业未来绿色发展策略，并有针对性地提出发展目标、路径、策略和技术手段。

5.1　传统发酵食品产业绿色发展的现状分析

　　传统发酵食品工业是我国轻工制造业的重要组成部分，也是重要民生相关行业，主要包括白酒、黄酒、果酒等酒类制造行业及酱油、食醋、酱类等调味品制造行业。近年来传统发酵工业规模不断扩大，仅白酒行业，2020 年全国规模以上白酒企业产量为 740.73 万 kL，销售收入 5836.39 亿元，利润 1585.41 亿元。但不可否认的是，我国传统发酵食品产业普遍存在传统酿造机理不明确，生产工艺装备较落后，产品品质稳定性不高，尤其是可持续发展研究较少等问题，严重制约了行业的进步。《中国制造 2025》[1]明确提出了"创新驱动、质量为先、绿色发展、结构优化、人才为本"的基本方针，强调坚持把可持续发展作为建设制造强国的重要着力点，走生态文明的发展道路，传统发酵食品企业也面临绿色制造的转型升级，实现节能减排，减少环境污染，提高综合效率；因此需要对目前传统发酵食品行业的绿色发展现状、举措和所面临的瓶颈问题进行研究。

5.1.1 产业绿色发展的现状

工业是国民经济的主体，是立国之本、兴国之器、强国之基。当今世界发达国家如美国、日本、德国、英国、法国等都是工业强国，而工业是这些国家经济基础和核心竞争力的直接体现。我国是工业大国，在 500 多种主要工业产品中，我国产品种类排名居世界第一。其中，我国传统酿造食品产业的总产值超过 1.3 万亿元，占整个食品产业总产值的 10%以上，在我国工业制造业中占据了极为重要的地位，是我国经济快速增长的重要组成部分。但是，我国工业大而不强，在工业发展取得举世瞩目成就的同时，工业的迅猛发展对生态环境产生了不良影响，环境资源能源问题也日益突出；传统发酵食品产业存在原料利用率偏低、生产过程较为粗放、生产效能偏低、绿色发展观念缺乏等问题。在此背景下，《中国制造 2025》战略明确提出了"创新驱动、质量为先、绿色发展、结构优化、人才为本"的基本方针，强调坚持把可持续发展作为建设制造强国的重要着力点，全面推行绿色制造，走生态文明发展道路，并将之列入九大战略任务。随后一系列的相关政策及指导方针（表 5-1），为产业绿色发展进行了战略布局和提供了实施路径。

表 5-1　我国绿色制造产业发展相关文件要求

时间	文件	内容
2016 年 3 月 17 日	《中华人民共和国国民经济和社会发展第十三个五年规划纲要》[2]	第二十二章实施制造强国战略中明确提出实施绿色制造工程，推进产品全生命周期绿色管理，构建绿色制造体系
2016 年 6 月 30 日	《工业绿色发展规划（2016—2020 年）》[3]	明确"加快构建绿色制造体系"，提出绿色产品、绿色工厂、绿色工业园区、绿色供应链的创建和示范要求
2016 年 9 月 14 日	《绿色制造工程实施指南（2016—2020 年）》[4]	完成传统制造业绿色化改造示范推广、资源循环利用绿色发展示范应用、绿色制造技术创新及产业化示范应用和绿色制造体系构建试点等重点任务。主要目标包括初步建成较为完善的绿色制造相关评价标准体系和认证机制，创建百家绿色工业园区、千家绿色示范工厂，推广万种绿色产品

为加快推进生态文明建设，促进工业绿色发展，工业和信息化部在 2016 年发布的《工业绿色发展规划（2016—2020 年）》中明确了工业绿色发展的目标：到 2020 年，绿色发展理念成为工业全领域全过程的普遍要求，这其中也包括了传统

发酵食品产业，而绿色发展也将推进传统发酵食品工业的快速发展，使之成为经济增长新引擎和国际竞争新优势。

绿色制造是指从原材料的采购、工艺设计、制造、使用到产品报废整个生命周期过程中不产生环境污染或将生产的环境污染最小化[5]。传统发酵食品产业是我国工业的重要组成部分，但我国传统发酵食品企业多为中小型企业，大部分仍处于高投入、高消耗、高排放、低效率的发展阶段，在食品生产、销售、使用整个生命周期中面临着能耗高、排污量大、设备回收率低等问题，往往忽略对生态环境的负外部性效应，使得传统发酵食品的经济效益与环境效益不相符，急需同步进行结构转型和技术升级。对传统酿造产业的传统工艺进行绿色制造升级，不仅可以形成具有国际竞争力的核心技术，掌握全球发酵食品产业话语权，还是一个企业对保护环境、可持续发展应尽的责任与义务[6]。按照《中华人民共和国国民经济和社会发展第十三个五年规划纲要》的建议，实施绿色制造就要推进工业产品全生命周期绿色管理，并且尽快构建好产品绿色制造体系。落实到传统发酵食品领域，就需要全面分析绿色制造体系、绿色制造标准、绿色制造技术装备现状，发现我国在传统发酵食品领域的不足之处，提出未来传统发酵食品产业绿色发展针对性解决方案，提高传统发酵食品产业绿色发展水平，这也是我国的现代食品科学发展的必由之路。

1. 绿色制造体系建设

为加快推进绿色制造，工业和信息化部及国家标准化管理委员会发布《绿色制造标准体系建设指南》[7]，积极开展绿色制造体系建设。绿色制造体系包括绿色产品[8]、绿色工厂[9]、绿色园区[10]、绿色供应链[11]4 个方面（图 5-1），各部分之间相互联系、相辅相成。其中，产品是绿色制造的最终输出成果，工厂是绿色制造体系的最小实施单元主体，企业是绿色制造体系的顶层设计主体，供应链是链接绿色制造体系各环节的连接体，而园区是绿色制造的综合体。

图 5-1　绿色制造体系的组成

（1）绿色产品

绿色产品是指在产品全生命周期过程中符合生态环境保护要求、资源消耗少、对生态环境友好、品质高、对人体健康无害或危害小的产品。其内涵主要体现在：满足不同用户的使用要求和消费升级需求；节约资源，减少能源消耗；保护生态环境，生产、回收废弃物减量化，对环境无影响或影响极小；保护消费者身心健康，要求产品无毒无害或低毒低害，开发多功能性发酵食品。目前我国的传统发酵食品占据较大的消费市场份额，传统发酵食品领域更加需要重视绿色产品的开发，但传统发酵食品的生产制造工艺复杂、生产过程存在着较大污染的问题，需要不断地将绿色产品理念引入产品设计、生产、运输、销售的全过程，实现传统发酵食品如白酒、酱油、醋、调味品等符合环境保护要求在市场上流通。

2017 年以来，工业和信息化部陆续发布了 5 个批次的绿色设计产品，主要集中于石化、钢铁、有色、建材、机械、轻工、纺织、电子、通信等行业，截至 2020 年 9 月尚未有传统发酵食品领域的绿色设计产品获批。

在 2021 年 1 月 7 日中国轻工业联合会组织开展制订了《绿色设计产品评价技术规范 郫县豆瓣酱》《绿色设计产品评价技术规范 蚝油》《绿色设计产品评价技术规范 酱油》《绿色设计产品评价技术规范 辣椒酱》的团体标准意见用于对传统发酵食品的绿色设计产品评价。未来可推进传统发酵食品的绿色设计产品申报，传统发酵食品领域可根据产品全生命周期绿色管理理念，遵循资源消耗最低化、生产成本最小化、自然生态环境影响无害化、可再生率最大化等原则，在传统发酵食品领域开展绿色设计产品示范试点，通过以点带面的方式，准确掌握绿色产品生命周期不同阶段的属性，加快开发具有无公害、节能、环保、低耗、高寿命、高品质和易回收等特点的传统发酵绿色食品，生产出具有绿色的发展目标和要求的绿色食品。

此外，传统发酵食品的绿色产品生产过程往往涵盖了多交叉学科，如机械制造新材料、信息管理等学科，体现出了绿色制造学科上的交叉性特点，因此可将目前机械、建材、材料及能源方面领先、杰出的绿色产品应用于传统发酵食品领域，进一步扩大传统发酵食品绿色制造资源化应用，并且可以促进不同行业间绿色思想相互渗透融合，进而推动整个制造工业绿色发展。

（2）绿色工厂

绿色工厂是绿色工业的生产单元，是绿色制造的实施主体，也是绿色制造系统中绿色产品生产的重要场所、核心支持单元。绿色工厂建设将以实现用地集约化、空气清洁化、原料无害化、生产洁净化、废物资源化、能源低碳化为重点，采用与绿色设计产品一样的方式，选择示范公司，以点带面带动更多的企业创建绿色工厂，然后共同支持和推进该领域的绿色制造工程。

2017～2020 年，工业和信息化部相继发布了绿色工厂 2131 家，其中食品领域的绿色工厂有 200 家，占总量的 9.38%。传统发酵食品领域的绿色工厂 29 家

（表 5-2），包括白酒行业 19 家，料酒行业 1 家，酱油行业 5 家，食醋行业 1 家，酱菜行业 2 家，复合调味品行业 1 家。

表 5-2　传统发酵食品领域获批的绿色工厂名单（截至 2020 年 9 月）

行业	数量	绿色工厂
白酒	19	安徽迎驾贡酒股份有限公司，安徽宣酒集团股份有限公司，宜宾五粮液股份有限公司，陕西西凤酒股份有限公司，劲牌有限公司，江苏洋河酒厂股份有限公司，安徽古井贡酒股份有限公司，内蒙古河套酒业集团股份有限公司，河北邯郸丛台酒业股份有限公司，河北衡水老白干酒业股份有限公司，山东景芝酒业股份有限公司，河南仰韶酒业有限公司，金徽酒股份有限公司，青海互助青稞酒股份有限公司，广西北海市合浦东园家酒厂，内蒙古蒙古王实业股份有限公司，山东景阳冈酒厂有限公司，广东省九江酒厂有限公司，舍得酒业股份有限公司
料酒	1	湖州老恒和酿造有限公司
酱油	5	佛山市海天（高明）调味食品有限公司，李锦记（新会）食品有限公司，加加食品集团股份有限公司，千禾味业食品股份有限公司，烟台欣和企业食品有限公司
食醋	1	江苏恒顺醋业股份有限公司
酱菜	2	四川省吉香居食品有限公司，仲景食品股份有限公司
复合调味品	1	安琪酵母（赤峰）有限公司

从获批数量来看，传统发酵食品领域绿色工厂占绿色工厂获批总数的 1.4%，占食品领域绿色工厂总数的 14.5%（图 5-2）。相较于乳品行业，传统发酵食品企业由于发酵过程中很多步骤是人工操作且工序复杂，在绿色改造中难度大，绿色工厂建设与获批数量相对较低。

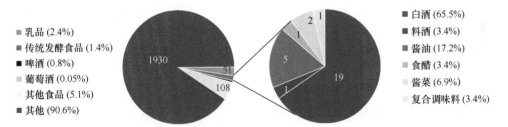

图 5-2　不同领域的绿色工厂数量（彩图请扫封底二维码）

从获批速度来看，白酒行业绿色工厂建设速度与乳品行业接近，但是 2020 年第五批获批速度明显下降。料酒、酱油、酱菜等行业首批即有企业获批，且均为行业龙头企业，但随后 2~4 批次获批企业呈偶发式出现，跟进不力。发酵肉制品、葡萄酒等发酵食品行业企业获批较少（图 5-3）。

（3）绿色园区

绿色园区是一个突出绿色理念与绿色生态的企业合作与基础设施的建设平台，它着重于园区内工厂之间的整体管理和协作。当前在传统发酵食品领域中

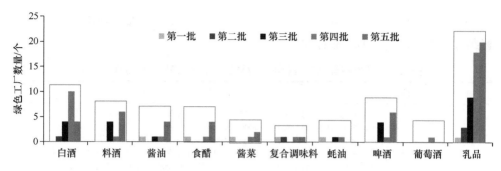

图 5-3　发酵食品领域的绿色工厂数量（彩图请扫封底二维码）
以工厂主营业务计，方框代表获批绿色工厂总数

绿色园区主要是包括白酒、原料生产、配料、食品包装等酿造食品原料生产及能源、物流、机械装备等基础设施的一体化生产平台。绿色园区建设重点是企业集聚发展、产业生态联系和创新服务平台搭建。绿色园区可进行配电、供热、物流和运输等基础设施建设，并促进园区内不同类型企业良性共存、资源共享促进高质量园区绿色发展。绿色园区绿色建设还可开展系统节能改造，综合利用太阳能、风能、地热能等能源和园区智能微电网建设，优化工业用地布局和结构，提高土地节约集约利用水平，加强传统发酵中的水资源循环利用，推动供水、污水等基础设施绿色化改造，循环再利用，促进园区内企业之间废物资源的交换利用，在企业、园区之间通过链接共生、原料互供、资源共享，提高资源利用效率，推进资源环境统计监测基础能力建设，发展园区信息、技术、商贸等公共服务平台。

　　早在 1997 年，日本就以"零排放"的理念构想建设绿色工业园，并把建设绿色工业园作为建设循环型社会的重要内容。此后，日本的环境省、产业经济省根据废弃物的种类、数量和经济运输距离，并考虑当地政府的积极性和环境因素，先后批准建设了 26 个绿色工业园，打通生产、建设、流通、回收各个环节，可将每家企业、每户家庭、每个成员联系在绿色工程建设中。在这些绿色工业园中，日本的传统发酵产业绿色园区如清酒、黑醋也从自身出发积极配合建设，整合零散的产业园区，将家族式或小作坊的产业聚集成绿色生态工业园区，这不仅加强了工业污水和废弃物处理，也促进了园区内企业之间资源的交换利用，提高了传统发酵企业的资源利用率和循环利用率。

　　目前，传统发酵产业尚未有相关绿色园区获批。将现代绿色园区与传统发酵工艺紧密结合，可有效减少粮食等原辅料的耗用，减轻工人劳动强度及生产过程能量的消耗，使传统发酵生产各个环节在绿色园区高效生产，并实现生产过程高效机械自动化；同时充分利用传统发酵食品绿色园区生产的副产品，实现酿造原料的无浪费和资源化利用，创造绿色自然整体生态环境布局，促进传统发酵的优势微生物群落的富集和繁殖，实现传统发酵工艺的原料生态化和基地化生产。

目前发酵食品领域中，已经形成了泸州酒业集中发展区、宜宾市五粮液产业园区、宿迁市洋河双沟产业园、吕梁白酒产业园区、眉山泡菜产业园区、郫都中国川菜产业园等酿造产业集群，有效吸引了上下游供应链企业聚集。未来需要学习借鉴国内外其他行业相关绿色园区建设的经验，引导一批能带动产业升级、起主导作用的传统发酵绿色食品产业项目和企业集中落户工业园区，使同类产业的企业在工业园区内相对集聚，形成规模化生产基地，构建物质循环利用的传统发酵食品产业链，不断地积聚培育园区创新动能，在社会层面构建起传统发酵食品的科研—教育—生产为一体的良性自循环型经济体系。

（4）绿色供应链

绿色供应链可定义为绿色制造思想理论与供应链管理技术的产物结合体，聚焦于供应链节点上企业之间的协调与合作。绿色供应链是在传统供应链的基础上进行升华，传统供应链仅关注企业内部，而绿色供应链则是积极促进供应链上下游企业间确立绿色、可循环的发展战略，将绿色制造理念、产品生命周期管理和生产者责任模式融入企业资源配置高效率管理过程，在企业经济效益、资源节约、环境保护、人体健康安全要求的供应链中寻求最佳平衡，积极推动绿色供应链升级是提升企业竞争力、实现企业绿色可持续发展的有效途径，是促进产业升级转型的关键一步[12]。

目前，部分传统发酵企业未充分认识到构建绿色供应链的必要性，对能源、原料、成品外运等信息数据管理能力有待提升，大数据供应链的战略思维停滞不前，开展绿色供应链与绿色制造融合创新实践积极性不高。2020 年，百威哈尔滨啤酒有限公司及乳品行业的 5 家企业成功获批工业和信息化部第五批绿色供应链管理企业。其中，百威哈尔滨啤酒有限公司制定和实施了从采购、生产到成品运输的一整套节能降耗方案。例如，在采购大麦时，百威哈尔滨啤酒有限公司会对农业灌溉是否节能、水资源利用情况等指标实施考察，啤酒产品包装纸箱的生产是否实施生态友好型管理、物流车辆排放二氧化碳是否超标等上下游供应商参与生产是否节能达标，全部列入百威哈尔滨啤酒有限公司的"绿色生产"考核中。上述举措对于传统发酵食品的绿色供应链建设起到了很好的借鉴示范作用。

2. 绿色制造标准制定方面

标准化是绿色制造的大势所趋，不论是德国的工业 4.0、美国的"再工业化"战略，还是"英国制造2050"都是从国家战略层面制定的制造业最高标准。目前我国已开始针对绿色产品、绿色工厂、节能与清洁生产标准方面进行绿色制造标准制定，为绿色制造提供相关规范行动指南。

1）绿色产品标准方面。2017 年工业和信息化部发布的《绿色产品评价通则》（GB/T 33761—2017），界定了统一的绿色产品评价方法和评价指标体系，是制定各领域、各行业、各类别绿色产品评价标准的方法基础（表 5-3）。截至 2020 年 3 月，工业和信息化部已经公布了 129 项绿色设计产品标准，涉及石化、钢铁、有色、建材、机械、轻工、纺织、电子、通信等 10 个行业。其中，轻工行业有 26 项绿色产品标准，涉及生物发酵行业 1 项（氨基酸）、制糖行业 2 项（甘蔗糖制品、甜菜糖制品），但传统发酵食品行业尚未有绿色产品标准，这在一定程度上限制了绿色产品设计与申报。同时，传统发酵产品生产制备过程中也需要用到多个领域的技术，如塑料制品的绿色产品评价标准等，绿色产品的设计制造需将多领域产品标准进行交叉融合，使其更加完善绿色产品的多个方面内容。

表 5-3 传统发酵食品领域绿色制造标准

标准类别	标准名称	标准编号	适用范围
绿色产品	绿色产品评价通则	GB/T 33761—2017	本标准规定了绿色产品评价的基本原则、评价指标和评价方法
绿色工厂	绿色工厂评价通则	GB/T 36132—2018	本标准规定了绿色工厂评价的指标体系及通用要求。本标准适用于具有实际生产过程的工厂，并作为工业行业制定绿色工厂评价标准或具体要求的总体要求
清洁生产	清洁生产标准制订技术导则[13]	HJ/T 425—2008	本标准规定了行业标准清洁生产的框架结构、编制原则、编写规则和工作程序、编制内容和方法以及格式体例的要求。本标准适用于行业清洁生产标准的编制
	工业清洁生产审核指南编制通则[14]	GB/T 21453—2008	本标准规定了编制工业清洁生产审核指南的术语和定义、编制原则、编制内容。本标准适用于工业清洁生产审核指南的编制
	工业企业清洁生产审核 技术导则[15]	GB/T 25973—2010	本标准规定了工业企业开展清洁生产审核的术语和定义、基本原则、程序、技术要点、审核报告的编写。本标准适用于工业企业清洁生产审核工作
	食品加工制造业水污染排放标准	征求意见	本标准规定了食品加工制造业水污染物的排放控制要求、监测和监督管理要求。本标准是食品加工制造业水污染物排放控制的基本要求
	清洁生产标准 白酒制造业[16]	HJ/T 402—2007	本标准规定了白酒制造业清洁生产的一般要求。包括生产工艺与装备要求、资源能源利用指标、产品指标、污染物产生指标（末端处理前）、废物回收利用指标和环境管理要求。本标准适用于白酒制造企业的清洁生产审核、清洁生产潜力与机会的判断、清洁生产绩效评定和清洁生产绩效公告制度，以及环境影响评价、排污许可证管理等环境管理制度
能源节约	白酒单位产品能源消耗限额[17]	DB11/T 1096—2014	本标准规定了白酒单位产品能源消耗限额的技术要求、统计范围、计算方法、节能管理与技术措施。本标准适用于白酒生产企业能源消耗的计算、管理、评价和监管
	酿造白酒单位产品综合能耗限额[18]	DB14/1011—2014	本标准规定了酿造白酒单位产品综合能耗限额的术语和定义、要求、统计范围与计算方法、节能管理与措施。本标准适用于山西省辖区内酿造白酒生产企业单位产品综合能耗的计算、考核

2）绿色工厂标准方面。2018 年，工业和信息化部发布的《绿色工厂评价通则》（GB/T 36132—2018）详细说明了绿色工厂评价的通用要求，从绿色工厂的基础设施、管理体系、能源与资源投入、产品、环境排放、绩效等方面明确了具体指标。2018 年，中国轻工业联合会组织有关单位开展《白酒工业绿色工厂评价要求》《啤酒工业绿色工厂评价要求》等轻工行业标准的编制工作。2020 年，中国工业合作协会开展了《酿酒工业绿色工厂评价规范》《调味品行业绿色工厂评价规范》等团体标准立项工作，推动传统发酵食品产业绿色工厂全面建设。未来可在酿酒、调味品等不同领域加快推进绿色工厂标准的制定工作，使企业在相关标准的引领下加快绿色工厂建设，加快中小企业在同行业的模范企业带引下对绿色工厂建设有具体的目标和实施方案。

3）节能与清洁生产标准方面。在啤酒、葡萄酒、乳品等发酵食品行业已有多项清洁生产标准，在白酒行业有 3 项清洁生产标准，包括《清洁生产标准　白酒制造业》（HJ/T 402—2007）、《白酒单位产品能源消耗限额》（DB11/T 1096—2014）、《酿造白酒单位产品综合能耗限额》（DB14/1011—2014）（表 5-3），而在酱油、食醋、泡菜、黄酒等领域尚缺少相关的国家标准、行业标准。2020 年 3 月，生态环境部开始向食品加工制造业相关单位征求关于国家环境保护标准《食品加工制造业水污染物排放标准》（征求意见稿）的意见。清洁生产作为一种全过程的污染防治策略，是一种创新的治理工业污染的战略思路，远比末端污染、减废等治理技术更加积极全面，更符合持续发展的要求，而这些发酵产业的节能与清洁生产标准为企业清洁生产水平评价提供依据，将对指导传统发酵食品企业的清洁生产工作起到积极引导与推进作用，大大加强了节能减排工作的力度。

虽然传统发酵食品行业节能和清洁生产方面的国家标准、行业标准尚有待完善，但根据本书编者对传统发酵食品行业的 41 家企业的走访调研、问卷调查情况来看，除了 4 家黄酒和 6 家豆瓣酱企业尚未制定相关企业政策或标准，大部分的白酒、酱油、食醋等企业都已制定了各自的企业标准和规范（图 5-4）。同时，大部分白酒、酱油、食醋等企业均有明确的资源利用水平评价指标（图 5-5），这些企业通过实施节能和清洁生产方面的资源利用方案，取得了明显的经济效益和环境效益。在我国鼓励行业协会和龙头企业牵头，以引导性、协调性、系统性、创新性、国际性为原则，结合发酵工业领域技术标准体系，根据传统发酵食品行业特点，大力推进绿色工厂规划标准、资源节约标准、能源节约标准、清洁生产标准、废物利用标准、温室气体排放标准、污染物排放标准 7 个领域的标准制修订工作，完善我国传统发酵食品产业绿色制造标准体系。未来需积极开展清洁生产宣传培训，对资源利用空白企业推进清洁生产的政策、法规和制度制定和实施，为节能减排工作做出重要贡献。

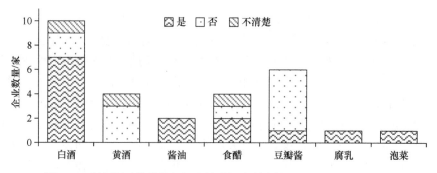

图 5-4　酿造资源利用的企业政策或标准制定情况（企业调研情况）

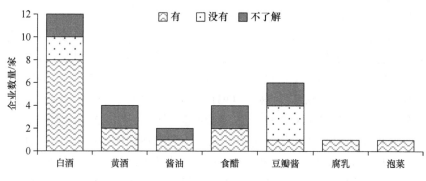

图 5-5　是否有明确的资源利用水平评价指标（企业调研情况）

3. 绿色制造技术装备方面

关于绿色制造技术方面，目前适合传统发酵食品生产过程中原料利用、发酵转化、节能减排等专用技术数量相对较少（表 5-4）。绿色制造装备方面，全球食品智能装备专利 80% 以上掌握在美国、日本、德国和欧盟等国家和地区，我国食品装备年进口额在 300 亿元左右，大型食品企业关键高端装备 80% 依赖于国外进口。通过分析传统发酵食品绿色工厂的绿色制造技术装备，可以得到当前绿色制造装备主要集中于固体有机废弃物生物发酵、清洁化生产、水及循环利用、生物质颗粒等方面，多应用生物质颗粒设备、生物反应器降解废弃物设备、自动化控制设备进行传统发酵食品生产、废弃物回收，但缺乏食品生产、运输、回收全过程的全面绿色装备，未来可开发应用性更强更广的绿色装备技术，这不仅可以对传统发酵食品产业绿色升级改造有着良好的促进作用，还可推广在其他工业制造业领域加强整个工业的绿色发展，因此需要加强绿色制造的技术装备的研发。同时，目前的绿色制造装备多集中于传统发酵食品的中大型企业，对于发酵小企业绿色制造往往是缺乏完善的技术装备。

表 5-4　传统发酵食品领域绿色制造技术装备

名称	介绍	适用范围
固体有机废弃物生物发酵技术	该技术可将烟梗、酒糟等废弃物破碎调制，添加生物菌剂，经堆肥发酵、陈化等工艺，制备生物有机肥。整个工艺系统包括好氧堆肥发酵和有机肥制肥两个部分。核心技术为菌株配比、培养基配方和发酵参数	农业
固体有机废弃物微生物发酵技术	采用微生物耗氧发酵方法处理固体有机废弃物，可以就地无害化将其转化为上好的有机肥料。工艺路线：收集→粉碎（青草不需要）→微生物发酵→有机肥。微生物重复使用周期 2 年	固体有机废弃物利用
发酵有机废水膜生物处理回用技术	该技术是一种新型高效的污水处理回用技术，主要将生物质颗粒设备与生物处理技术相结合。废水中的有机物可通过生物反应器中的微生物降解水质得以净化；膜分离技术可截留反应器内的活性污泥、高分子有机物和细菌提高出水水质，使废水达到再生水水质要求	发酵行业
黄酒清洁化生产工艺	在保持传统酿造工艺技术基础上，采用标准化仓储技术代替散装（简易袋子包装）、蒸饭机的余热回用、生曲及熟曲的自动化连续生产替代间歇生产、发酵单罐冷却、密闭式自动化压滤机、自动化洗坛灌酒装备、中水回用及沼气产汽等清洁生产技术，深度应用于粮食原料处理、蒸饭、制曲、发酵、压榨、煎酒等酿造生产线关键环节，来推动生产装备的技术创新和生产过程的资源节约，实现黄酒传统制造向现代先进清洁制造改造提升	酿酒行业（黄酒酿造企业）
白酒机械化改造技术	整个流程利用机械化酿酒工艺代替传统的人工作坊式生产工艺，实现全机械化的流水线生产模式，利用自动化控制技术对物料从泡粮、输送、蒸煮、摊晾、加曲、糖化、冷却、发酵、蒸酒整个酿造过程的信息化标准控制，提高工作效率，实现白酒质和量的稳定	酿酒行业（白酒酿造企业）
含乳饮料工艺节水及循环利用技术	该技术采用水处理机滤碳滤罐清洗水和反渗透浓水循环利用技术及先进的 CIP 清洗工艺，同时对洗瓶机、锅炉冷却水及 CIP 清洗用水等循环利用	适用于饮料行业
酿酒降温水循环利用技术	每年 6～9 月，储酒罐区的降温水量较大，过滤杂质后，接近常温水，用于洗瓶	适用于有降温水及废水过滤设施的酿酒企业
固废制备生物质颗粒技术	该技术采用平模生物质颗粒机制备颗粒，以农林"三剩"物、工业固体废物为生产原料，将经过烘干或晾晒、水分在13%左右的原料通过重力喂送至主机，压辊转动压缩，将原料完全压入模具，在生产过程中不使用任何添加剂、黏合剂，在设备制料室完成生物质原料热裂解过程、将压入模具的原料物理固化，在物理固化过程中，自然成型颗粒。解决了环模压缩过程中直接挤出而没有固化成型过程所生产出的颗粒结构疏松、抗碎性差、不能充分燃烧的问题	综合利用工业固体废物、农林"三剩"物、工业有机剩余物

注：资料来源于中国绿色制造联盟（GMAC）绿色制造公共服务平台

传统发酵食品产业绿色制造技术装备发展存在的主要问题有以下几个方面。

1）自动化、智能化酿造工艺问题：主要生产环节还是必须依靠人工，多环节无法实时监测，凭经验生产，引起产品品质的不稳定。

2）生产设备制造技术问题：装备发展的落后严重制约酿造产业的发展，核心技术源自国外，创新意识薄弱，自主知识产权的核心制造技术少。

3）行业发展分化问题：企业间差异明显，中小企业技术和装备革新落后，资金等问题导致技术升级的意愿不强。

总而言之，未来的传统发酵食品行业要打破所有制和地域界限，制定有利于传统发酵食品产业集聚的财政政策和土地政策，适当降低地价标准，支持产业园区建设，通过突显区域绿色优势，通过自身培育、外引内联实现绿色园区创建与绿色工厂创建的有机联动。在创建传统发酵食品的绿色园区的过程中，积极推动园区内企业创建绿色工厂，逐渐形成相互融合、相互促进的发展态势。将绿色供应链管理纳入企业中长期发展规划，明确绿色供应链管理目标，建立健全绿色供应链管理体系，不断改进和完善采购标准、制度，将绿色采购贯穿于传统发酵食品的原材料、产品和服务采购全过程。在原材料采购上，首选原产地绿色产品和可降解类包装材料；在供应商管理方面，首选原产地优质优势企业作为合作方，将具有环保资质的企业纳入战略供应商，并建立供应商综合绩效考评，确保供应商提供符合标准的原材料。我国未来还需要加紧制定食品的绿色制造标准，把传统发酵食品产业打造成为中国工业绿色转型升级、提升绿色发展水平的典范。

5.1.2 产业绿色发展的举措

目前传统发酵食品绿色发展的举措主要集中于以下两个方面：一是能源结构调整方面，推动清洁低碳能源成为能源消耗增量的主体，降低煤炭和化石能源消费；二是生产结构调整方面，运用高效清洁技术，循环利用资源，集聚产业空间[19, 20]。为提高能源资源利用效率，生态环境部还制定部署了2030 年二氧化碳排放达峰行动方案，推动绿色低碳发展，促进传统发酵食品的绿色升级。

根据中国绿色制造联盟（GMAC）绿色制造公共服务平台公布的绿色工厂自评价信息（表 5-5）及本研究对 41 家代表性传统发酵食品企业走访调研、问卷调查（图 5-6）的情况来看，在能源结构方面，电力是大部分企业使用的主要能源。41 家企业中有 38 家传统发酵企业使用电力作为主要能源，其次为煤气、天然气；26 家企业认为开展节能降耗工作对促进企业发展具有非常重要的影响，并且超过90%的企业已经开展了相关节能降耗工作（图 5-7），表明目前传统发酵食品的绿色制造体系加快建立，并强化企业在推进制造业绿色发展中的主体地位，激发企业活力和创造力，积极履行社会责任。运输结构方面，尚未有企业使用新能源汽车来运输产品，这可能是受限于新能源汽车运输成本与运输能力问题，未来仍需加强相关技术的研发与投入。生产结构调整方面，从 GMAC 自评价信息和调研情况可以看出已获批绿色工厂的发展举措主要集中于调整能源结构、提升清洁生产水平方面，具体包括节能减排、循环利用、使用新能源等内容。这些举措使得能源资源利用效率明显提高，清洁生产水平也大幅提升，先进适用清洁生产技术工艺及装备普及率进一步提高，主要污染物排放量也显著下降。

表 5-5　发酵食品领域绿色发展举措

行业	企业	绿色发展举措
白酒	安徽迎驾贡酒股份有限公司	使用绿色能源：投资 1 亿元建设两期光伏发电工程，年发电量达 840 万 kW·h，相当于节约标准煤 2900 t，减少 CO_2 排放 8400 t
	安徽宣酒集团股份有限公司	构建绿色产业生态链：从原材料采购到终端产品形成都坚持节能减排优先，与清洁生产相结合，完成绿色工厂的结构和功能建设，体现节约型、集约型、生态型产业体系的特点，企业内部发展模式由粗放型、消耗型、低效率向减量化、再利用、资源化转变。 提高资源利用率：①通过资源的综合利用及节能、省料、节水、减排，合理利用自然资源进行生产，同时建立废旧资源回收体系，减少肥料和污染物的产生和排放；②通过提升工艺和设备技术水平，减少原料煤和其他能源、资源的消耗，实现清洁生产，根据产品生产的工艺特点，提高资源综合回收和产出率，尽量实现资源利用的最大化和废水、废气、废渣排放的最小化。 加强社会参与，促进整个社会的绿色生态体系构建：①通过高层领导，组织协助与有关部门之间的关系，落实各种政策；②组织实施重大示范工程，为产业发展探索新路；③通过企业网站及时公布公司绿色工作进展情况，倡导绿色发展理念，提高员工的认识水平，规范和引导全体员工参与绿色工厂建设；④加强与其他企业合作，发挥示范作用和辐射、带动作用，建立全方位绿色生态体系
	劲牌有限公司	循环经济：节能减排、重复使用、循环利用、可再生利用、可替代使用、修复；充分利用酒糟、药渣；实现各类可回收物资 100%循环利用；"减"化材料、结构、包装方式，提高资源利用率
酱油	佛山市海天（高明）调味食品有限公司	节能减排：减少锅炉烟气排放、加强自然光照明。 循环利用：废水回用项目，将锅炉冷凝水、工艺冷却水、处理后的达标排放水进行回收使用；余热回收项目，提高热能的利用效率。 绿色能源：大力推行光伏发电
	李锦记（新会）食品有限公司	光伏发电系统：利用 4.7 万 m^2 的厂房屋面铺设太阳能板，节省能源使用，减少碳排放。 地源热泵系统：引入利用浅层地能进行供热制冷的新型清洁能源技术，同时实现制冷和供热两大功能。 超滤反渗透中水回用膜过滤系统：对达标排放废水进行深度处理，加以回收利用，提高污水再利用率
酱菜	四川省吉香居食品有限公司	安全环保写进了企业经营手册中，专门制订了关于安全环保的理念以指导公司发展决策

注：资料来源于中国绿色制造联盟（GMAC）绿色制造公共服务平台

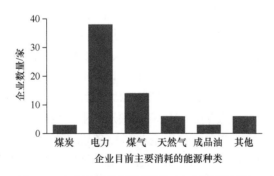

图 5-6　企业消耗能源的类型（企业调研情况）

综合分析发现我国目前对绿色制造技术创新的发展战略考虑得相对较少，绿色制造技术创新对于运用传统工艺生产优质发酵产品的绿色发展至关重要，通过

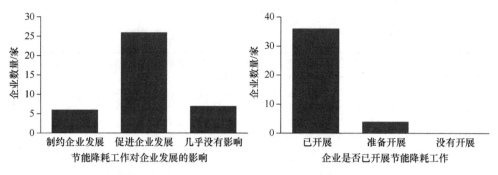

图 5-7　节能降耗工作开展情况（企业调研情况）

酿造微生物的人工组合与调控，研究传统发酵食品在生产过程中的高性能、轻量化、绿色环保的新材料及产品智能分选与高值利用、固体废物精细拆解与清洁再生等关键产业化技术，这些可加快形成绿色发展新动能，从根本上改变"大量生产、大量消费、大量废弃"的传统发酵生产模式[21]。

以佛山市海天（高明）调味食品有限公司为例介绍绿色发展举措。海天是我国首批绿色工厂获批者，获评国家级"绿色工厂示范单位"。该绿色工厂主要在以下几个方面实施了绿色发展举措：减少锅炉烟气排放，增加自然光照，污水回用工程等方面对锅炉冷凝水、处理冷却水和处理后的达标排放水进行了回收利用，提高了热能利用效率，还投资 1000 万元的光伏发电项目，不仅可以提供生产自用，还可以将剩余电量输送到供电局外电网，通过双向计量将效益返还给企业。

国外传统发酵企业的绿色发展也有很多举措，如日本最大的烧酒企业雾岛酒造利用微生物发酵红薯废料和酒糟生产沼气，将其用作烧酒酿造的燃料，日产沼气总量达 34 000 m³，每年可产 700 万 kW·h 电力。近年来，烧酒在日本的销量大增，其烧酒工厂也开始扩大生产，产生了大量的废弃物如酒糟。鉴于日本出台的《食品循环法》法规要求食品生产企业减少废弃物排放，许多传统酿造企业开始寻找酒糟废弃物处理模式，将生产的废弃物应用专业设备分离成脱水滤液和发酵残渣。其中，脱水后的滤液经处理后可直接排入下水道，同时将几十吨发酵残渣运至农田进行堆肥处理。这种发展模式一方面可以高效利用食品废弃物和农产品废弃物，另一方面可以减少二氧化碳量，有利于传统发酵产业绿色可持续发展。

对于未来的产业绿色发展，我国不同酿造行业大省纷纷出台了具体措施，如山东省出台《关于加快培育白酒骨干企业和知名品牌的指导意见》，坚持生态绿色发展，打造绿色品牌，提出大力发展生态种植。推广"公司+基地+合作社+农户"的新型订单农业模式，加强重点白酒等园区及周边地区的环境保护和治理。推进生态酿造园建设，支持企业节能节水改造，积极引导企业节能标准化建设，综合利用废弃糟、废水等资源，积极争创国家级、省级绿色工厂名单，发展循环经济，实现土地集约利用、生产净化、废弃物资源化、能源低碳化的传统酿造食品发展路线。安徽省发布了《关于促进安徽白酒产业高质量发展的若干意见》，重点是"低碳+循环"和绿色制造。主要措施是集约利用土地，清洁生产。围绕企业集聚、产业链耦合和服务平台建设，实施园区综合能源资源整合解决方案，实现能源梯级利用、资源循环利用，节约土地、水、电资源，优化园区资源配置。此外，安徽省还积极应用大数据物联网、云计算等信息技术，采用回收生产方法，促进资源的有效回收，支持传统发酵企业进行生态设计，加强环保智能监管，共同打造绿色供应链。

　　整体来说，绝大多数传统发酵食品企业都意识到了绿色制造发展的重要性，在资源利用方面进行了节能减排相关建设，但主要能源仍为电力；建立了废弃物循环利用系统，但节能降耗成本较高，在环境方面投入处于较低水平，天然气的利用率还较低。同时多数企业重视资源利用水平，如建立水循环系统，加强能源考核等，制定资源利用相关的企业政策或标准，但资源利用水平总体还有较高的上升空间。

5.1.3　未来绿色发展面临的瓶颈问题

1. 绿色发展理念不深入

　　发展理念是行动的先导。按照绿色制造目标，从设计、生产、包装、运输、使用、回收整个发酵产品生命周期出发，对传统发酵食品进行绿色改造使其环境负面影响最小，资源利用率最高，使企业经济效益和社会效益协调优化。根据走访调研、问卷调查的企业情况，发现部分传统发酵企业对绿色发展的内涵了解得还不够深入，主要停留在了解、部分了解、听说过等阶段。例如，在 41 家受访企业中，了解《中国制造 2025》政策的有 14 家（占总数的 34.1%），部分了解的有 21 家（51.2%），不了解的有 6 家（14.6%）（图 5-8）；关于绿色制造具体实施内容，有 16 家企业听说过《绿色制造工程实施指南（2016—2020 年）》，10 家企业已仔细研究，6 家企业已开始实施（图 5-8）。受访企业中了解绿色示范工厂、绿色产品、绿色制造标准和技术装备等具体信息的企业有 15 家，部分了解的有 21 家（图 5-8）。结合前面的内容，大部分企业已经开展了相关节能降耗工作，但大部分企业对于国家的绿色制造政策内容、实施方法并未深入了解，绿色发展的实施方案也往往是待完善的。推动传统发酵食品行业绿色升级的第一步就是要让绿色发展理念在传统发酵企业中"生根发芽"，也只有这样传统发酵食品企业才能深入开展绿色制造相关建设，加大绿色环保的宣传，积极主动开展绿色制造交流，并不断总结出合适的绿色发展策略，从而促使整个传统发酵食品行业绿色升级改造完成。

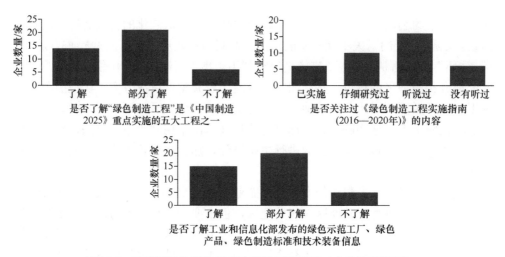

图 5-8 对我国绿色制造相关政策的了解程度（企业调研情况）

2. 绿色制造技术待创新

传统酿造过程多采用天然开放式多菌种发酵方式，按照经验传承进行手工生产操作，因此存在酿造原料转化效率不高、酿造生产周期偏长、批次质量稳定性不高、废弃物资源化利用水平较低等问题。

从该领域中已获批绿色工厂的发展举措及调研的 41 家企业问卷来看，目前传统发酵食品企业主要关注节能降耗、循环利用、新能源等现有技术在本领域的创新和应用，而对原料利用、酿造转化、智能酿造等方面绿色制造技术创新的关注相对较少，普遍认为影响或阻碍企业绿色制造技术创新的主要因素为节能降耗的成本太高（22 家）、优惠政策太少（14 家）、企业不具备相应技术条件（11 家）（图 5-9）。对于企业认为的节能降耗成本太高，原因在于很多企业在绿色节能降耗建设当中主要考虑了工程投资，而没把后续靠节能降耗技术在长期的发展中节约的成本计算在内。节能降耗技术的开展更有利于企业的长期发展。另外，政府需加强相关的保障政策措施的发布与实施，鼓励金融机构为绿色制造企业、园区提供便捷、优惠的担保服务和信贷支持，这也在一定程度上可解决企业在技术条件上的资金问题。

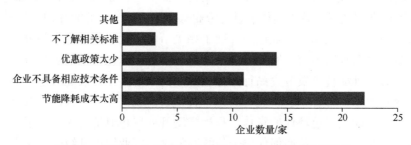

图 5-9 节能降耗工作对企业发展的影响（企业调研情况）

3. 绿色制造体系待完善

目前，传统发酵食品行业绿色工厂建设已经顺利开展。其中，白酒行业绿色工厂获批速度与乳品等其他食品行业发展速度相当，已显示出良好的发展态势。酱油、食醋、酱菜等行业虽然仅有少数龙头企业获批，中小型企业相对较少，但是目前我国大多数省份都出台了配套文件，支持绿色工厂创建，对创建成功者一次性补贴一般在 30 万～50 万，个别省份达到 100 万～200 万，再加上其他信贷支持、利率优惠、专项资金支持等政策，后续会吸引更多的优秀企业参与绿色工厂申报创建。

传统发酵食品行业在绿色产品、绿色园区、绿色供应链的建设方面还有待加强。根据调研情况来看，大部分企业都有申请绿色工厂、绿色产品的计划（图 5-10），但是超过半数的受访企业认为目前影响企业绿色发展的重要因素主要有以下几项，一是缺少政府支持，二是缺少绿色制造技术装备，三是缺少绿色发展专业人才（图 5-11）。很多企业均已申报绿色工厂或绿色产品，拥有绿色发展相关的专业团队和人才，组织员工参加绿色发展相关的教育和培训，有绿色发展相关的

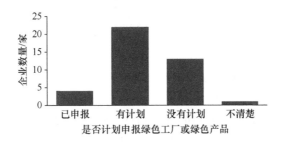

图 5-10　是否计划申报绿色工厂或绿色产品（企业调研情况）

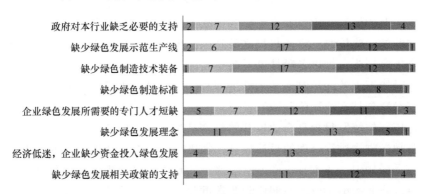

图 5-11　企业认为影响绿色发展的主要因素（企业调研情况）（彩图请扫封底二维码）

技术工艺或配套机械设备，但传统发酵食品领域大部分企业规模小、发展模式传统，整体上绿色化人才占比较低。绿色制造实质上是指由绿色发展科技创新人才所驱动的新型发展模式，创新人才通过研发可靠的技术、产品真正地让绿色发展起来[22]。

5.2　传统发酵食品产业绿色制造升级关键技术

推动产业升级是实现传统发酵食品产业绿色发展的必由之路。目前在传统发酵食品产业中未利用的原料回收、能源消耗、废弃物处理、高碳排放等仍是需要关注的问题，另外微生物代谢通常会产生其他的副产物，目标产物和副产物的分离也是食品发酵工程下游阶段需要重点研究的内容，因此需要加快研发节能环保的制造工艺、技术与装备，在全国范围内推行绿色制造技术，围绕传统发酵食品生产全过程中原料利用、发酵转化、节能减排等问题积极突破关键共性技术，通过源头控制与末端治理、发酵效率提升、废弃物资源化、全周期环境优化等绿色制造升级关键手段，着力打造完善的传统发酵食品产业绿色制造体系，促进酿造产业绿色升级转型，实现绿色健康发展，加强传统发酵食品整个生命周期内的绿色化管理，形成一个循环、低碳、清洁、高效的绿色制造体系，实现传统发酵食品的"绿色化"提升。

5.2.1　源头控制与末端治理

传统发酵食品产业绿色升级的第一步就是要提升酿造原料利用水平，在保证或提升产品风味品质的基础上，集成应用提取、分离、干燥各类型过程加工技术，对原料预处理、发酵、糟醪回收利用、后期加工、包装等生产过程控制，有效提升生产各环节的资源利用率，全值化利用酿造原料，减少浪费，从而实现传统酿造食品产业的源头控制，将原材料高效利用，使之不产生或少产生酿造废弃物，控制污染生产源头，推进各种技术设备更新改造，最大限度保护生态环境，而源头控制好对接下来的绿色制造技术推进有利，可以减轻事后治理的负担。源头控制是传统发酵食品产业绿色制造的重要方向。

近几年，传统发酵食品企业也开始对产品生产过程中的源头进行控制，对原料、资源和污染物进行合理的设计规划，如果酿造原料随意加工处置，废弃物随意排放，会增加生产成本且给环境造成严重的负担，因此为了有效节约能源，提高回收率，降低污染负荷，前期控制非常重要。

在源头控制方面，在农产品加工领域全球最大的油籽、玉米、小麦等农产品加工企业 ADM（Archer Daniels Midland）有较好的示范作用，该公司通过各种过程技术的集成，可在玉米原料全利用的基础上同时生产多种产品，已实现了对原材料的"吃干榨净"（图 5-12），在此过程中原料充分利用，也减少了原料废弃物的产生。

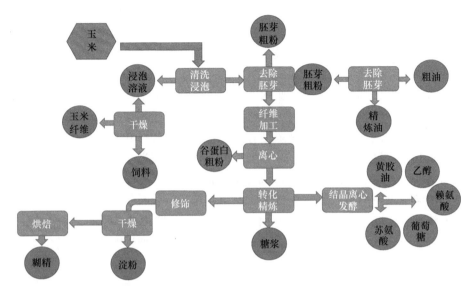

图 5-12　美国 ADM 公司的玉米全过程加工流程

　　酿造食品的源头控制应从物料抓起，如白酒可在原料粉碎车间采用大功率、低能耗的新型制粉成套设备，实现原料充分利用，达到节能减排；黄酒行业在源头上可优化传统米蒸工艺，减少高浓度米浆水产出量，鼓励企业缩短浸米时间，采用米浆水、淋饭水回收利用技术，加强推广大型连续化、自动化生产设备替代陶缸、陶罐发酵，鼓励使用规模化储酒方式。在传统发酵食品酱油的制造工艺中，酱油原汁需要经过多次提取工艺，如卡夫亨氏公司的阳西酱油使用了先进的酱油酿造设备，利用全自动智能化机械对原料进行高温蒸煮，使用先进恒温密闭发酵90 天等处理手段，600 多层酱醪经全自动压榨机压榨 54 h 以上，充分保留了原溶液的精华，然后高温烹调，使原溶液中的十多种氨基酸、糖类进行充分反应，利用自动化、现代化方式使原材料在源头上充分榨取利用。

　　末端治理在传统发酵食品的绿色制造升级发展过程中是一个重要的环节，针对发酵产生的污染物进行治理，它既有利于消除污染事件，也在一定程度上减缓了生产活动造成生态环境污染和破坏趋势。末端治理侧重于污染物排放的末端处理，缺乏对已经产生的污染物进行全过程的规划和控制，从这点上来说它具有一定的消极意义，如果传统发酵食品末端处理不当，甚至会从一种污染物变成另一种或几种新的污染物，造成严重的"二次污染"。因此末端治理是目前传统发酵食品生产过程中污染物处理工作量最大、污染物治理的最后一种手段，末端达标是传统发酵食品的绿色制造的底线。

在传统发酵食品发酵过程中会产生尾气、废水，其中发酵尾气是多种气味混合的，导致尾气的成分特征复杂，甚至有特殊难闻的异味，发酵尾气中一般没有特殊物质进行回收，尾气中有的还存在着有害气体，因此发酵尾气需要进行以清理为主的末端治理。常见的末端治理技术包括吸附、冷凝、膜分离和高温氧化等技术，而目前最常用的废气处理技术是吸附浓缩与催化燃烧组合工艺，该技术成熟、成本低且有机废气处理效率高。

发酵废水污染物成分复杂，废水的处理方法都需要借助多种工艺的组合，首先利用物理化学法预处理，提高可生化性后，再利用生物法深度处理。四川泡菜发酵过程中产生的盐渍液富含高浓度有机物和氯离子等，其末端处理难度大、成本高一直是世界性难题，制约产业发展。目前有相关报道首次应用双效机械式蒸汽再压缩技术（mechanical vapor recompression，MVR）高效节能蒸发结晶系统回收处理泡菜盐渍发酵液，创新集成 MVR 蒸发结晶回收系统，实现了盐水分离、盐渍液浓缩、蒸汽压缩等功能，对 MVR 浓缩液进行脱毒铵、脱臭、脱色等处理，可显著降低危害物含量及浓缩液的氨态氮、食盐含量，通过对泡菜发酵的盐渍发酵液末端治理避免了二次污染。

近年来，生物增强技术也已广泛用于末端治理中工业废水的处理。生物增强技术（又称为生物强化技术）是指外加具有特定功能（如有机物的降解、高分子颗粒物絮凝）的微生物或基因工程微生物代谢、分泌的酶系统，通过它们将待处理废水中的特定污染物直接降解或絮凝沉淀，并产生对生态环境和人身体无害的小分子物质（如 CO_2、H_2O 等），从而达到工业废水处理要求和循环利用，降低不可降解有害物质的毒性，可降解物质直接降解成无害小分子物质，为提高水质提供可行解决方案。目前针对传统发酵食品领域的生物强化技术研究较多，主要针对发酵过程中工业微生物强化菌株的筛选（图 5-13）发现具有强大代谢功能的微生物，促进微生物与基因之间的代谢，可显著提高微生物降解工业废水污染物的能力[23]。

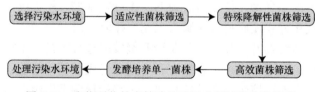

图 5-13　生物强化技术筛选处理污水环境微生物流程

结合我国当前生物强化的使用情况，高浓度有机废水的处理多采用生物强化技术，但国外已经有研究人员将生物强化技术应用到传统发酵食品行业（如葡萄酒），在国内还鲜见到有相关的实际应用，未来可大力推进这种新型环保处理废水的生物强化技术在传统发酵领域废水末端治理的应用推广。

5.2.2 发酵效率提升

微生物是传统酿造生产过程的核心。传统发酵食品大多采用开放式天然发酵生产，酿造功能微生物群落的形成与演替需要通过复杂的竞争来完成，从而导致发酵效率偏低，批次稳定性不高。因此筛选优良的微生物菌种（菌群）是提升传统酿造生产效率、稳定或提升产品风味品质的重要手段。围绕提升传统酿造发酵能效的目标，加强应用活细胞高通量筛选技术与装备、合成生物学技术、微生物组学技术等前沿生物技术与装备，筛选、改造、合成酿造功能菌种（菌群），从传统酿造过程中筛选获得核心酿造菌种，以减少发酵底料使用，减少发酵过程副产物、减少能量使用，得到高产率、高转化率、高生产强度的传统酿造生产微生物菌种用于传统发酵食品领域绿色发展。例如，海天味业筛选出蛋白酶活力高的米曲霉，提高了原料利用率，可多压榨出 10%的酱油。

1. 酿造菌种（菌群）高通量筛选技术

酿造微生物菌株可利用传统物理、化学、基因重排的方法进行诱变，能够在较短的时间内产生大量突变体，随后通过适当的筛选方法从突变文库中快速灵敏地筛选出优势突变菌株，对于庞大的突变体文库，自动化高通量筛选方法的开发是至关重要的。高通量筛选是基于一系列高通量设备和技术，自动化一次实验处理大量微小体积液体，并匹配先进的信号检测结果进行准确的数据分析，最终从数量级庞大文库中高效快速筛选出有价值的目标化合物、基因、酶及活细胞菌株信息，未来的高通量筛选技术装备发展也将不断向追求微型化、自动化、标准化、简单化及机器人系统的趋势发展。目前开发出微流控技术、显微技术、光镊技术、图像处理技术及可视化工具从传统酿造菌群中高通量分离微生物菌株，并解析其酿造特性，建立酿造功能微生物菌种库，进一步通过筛选酿造功能微生物菌株，开发酿造菌剂，强化发酵过程，提升工业发酵效率（图 5-14）。

（1）微流控高通量筛选技术

液滴微流控技术是近些年发展起来的一种高通量筛选技术，它能够在几个平方厘米的芯片载体上设计制备多个微通道，并在这些微通道内进行样品制备、反应、分离、检测和细胞培养、检测和分选等操作步骤（图 5-15），液滴微流控的筛选系统最大的优势在于可以将单细胞包埋在液滴工作站中，每个液滴皆可作为独立微反应器进行细胞孵育振荡培养或促进目标代谢物或酶大量生产，基于液滴细胞内多标记信号检测进行分析与分选其最高筛选通量可达 10^8 个/d，具有检测

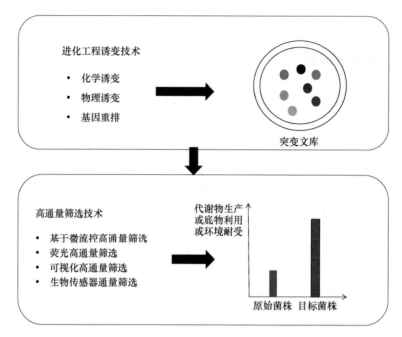

图 5-14　酿造菌种高通量筛选技术（彩图请扫封底二维码）

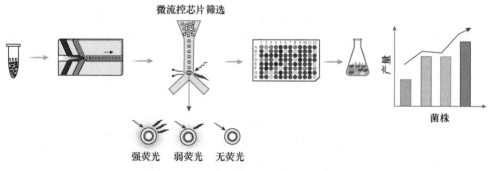

图 5-15　基于液滴微流控的高通量筛选体系原理图（彩图请扫封底二维码）

重复性高、准确性高、速度快、通量高的显著特点，实现了在大肠杆菌、枯草芽孢杆菌、毕赤酵母、酿酒酵母等不同工业微生物生产蛋白质、酶或代谢产物的高通量筛选。有研究者称经过 5 轮液滴微流控筛选，获得一株高产菌株 SG-m5，其木聚糖酶活为 149.17 U/mg，较出发菌株提升 300%，分泌外源蛋白质的能力较出发菌株提高 160%[24-26]。

　　近年来川芎嗪因具有扩张血管、改善微循环、抑制血小板聚集等作用而受到广泛关注，但其在白酒中的含量还不够高，不足以发挥作用，因此可通过液滴微流控技术筛选出一株产乙偶姻量较高的地衣芽孢杆菌，这是一种得到高产率、高转化率产川芎嗪菌株的现代筛选新技术。与原有微生物相比，新筛选的工程菌具有更大的优势，可以实现对目标产物的有效调控。在最佳条件下，川芎嗪的产量可达 16.11g/L，为在白酒中添加川芎嗪提供了可能[27]。

（2）荧光高通量筛选技术

为了提高分选效率，获得具有特定目标表型的工业生产菌株，基于先进仪器平台的光谱技术如拉曼、傅里叶变换红外（FTIR）、傅里叶变换近红外光谱（FTNIR）应用于工业生物技术（图 5-16），实现细胞高通量筛选。拉曼光谱是基于拉曼效应可用于无标签筛选单细胞和生物催化剂，具有快速、灵敏、无损、实时检测等优点。与拉曼光谱法一样，FTIR 和 FTNIR 也是无损分析方法，具有高通量和快速自动化检测的优点。这两种分析方法已被用于筛选金锈菌、毛霉菌和酵母，这些光谱技术及其先进的成像技术与共聚焦激光扫描显微镜相结合，可快速地筛选到目标菌株，在工业中具有巨大的潜力。

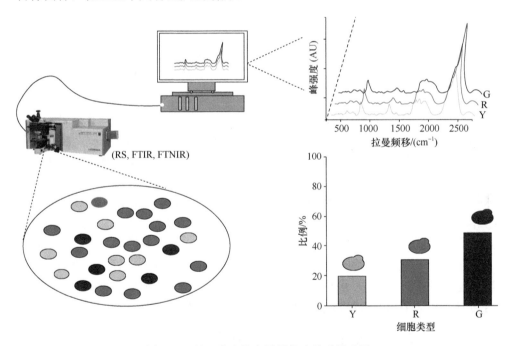

图 5-16　基于荧光的高通量筛选体系原理图

（3）可视化高通量筛选技术

基于颜色或荧光特征对细胞进行筛选是一种非常直观的高通量筛选方法，它主要针对性地筛选具有颜色或者荧光代谢物的菌株，在菌种进化工程中广泛而有效地应用该技术。对于生产有色物（如番茄红素[28]、β-胡萝卜素[29]及虾青素[30]）的菌株，可根据光学比色产物的颜色和深浅程度初步判断反应代谢物的种类和产量高低，适合初步快速、简单筛选发现高产或高代谢菌株，建立起的筛选模型也极大提升筛选效率使之最高可达每次 10^5 个突变体。针对代谢物本身是无色或者缺乏荧光的情况，还可以采用引入外源酶将细胞代谢物转化成有颜色的化学物质以反映代谢物信息。例如，在酿酒酵母体内引入来自植物的二羟基苯丙氨酸双加氧酶，它能够将 L-多巴转化为带有黄色荧光的甜菜黄素，并且发现黄色荧光强度与细胞内 L-多巴的浓度具有较强的相关性，从而可以通过肉眼直接进行分辨筛选 L-多巴高产菌株[31]。

（4）生物传感器通量筛选技术

在微生物产生的化学物质中，只有少数可以直接用颜色或荧光筛选的方法进行筛选。许多化学品本身没有颜色或荧光，很难将它们转化为易染色或有颜色的物质。微生物内广泛存在一类蛋白质或 RNA，它们可以识别和响应特定的细胞内代谢物，并将它们转化为特定的信号输出（如荧光、细胞生长、代谢途径的开启和关闭），通过信号强度检测细胞代谢物的浓度。

基于这一原理，研究人员开发了一系列生物传感器筛选新方法来高通量筛选酿造菌种进化工程突变文库。将细菌转录因子 FapR 及操纵子 FapO 导入酿酒酵母，构建了对胞内丙二酰辅酶 A（MDA-CoA）响应筛选生物传感器。该方法将胞内 MDA-CoA 转化为分子水平上不同强度的荧光信号，避免了大量筛选结果，从而实现了对酿酒酵母更简单、更灵敏地筛选目的菌株，由此得到的下游产品 3-羟基丙酸的收率也提高了近 120%，该生物传感器为真核生物进化文库筛选提供了一种高通量、敏感的筛选模型[32]。赤藓糖醇作为新一代"0"卡路里的甜味剂，在全球减糖、无糖化的背景下，受到全球食品公司和消费者的青睐，在传统发酵食品（如酸奶）中也常常将代糖物质赤藓糖醇作为食品添加剂加到食品中去，然而目前赤藓糖醇产量较低，需要大量的资源才能获得高产率的赤藓糖醇，因此一些研究人员开发了一种高通量的赤藓糖醇产生菌筛选工具。利用 EryD 传感器进行高通量筛选，获得 186 株高产菌株。发酵 76 h 后，赤藓糖醇产量为对照菌株的 1.4 倍，达到 103 g/L，在 3 L 发酵罐中分批补料发酵达到 148 g/L[33]。

2. 酿造菌种（菌群）合成与改造技术

从传统酿造过程中筛选获得的功能菌株，通过优化菌株之间的组合，合成酿造功能微生物群落，强化传统发酵过程，缩短发酵周期，稳定发酵生产过程，提升产品风味品质。应用合成生物学理念，综合应用基因合成技术、基因编辑技术等，加强酿造工业菌种的改造与合成，改善关键菌种的酿造特性，有效提升传统发酵生产过程的能效；另外，构建蛋白质、多糖等食品营养物质，以及乙偶姻、萜类等典型食品风味物质的微生物制造路线，开发新型绿色生物加工过程与工艺[34]。

目前，基因编辑技术逐步成为合成生物学主要技术之一。基因编辑主要应用自上而下的策略，对目的基因进行插入、敲除或替换等实验操作以获得新改造的功能菌株来满足人类特定需要，从而实现酿造工业菌种的改造与合成，提高发酵性能，缩短发酵周期，增加特征风味品质。

（1）同源重组技术

基于同源重组的基因敲除技术是早在 1998 年发展起来的一种新型分子生物学技术手段。同源重组依赖于基因同源序列的联会，DNA 分子之间或分子之内交换对等的基因片段，基因重新组合实现对基因的定点整合（图 5-17）。在白酒中脂肪酸己酸乙酯是浓香型白酒的主体香，但酿酒酵母自身具有的产酯能力极低，如果要增加己酸乙酯含量，就需要延长发酵期，这会增加人力和物力的消耗，还可能会造成白酒的品质难以控制。因此利用现代同源重组技术对酿酒酵母的外源长链脂肪酸酰合成酶基因和肌醇负调控基因敲除，使用强启动子调控脂肪酸合成关键基因，最终得到高产己酸乙酯酿酒酵母用于白酒生产[35]。

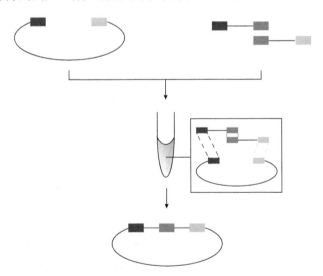

图 5-17　同源重组原理图（彩图请扫封底二维码）

（2）单链 DNA（ssDNA）重组工程技术

虽然同源重组技术已经得到了广泛的应用，但它们大多用于对单基因进行相关操作，且存在着敲除效率、完成时长及脱靶效率等差别，在工业上使用的发酵菌株往往需要额外的工具来高效、准确地编辑基因组。通过 ssDNA 重组工程可以对酿造菌株的染色体转化进行突变，实现酿造菌株的快速改造。ssDNA 重组是一种优化细菌染色体修饰的技术，这一过程主要是通过转化表达 ssDNA 结合蛋白（如 RecT 蛋白）的细胞寡核苷酸，并与染色体 DNA 结合。Van Pijkeren 等对乳杆菌和乳酸乳球菌 ssDNA 结合蛋白同源物，在乳杆菌 ATCC PTA 6475 中表达 RecT 蛋白同源物，增加寡核苷酸的浓度及使用含硫代磷酸键的寡核苷酸，最终乳酸乳球菌重组效率提高 10 倍。利用 ssDNA 重组技术对传统酿造菌株乳酸菌进行定向遗传修饰，简化定向进化获得的菌株步骤，提高其工作效率和成功率，进一步完善基因编辑技术[36]。

（3）ssDNA 重组工程结合 CRISPR-Cas9 技术

一般情况下很少有菌株在没有外来刺激或筛选的情况下产生突变。目前研究较多的是将 ssDNA 重组工程与 CRISPR-Cas9 技术结合可以大大提高突变效率。例如，伊氏乳杆菌 ssDNA 结合蛋白（RecT）通过寡核苷酸与 DNA 的交叉链杂交来促进突变，而 Cas9 核酸酶则根据野生型基因序列来富集突变的等位基因[37]。此外，CRISPR-Cas9 系统也可以与同源重组等基因编辑技术相结合，提高基因敲除或基因编辑的效率。

最近，低醇啤酒变得流行起来，它既有啤酒特有的风味，又有酒精含量低、多饮而不醉的优点。同时，也符合消费者重视健康的消费趋势。因此，可对工业用酿酒酵母本身进行改造构建，构建低醇啤酒的基因工程菌株。通过基因敲除去除自身的 *ADH I* 基因片段，再转入酶活性相对较弱的 *ADH I* 基因，可降低乙醇含量。这种对原有酿造菌种进行改造来生产低醇啤酒，无须更换生产设备，可减少经济损失[38]。

5.2.3 废弃物资源化

传统发酵食品废弃物是指在食品生产加工过程中产生的剩余物，传统酿造技术在生产过程中会产生大量固、液态废弃物，包括酒糟、醋糟、酱糟、废水、黄水等，既增加了处置成本又对环境造成了极大污染。据报道，我国各种酒糟年产量近 3000 万 t，各种香型白酒生产过程产生的酒糟排放量更是逐年增长，但酒糟作为一种有回收价值的废弃物并未得到充分利用，以白酒行业为例每年生产白酒约 1300 万 t，每产 1 t 白酒将产生 14～16 t 的废水、3～4 t 酿酒丢糟，如大量产出的弃物废糟不能进行及时妥善处置，污染物长时间堆放易变质酸败，不仅浪费宝贵资源，甚至会对周边土壤、空气、植被、水质等造成污染。

目前发酵食品废弃物按污染程度可分别进行处理，根据污染类型可分为固体废弃物、液体废弃物、气体废弃物。传统酿造技术中的固体废弃物主要是白酒糟、醋糟、酱油糟。白酒糟、醋糟、酱油糟为酿造过程的副产品，废糟多为淡褐色，且多具有令人舒适的发酵谷物味道，略具烘焙香或麦芽味，含有相当比例的无氮浸出物、较丰富的粗蛋白质，营养成分相对也丰富，含有多种微量元素、维生素等，蛋氨酸、色氨酸、赖氨酸含量也极高。

液体废弃物是指传统发酵食品从粮食原材料生产到成品包装出厂过程中所产生的工业废水。根据污染程度可分为两类，第一类为低浓度废水，包括冷却水、洗瓶水、现场冲洗水等，成分简单，污染物浓度远低于国家排放标准，一般可回收利用或直接排放；另一类为高浓度废水，如蒸馏锅底水、发酵池水、蒸馏工段地面冲洗水、原料冲水、浸泡排放水等。其主要成分为水、淀粉、低碳醇、脂肪酸、氨基酸等，水质呈酸性，污染物浓度高，其化学需氧量（COD）值高达100 000 mg/L，远超过国家允许废水排放标准（表 5-6），因此液体废弃物在排放前必须进行达标处理。废水处理一般需要预处理，常用的预处理方法包括过滤法、重力沉淀法、气浮法、离心法、中和法等。传统酿造产业的废水中通常含有谷壳、麦麸、破碎粒等悬浮物，这些物质多为固体，废水中存在的大量固体废物应被清除以避免管道等设施的堵塞，通常通过设置离心或气浮分离装置和初始分解来调节水质和水量，减轻后续处理的负荷，为后续资源回收利用或实行闭路循环处理创造稳定的条件[39]。

表 5-6　现有企业水污染物排放浓度限值　　[单位：mg/L（pH 除外）]

污染物项目	排放限值	
	直接排放	间接排放
pH	6~9	6~9
色度	70	120
化学需氧量（COD）	130	230
5 日生化需氧量（BOD5）	40	80
悬浮物（SS）	80	160
氨氮	25	45
总氮	40	70
总磷	3.0	5.0

此外，酿造废弃物中的废气主要是投料和原料破碎粉尘、污水处理站恶臭异味、食堂锅炉油烟、酿造酱渣，由于其含水率在 27%左右，易腐败变质，产生异味，废气监测及环评使用评价标准如表 5-7 所示。

针对酿造废弃物中的白酒糟、醋糟、酱油糟、废水及废气，可利用其性质进行资源化利用改造，将其改造成为另外一种可用资源，这也是一种符合绿色产业发展的做法，减少污染物排放，减少碳排放，下面将对几种传统发酵过程产出的废弃物资源化利用的技术进行介绍。

表 5-7 废气排放评价标准

污染物项目	排放浓度	排放速率
颗粒物	120 mg/m³	3.5 kg/h
烟（粉）尘	80 mg/m³	—
二氧化硫	550 mg/m³	—
氮氧化物	400 mg/m³	—

注："—"表示评价标准对该数据无相关要求

（1）制备有机饲料

酒糟是发酵后高温蒸煮而成，粗纤维含量低，粗蛋白质含量高，具有适口性好、消化率高的特点，是农作物秸秆所不能比拟的，还能有效预防牛羊瘤胃膨气，是一种质优价廉的牛羊饲料原料。因此，酒糟还可作饲料，因含有乙醇，不易霉变变质，可长期储存不影响饲料喂养效果。

此外，利用液体废弃物蒸馏锅水、黄水和固体废弃物鲜酒糟制作成为液态水产饲料用于池塘立体养殖，可获得较好的经济效益和环境效益。制作工程可通过收集酿造过程的副产物黄水、锅底水，将新鲜酒糟打浆，并用碳酸氢铵调节 pH至适宜范围，然后接种一种特殊乳酸菌，控制乳酸发酵温度，检测发酵微生物发酵代谢过程，使最终每个细胞产生 1000～8000 倍体重的代谢物，在发酵一周后产生酸化的液体发酵饲料，该饲料呈淡黄色、气味微酸、流动糊状，合理调配非常适合水产养殖。不仅饲养方便，而且口感适中，营养价值高，可以满足鲢鱼和小龙虾的营养需求。同时，该液态饲料不会造成水体富营养化，是一种绿色环保、可净化水质、增加溶氧的饲料，有利于水体中莲花、莲藕等植物的生长与繁殖。废水生产液态饲料的处理过程见图 5-18。

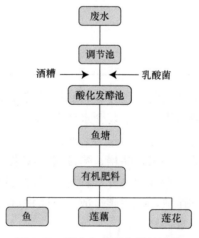

图 5-18 废水生产液态饲料过程

（2）制备丢糟酒、保健酒

利用现代生物工程技术可实现传统酿酒工艺废弃物资源的高效转化，将传统制曲工艺、复合酶技术和复合酵母技术相结合，以酿造酒糟为原料生产出了产酯能力和出酒率均较高的特种酒糟酒，此外还有工业酒厂将酒糟与保健食品原料混合在一起发酵，然后蒸馏得到一种新型的酒糟保健酒，剩下的营养复合酒糟可制成酒糟麻薯或其他酒类产品，这种丢糟酒、保健酒充分利用丢糟含有大量不同香气前体物质，结合特殊的酶或细胞将复合的香味物质融入酿造产品中，利用丢糟营养丰富、含有大量粗蛋白质的特点，可以减少原材料粮食的投入。目前也有研究人员利用固态酒糟废渣制作出了品质优良的红曲香醋，解决固态酒糟废渣污染环境问题，显著降低了生产成本，该丢糟酒、保健酒的工艺简单、易操作且不添加生产设备，生产酒质好，为白酒生产企业新型产品研发提供思路，实现了酒糟废弃物资源化回收，并带来了巨大的市场效益[39, 40]。

（3）转化为可用能源

2018 年国家"固废资源化"重点专项"酿酒废弃物热化学能源化与资源化耦合利用技术"项目中，采用高效干燥、生物质能热化学转化等技术，将酿酒丢糟热解为热解气和生物炭，通过热解气生物质专用锅炉燃烧生产出酿酒车间使用的蒸汽，生物炭作为有机肥料在高粱种植基地中使用，为实现"高粱种植→白酒发酵→固废资源化利用→优质高粱种植→优质白酒发酵"的绿色循环产业链打下坚实基础。

目前，将酿造生产过程中的固体废弃物转化为可用能源是企业最常用的废弃物资源化利用方式，以下列出三家公司废弃物利用所采取的措施，其中都包含了将其转化为可用能源。DIAGEO 是来自英国的世界上最大的跨国洋酒公司，旗下拥有一系列顶级酒类品牌涵盖蒸馏酒、葡萄酒和啤酒等，DIAGEO 在绿色制造方面也做了大量工作，对发酵产生的副产物和废弃物回收利用，蒸馏副产物被用来为苏格兰的一家新发电厂发电。美国阿拉斯加的 Alaskan Brewing 公司则建造了世界上第一台谷物残渣锅炉，将酿造过程中的自然副产品如锅炉燃烧谷物残渣作为产生蒸汽的燃料，为酿酒厂提供电力，使酿造啤酒所用的燃料油减少了 60%。

醋生产过程中产生的废弃物主要是醋糟，山西水塔醋业通过构建大型醋糟生产沼气工程，采用废水处理及回用技术，将醋糟产生的沼气转化为生产用气和生活用气。另外，该公司采用生物质热电联合技术，利用酿造生产过程的废弃物醋糟和农作物秸秆作为生物质燃料，实现热电联产，创造出良好的环境效益和经济效益。

（4）生产调味品

利用固体废弃物丢糟生产调味品的相关研究主要包括食醋和酱油的生产。利用大曲糟粕代替部分米糠生产麸曲食醋，确定酒精发酵阶段和醋酸发酵阶段废糟的理想比例分别为 30%～40%和 20%～30%。添加废糟不仅改善了醋糟的松散度和营养成分，而且使食醋产量和总酯含量分别提高了 2%和 25.1%。同时，也推动了麸曲食醋生产行业的创新[41]。有人先以鲜香型白酒的酒糟为原料进行醋酸固态发酵，得到营养丰富、酱香醇厚、风味独特的醋，然后将优质食醋应用到液体发酵醋中。通过单因素实验确定醋酸的加入量为 5%，摇床发酵条件为 30℃、200 r/min、160 h，醋酸的酸度为38.4g/L，得到一种口感柔和、风味浓郁的新型食醋。一些研究人员利用耐高温、耐酒精、高活性的酵母及糖化酶和纤维素酶，以新鲜粮食为原料酿造食醋，食醋产量为每百千克 33.5 kg，食醋产品质量和卫生指标均符合国家标准。此外还可在传统酱油曲中添加一定量的酒糟，最后制得的酱油在蛋白酶活性、特征风味和感官指数方面的评价上均高于传统酱油。

（5）生产白炭黑

固体酒糟中富含稻壳，含有15%～20%的无定形水合二氧化硅，其余成分为碳水化合物，利用酒糟锅炉燃烧后的固体废弃物，可得到50%～60%的二氧化硅和35%～40%的碳。当前国内外白炭黑主要采用湿法生产，水玻璃经碱提、酸化后制得白炭黑提纯产品。另外一种工艺流程如图 5-19 所示，将氯碱企业氯气干燥产生的副产品作为酸化剂、酒糟为原料，沉淀法制备白炭黑（图 5-19），制备的白炭黑经质量检测符合国家标准，成本相较于湿法制备更低。

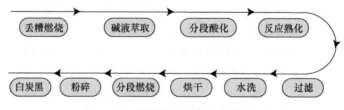

图 5-19　利用白炭黑制备的流程

总而言之，这一废弃物资源化利用技术不仅可以避免废弃物污染环境，还可以将无用的废弃物转化为一种或几种有价值的产品，这也符合绿色制造可持续发展的要求。此外，传统酿造废弃物还可运用合成生物学技术，通过定向设计改造微生物将食品废物转化为无害物质或可用能源（如甲烷、乙醇和电力等）。除上述废弃物资源化利用途径外，还可以利用白酒丢糟制备活性炭，提取纤维素、半纤维素、膳食纤维，生产生物有机肥，提取菌体蛋白等有用资源。

5.2.4　全周期环境友好

在传统发酵食品行业，实现全周期环境友好是实现绿色升级制造的重中之重。依照《绿色制造工程实施指南（2016—2020 年）》的目的和要求，并结合传统发酵食品行业本身特点，在全周期环境友好方面进行技术升级需要创新生产过程技术，提高能源利用率，使用新型设备技术对废弃物处理使之可以循环使用，使企业经济效益与社会效益协调优化。例如，沧源南华勐省糖业有限公司在资源综合利用中，充分体现了全周期环保型工业生产模式。该公司利用原料加工产生的废渣作为锅炉燃料（剩余用于造纸厂造纸），锅炉产生的蒸汽用于发电，电能用于全厂生产；制糖最终废弃物——废蜜作为酒精生产原料，制糖过程中产生的固体废物滤泥和锅炉水膜灰渣作为原料生产生物有机肥，生产的生物有机肥作为甘蔗田肥料，形成工业反哺农业的良性循环经济，将节能降耗降污增效贯穿从原料开始到成品下线的全过程，打造出一条绿色制糖生产线。在传统发酵食品领域要做到全周期环境友好需要多方面规划，创新生产过程技术、建立能源管理体系、开发可再生资源等方法都为全周期环境友好提供了很好的解决策略。

1. 创新生产过程技术

要做到全周期环境友好，创新生产过程技术尤为重要，在生产工艺的改良上应用先进的定向进化和特异性驯化技术，筛选出适合工业化大规模（高性能、耐高温）生产的菌株，减少生产过程中冷却所需的能量和菌株对氧的需求，显著地降低传统酿造生产所需能耗。

积极创新无需新鲜生蒸汽和二次蒸汽冷凝的蒸汽再压缩技术（热泵技术），解决传统发酵食品行业生产过程中需要对物料进行多次的加热、煮沸、液化、冷却等操作所需要消耗大量的蒸汽和冷却水问题（在生产能耗中比例超过 40%）。近年来，热泵技术在其他相关生物发酵行业（味精等）中已得到应用。以啤酒的生产为例，若热泵技术能在酒业生产中得到广泛应用，年综合能耗能减少300 万 t 标准煤。

在四川泡菜发酵中腐胺为主要污染物，利用多组学等技术手段筛选出高效降解腐胺的植物乳杆菌 PC170，并且创新地应用二次蒸汽压缩提能，高效循环，利用 MVR 蒸发副产物浓缩液<3%，回收食盐率100%，突破传统技术能耗高等技术瓶颈，另外对盐渍液含盐量从 5.5%到 16.5%再到 26%进行梯度浓缩，较传统的多级蒸发结晶（ME）节能 50%，开展回收食盐，建立《MVR 回收食盐》和《MVR 浓缩液》内控质量指标，率先将 MVR 回收食盐应用于泡菜发酵，特别适用于半干态和干态发酵泡菜，显著提升了泡菜风味和产品品质（图 5-20）。

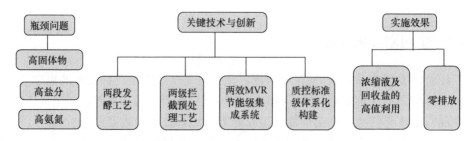

图 5-20　四川泡菜发酵的全周期环境友好技术

2. 建立能源管理体系

在传统发酵食品产业中建立完善的能源管理体系，可以在企业内部注入贯彻强制性能耗标准的动力，在发酵生产全过程对能源使用情况进行精确审计，对企业能效实时诊断和对标，发掘内部节能潜力，构建节能减排长效机制。开展风能、太阳能等分布式能源和园区智能微电网建设，提高可再生能源使用比例，实施园区绿色照明改造，建设园区能源管理中心，加强园区余热余压梯级利用，推广集中供热和制冷（图 5-21）。积极利用余热余压废热资源，推行热电联产、分布式能源及光伏储能一体化系统应用，提高可再生能源使用比例，实现整个园区能源梯级利用。具体能源系统化管理可采取的技术方法有：一是利用近年来逐渐成熟的商业化能源管理系统，对传统发酵食品企业的电力、燃气、水等各分类能耗数据进行采集、分析处理，实现企业内部能耗情况的全面动态监控和数字化管理。在此基础上，通过精确预计和能耗核算，针对不同生产强度下的能源需求，对企业产能负荷进行调节管理，实现节能应用。二是建立绿色能源体系，通过能源管理系统将企业的节能减排计划任务分解到各个生产部门，如图 5-21 所示，将每一

图 5-21　能源管理系统图

场所的节能工作责任明确，将企业工业产值能耗、单位面积能耗等指标纳入企业各部门的年度考评，构建企业能源管理考核体系，保障节能工作有效推进[42]。例如，李锦记（新会）食品有限公司为全国首家启用光伏项目的调味品企业，安装了太阳能光伏发电项目，利用光伏发电系统，其在供电给厂房后剩余的电量，相当于2500 人平均一个月的耗电量，并建立了地源热泵系统二期工程、风能发电等多种可再生能源系统。

在传统发酵食品产业的生产过程中，二次能源经常被忽视，从而造成巨大的能源浪费。因此，全周期环境友好还要设置余热回收系统，有效利用工艺过程和设备产生的余（废）热，普及余热余压发电、供热及循环利用。

3. 开发可再生资源

根据前面企业的调研结果来看，目前传统发酵产业的主要能源为电力，而我国《能源生产和消费革命战略（2016—2030）》对我国能源革命作出全面的战略规划[43]，提出了 2021～2030 年大力发展可再生能源、天然气和核能，使利用率持续增长，大幅减少高碳化石能源利用的战略目标。针对性地推动可再生能源发展，加大温室气体减排力度。新能源和可再生能源主要为天然气、光能风力发电能、地热能、海洋能，但是它们的成本相对偏高，竞争优势仍不明显，未来仍需开发新型可再生能源、清洁能源，如可以利用酿酒过程产生的废渣生物质转化为电能，从而提高能源利用效率，促进传统发酵产业结构和能源消费结构双优化，推进传统发酵产业能源的梯级利用、循环利用和能源资源综合高效利用。

此外，开发可再生资源，还要创建废物资源化、能源低碳化的绿色工厂，提高一次能源利用率。以传统发酵食品的绿色工厂、绿色园区为典型，在园区率先实施煤改气或可再生资源代替化石能源，并推广电热联供、电热冷联、能源梯级利用和集中供热制冷等节能措施，落实清洁能源高效利用行动计划。与此同时，提高产业内清洁和可再生能源的使用比例，在企业内建设光伏电站、储能系统和智能微电网。以上海金枫酒业股份有限公司为例，光伏电站总容量已达 18 MW，年发电量可达 1600 万 kW·h，为企业缩减了大量的能耗支出。

5.3 面向未来的传统发酵食品绿色制造

5.3.1 核心内涵与意义

科学技术是第一生产力。在环境污染、气候变化和人口增长的背景下，目前传统发酵模式生产的食物已经很难适应高质量发展要求，酿造原料转化效率不高、酿造生产周期偏长、批次质量稳定性不高、废弃物资源化利用水平较低等问题亟待解决，未来的传统发酵食品产业急需通过科学技术，通过开发关键共性技术、现代工程技术、前沿领先技术，突破酿造原料、酿造菌种（菌群）选育、酿造废弃物资源化等行业核心关键技术，为实现传统发酵食品产业绿色制造升级目标提供坚实保障。同时人们对未来传统发酵食品也提出了"更安全、更营养、更方便、更美味、更持续"多样化的要求，未来的传统发酵食品科技发展可通过大数据、物联网、纳米技术、基因编辑、区块链、信息工程、人工智能、云计算、生物技术等深度交叉融合颠覆传统食品生产方式，实现传统酿造产业的颠覆性发展[44, 45]。

近年来，为了发展工业的绿色制造，美国、英国、德国、日本等都建立了产品标签制度，如德国的"蓝色天使"、美国的"能源之星"、日本的"环保产品"等，凡产品上标有"绿色标志"字样的，就表明该产品生产、销售、使用、回收全过程符合环保要求，对生态自然环境危害极小，有利于资源再生利用，所涉及领域主要包括机械、电子、医药、纺织、染料、造纸、农药等，欧盟委员会也在2019年12月制定各类措施并发布了《欧洲绿色协议》，加快绿色新政的步伐。目前我国在环境绿色技术评价体系、清洁生产技术、机电产品绿色设计理论与方法、可回收绿色设计技术、绿色制造一体化运作模式和实用评价技术等方面也做了大量的研究和实践，为传统发酵食品产业的绿色制造技术发展奠定了坚实的基础，也为绿色制造相关技术在其他工业制造中的应用提供了良好参考和推广作用。因此，未来传统发酵食品绿色制造的核心内涵是以科技创新引领发酵食品绿色发展，降低碳排放，降低原材料和能源消耗，减少环境污染，满足人们未来消费升级的多样化需求[46]。

对于未来传统发酵食品绿色制造的意义，一是如今我国生态环境建设现状依然不容乐观，任务艰巨，加快构建传统发酵食品的绿色制造技术创新体系，以科技创新推进绿色发展，解决生态环境污染问题，为污染防治攻坚任务贡献力量。二是以传统发酵食品绿色创新为内容的技术革命和产业革命正蓄势待发，我国在食品领域领跑技术比例仅占 5%，与主要发达国家差距明显，加快推动传统发酵食品绿色技术创新是迎接和推动新一轮技术革命和工业革命的重要举措，促进绿色产业发展对于提升我国在世界领域新一轮科技竞争中的地位、加快建设创新型国家具有重要现实意义。

5.3.2 发展目标与路径

人类认识到传统发酵食品制造产业对环境和人类健康的风险经历了一个漫长而曲折的发展过程。为了消除或降低这些风险，人类开始寻求对人类健康友好、对生存环境友好的传统发酵食品制造方式。绿色制造是一种综合考虑人多方面需求、生态环境影响、资源利用效率和企业经济效益的现代化制造模式，产品在其整个生命周期中对人类健康无害、对自然环境危害极小甚至无害、原料资源利用率高、能源消耗低。绿色制造的两个基本点是对人类健康友好、对生存环境友好，这也是构成绿色制造的两个基本要素[47,48]。未来传统发酵食品绿色制造的发展目标是通过发酵食品绿色制造创新技术实现发酵食品工业可持续发展的新驱动，提高发酵原料利用率，降低消耗、减少污染、改善生态，突破一批拥有自主知识产权的关键共性技术、基础前沿技术，促进资源利用水平、酿造生产效率、清洁生产水平、能源利用水平等方面提升，以绿色技术创新驱动产业绿色发展。主要路径有如下三条。

1. 加强绿色技术创新，突破行业核心关键技术

通过开展技术创新和系统优化，突破酿造原料技术、酿造菌种（菌群）选育、酿造废弃物资源化等行业核心关键技术，通过发酵固液体废弃物减量化、循环利用与资源化改造，将全产业链的环境影响降至最低，资源能源利用效率最高，实现经济效益、生态环境效益和社会效益多方面协调平衡优化，突破原有的传统发酵产业高投入、高能耗、低成本的增长模式，加快转变增长方式，优化酿造产业结构调整，全面提升传统发酵产业的质量和整体水平是全行业首要的任务。生物发酵技术是集生物学、化学、工程学于一体的当代前沿技术学科，传统发酵食品行业也是科技含量较高的行业，因此要深入了解国内外传统发酵食品行业发展动向及前沿技术，牢牢把握前沿创新技术核心，以提高原料的转化率和综合利用率，降低环境污染水平，依靠技术进步使我国在传统发酵食品领域处于领跑地位。

2. 构建绿色制造体系，引导行业绿色转型升级

引导传统发酵食品行业龙头企业、绿色制造示范企业将绿色设计、绿色技术和工艺、绿色生产、绿色管理、绿色供应链、绿色回收等理念分享推广，推动传统发酵食品行业积极争创绿色产品品牌，着力打造绿色工厂，加快构建绿色制造体系建设，加快绿色产品设计、绿色工厂、绿色园区和绿色产业链建设进程，进行传统发酵食品行业绿色转型升级，大力推进绿色低碳化的循环发展和清洁生产策略，通过我国发布的《中国制造2025》《绿色制造工程实施指南（2016—2020年）》和《绿色制造标准体系建设指南》相关部署文件，加快引领建设绿色制造，以点带面，推动我国传统发酵食品的绿色制造体系建设，解决我国传统发酵食品行业的绿色发展体系不完善的问题，以相应的行动指南指导绿色制造体系的绿色产品、绿色工厂、绿色园区、绿色供应链4个方面建设，进而引导整个传统发酵食品行业的绿色转型升级。

3. 打造绿色发展格局，促进经济与生态良性互动

传统酿造食品产业升级，要将经济利益的单一目标驱动转变为经济发展和生态建设"双轮驱动"。促进经济发展与生态建设良性互动，打造产业绿色发展格局，实现绿色生态经济发展"双轮驱动"。为满足我国传统酿造食品行业的可持续发展，需要打造出绿色发展格局，绿色制造代表着制造业的发展方向，把绿色的理念贯穿于制造端和经济端，形成绿色制造—绿色经济的闭环，有效地连接绿色生态建设与绿色经济，绿色制造才能走得更远，进而推动传统酿造产业的高质量、绿色、健康发展。

5.3.3 主要策略和关键技术

根据《绿色制造工程实施指南（2016—2020 年）》《工业绿色发展规划（2016—2020 年）》等文件要求，积极推动实施绿色制造工程，构建绿色制造体系。未来在不断推进绿色制造体系建设的条件下，传统发酵食品企业加强产品全生命周期绿色管理，可持续推行绿色设计，在我国传统酿造食品行业全面自发深入绿色化改进，具体可以采取以下几点主要策略及关键技术（图 5-22）。

图 5-22　推进绿色制造建设的策略及关键技术

绿色制造的策略：

1）强化政策支持。统筹利用现有资金和绿色金融工具支持绿色制造领域关键共性技术攻关、高水平公共平台建设、老旧机械装备优化升级，继续落实绿色制造企业税收优惠政策。支持传统发酵食品重点企业建设国家级和省级创新设计平台，完善创新体系，重点突破酿造、包装、质量控制等关键共性技术。通过产业政策、政府扶持等途径消化部分科技投入压力，积极支持领军企业携手高校和科研院所组建创新联合体，并加强包装、机械设备等传统酿造上下游应用研究，确保科技创新在相关政策的引领下上一个台阶。

2）营造良好环境。严格节能监察和环境监管执法，倡导绿色发展理念，营造公平竞争环境，提升公共服务水平与覆盖水平，推动建立协同发展、优势互补的

产学研用一体合作机制。围绕国内显著领先的传统发酵食品产业技术优势，组建传统发酵食品产业产学研合作创新联盟或创新中心，制定健全传统发酵食品产业联盟规章和团体技术标准，支持传统发酵食品企业申请国家级企业技术中心、国家级和省级轻工业生产研发设计中心。加强传统发酵食品专业人才队伍建设，瞄准国内外发酵食品领军企业，培养引进交流传统发酵食品产业技术创新、科技成果产业化和产业技能攻关人才团队。引导企业走"专精特新"之路，夯实传统发酵食品产业集群，加快自主设计加工生产绿色产品。

3）持续激发企业动力。充分发挥企业主体作用，加强对传统发酵食品绿色制造关键技术研发投入，积极应用新兴技术实现转型升级，打造一批绿色制造新产品、新模式。注重发挥传统发酵食品行业龙头企业的带动作用，积极培育传统发酵食品龙头企业，加强产业链和价值链相关研究，深入分析各环节制约因素，提升产业整体技术水平，依托区域优势资源、综合效益好、带动区域经济强的一批食品产业项目，谋划一批大型食品产业项目，或与龙头企业紧密配套，填补传统发酵食品产业链空白。充分发挥龙头企业的带动作用，鼓励龙头企业争创绿色产品品牌，争建绿色工厂，并在融资、供电、用水、用地、税费上给予优惠，带动相关企业传统发酵食品绿色发展和绿色产业集聚。

4）积极培育市场需求。围绕新一代传统发酵食品发展战略，坚持健康、安全、卫生、营养的产品理念，严格把控传统发酵食品生产各环节，为广大消费者提供放心食品，更好地服务公众健康和生活品质。鼓励在各类政府机关单位、高校、国企采购项目中优先选择绿色制造传统发酵食品，多渠道、多平台大力宣传推广绿色制造产品优势，培养绿色消费的思想，推动更多消费者认可并采购绿色传统发酵食品产品。支持企业深度挖掘消费新需求，适应和引领绿色消费升级趋势，加强产品开发、外观设计、产品包装等方面的创新，打造新型绿色化消费发展格局。

未来的传统发酵食品生产离不开关键技术的开发，并且会考虑产品生命全周期，对传统发酵食品有着更加精心的改革式创新，充分考虑从原材料采集、生产到产品废弃整个过程对环境的影响，通过采取优化或改进产品设计、低能耗制造工艺设计、制造系统能源优化设计等措施，可以大大提升传统发酵食品的生产水平，可以大大减少产品在生产和使用过程中"无效"的能源消耗。同时，未来的传统发酵食品可以满足人们多元化的需求，在功能性主食时代，未来传统发酵食品将转化为多功能性发酵食品，具有极其丰富的营养内涵，在功能性食品趋势的引导下，我们碗中的传统发酵食品必将向着形式越来越简单、功能越来越强大的方向进发，未来的传统发酵食品还可以定制化，满足不同人群的特定需求。总而言之，技术改变时代，传统发酵食品必将改变我们未来的生活方式，下面介绍几种在传统发酵食品中可能会起到引领作用的关键技术。

（1）绿色包装新材料技术

产品包装是产品制造的重要组成部分，也是绿色产品的重要组成部分。目前传统发酵领域的产品包装处于快速发展阶段，因此必须采用相应的绿色设计理念和绿色环保材料，在绿色包装材料的研究和实际应用过程中必须根据实际要求综合考虑环境因素，既要保证包装材料具有良好的技术性能和经济效益，又要遵守相应的绿色制造原则，达到绿色环保新发展目的。目前，传统的发酵食品包装大多使用塑料，但由于其回收效率低、自然降解可能性低，不符合绿色包装。2020年市场监管总局等八部门联合印发《关于加强快递绿色包装标准化工作的指导意见》，加强包装绿色化治理，加强绿色包装材料企业长效规范管理体系，形成循环包装新模式，减少包装废弃物，推动相关部门加快建立与绿色理念相适应的法律、标准和政策体系，增加绿色产品包装供给，推进包装行业的"绿色革命"。所以，低毒、无污染、可回收的绿色材料是传统发酵包装制造材料未来的发展趋势和方向，通过先进技术生产出各种有利于环保、节约资源的新材料，对传统发酵制造行业的发展具有现实意义。所以为了满足绿色包装的要求，必须采用可生物降解、强度适中、易于生产和回收的新材料。

目前，大多数企业按照产品全生命周期的理念对产品进行绿色包装，传统发酵食品的包装材料已从单一的纸质、玻璃材料发展到纸塑、纸木相结合，陶瓷，金属，可回收塑料，复合材料的包装材料，还有新型高分子化合物包装材料，如聚苯乙烯等，提高包装的可再生程度也会减少向大气中排放二氧化碳，我国也制定了《绿色食品 包装通用准则》（NY/T 658—2015）[49]，目前使用绿色环保材料的传统发酵食品有很多，如裕同集团设计的茅台纪念酒和泸州老窖窖龄酒，都是极具现代艺术设计，又具有绿色环保功能的包装产品。

绿色包装的制备一方面需要考虑产品包装的外在艺术价值，另一方面也需要考虑包装材料的成本、循环回收利用、污染等问题。在传统包装材料中掺杂纳米颗粒作为绿色包装材料，不仅可以提高包装材料的性能，还可以延长包装材料的使用寿命，减少污染，也符合绿色制造中绿色产品设计的要求（图5-23）。在食品工业中，纳米包装材料具有更强的保鲜除菌功能，可延长产品的食用寿命，在绿色制造中可以增加绿色产品的流通时间，减少食物浪费，节约资源，目前纳米包装材料已用于啤酒、饮料、果蔬等的包装。例如，在塑料中添加纳米二氧化钛可以有效地减少紫外线的穿透，从而保护透明包装材料的食品免受紫外线损害。在保鲜包装材料中添加纳米银粉，这种材料可吸收果蔬释放出的乙烯，降低封闭包装环境中的乙烯含量，从而达到更好的保鲜效果。含有硅酸盐纳米颗粒的塑料薄膜的强度、耐热性和阻隔性均优于普通塑料薄膜，可有效防止食品变质。纳米聚对苯二甲酸乙二醇酯（PET）瓶在普通 PET 瓶表面涂覆一层复合纳米材料，增强了 PET 瓶的阻隔性，可用于啤酒的塑料包装，也是传统发酵食品中较好的绿色发酵食品包装材料。

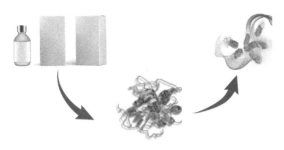

图 5-23　食品的纳米包装材料[50]

目前可再生的植物资源（如玉米、木薯等）所制成的新型的生物基高分子材料、可回收循环利用的高分子材料的使用成为潮流（图 5-24），通过将淀粉改性设计，这种改性淀粉再与其他的一些生物降解聚酯聚合之后，可制成能够减少传统能源消耗、可降解的原材料。目前我国有很多这样的企业，如烟台阳光澳洲环保材料有限公司、广东华芝路生物材料有限公司，我国是全球第二大淀粉基生物降解材料生产国，在未来的绿色包装发展方面有着巨大潜力。但如今环保材料价格还普遍较贵，甚至是普通包装材料价格的 2 倍以上。

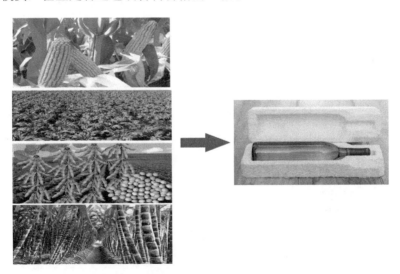

图 5-24　啤酒的植物基包装材料（彩图请扫封底二维码）

在可持续发展理念的推动下，传统发酵食品行业明显加快了可再生包装的开发力度，发展高分子绿色包装材料是酿造行业大势所趋，综合起来，可在以下几个方面重点突破：一是绿色制造背景的新型塑料加工技术研发；二是高性能材料的绿色化包装关键技术和实际应用；三是开发可回收循环使用的高分子材料。此外，机械加工工艺水平、云计算技术及相关配套服务设施也成为绿色产品包装性能提升不可或缺的因素。

（2）生物质能源技术

未来的传统发酵食品可将生物质转化成为人类所需的各种化学品及燃料，实现从化石资源燃料到可再生的生物质能源的转变，在食品领域也是减少碳排放、缓解温室效应的有效途径。这将是未来我国能源的发展方向，也是减少二氧化碳排放的主要方向。在欧美等发达国家和地区，生物质能发电已是一种非常成熟的产业，在一些国家已经成为重要的发电和供暖方式。截至 2017 年年底，我国可再生能源发电装机容量 6.5 亿 kW，占电力总装机容量的 36.6%。其中，生物质能发电装机容量 1476 万 kW，在我国某些城市生物质能源已经应用于人们的日常生产与生活（图 5-25）。2020 年 9 月 16 日，国家发展改革委、财政部、国家能源局联合发布了关于印发《完善生物质发电项目建设运行的实施方案》的通知，因此未来在传统发酵食品行业大力推广生物质能源技术是非常有必要的，利用生物质能源污染少、分布广、可再生、可循环等特性，生物质能源成为高污染化石能源的理想替代能源，通过开发利用生物质能等可再生的清洁能源资源建立起传统发酵食品行业可持续的能源系统，也符合国家的减少排放、保护环境、可持续绿色发展战略的需要。

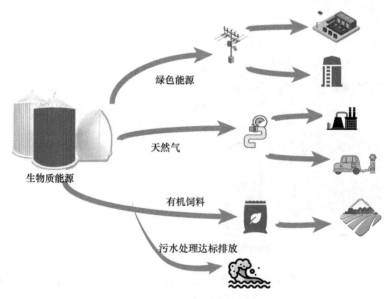

图 5-25　生物质能源应用路线

　　随着生物质能源的发展，生物质能源原料的发展也逐渐趋于绿色化。传统的生物质能源原料主要是油料、淀粉和糖料作物，这种以粮食为原料的生物燃料开发受到一些质疑或抵制。第二代生物能源原料使用纤维素、半纤维素等"非食用"生物质作为能源，这些原料来源于农业、工业、林业的副产物或废弃物，这也有利于传统酿造食品产业的废弃物资源化利用，而目前最新的第三代生物质能源进一步拓展原料范围，可使用微生物细胞工厂利用大气中的二氧化碳进行生物生产。通过固定二氧化碳不仅可以降低碳排放，同时还可实现绿色燃料、传统发酵食品的可持续生产。相比较第一、第二代生物质能源利用"光能—生物质—产物"0.2%的转换效率而言，如今第三代生物质能源在能量利用率方面更具有优势，传统酿造产业未来利用新型生物质能源进行大规模生产，从根本上减少化石能源利用与消耗，实现传统酿造产业的绿色低碳生产[51]。

　　第三代生物质能源是一种更加高效、低成本的可循环利用的生物发电模式，使用微生物细胞工厂利用大气中的二氧化碳进行生物生产，主要可以分为两大类。一类为自养微生物可以利用二氧化碳作为主要或唯一的碳源，通过光合作用或化能合成作用获得能量，包括微藻、蓝细菌、古细菌、泉古菌门、变型菌纲等微生物，这些微生物可通过合成生物学技术改造成为光能或化能自养微生物，实现从二氧化碳合成生产一些燃料和化学品的生物质能源生产过程。

　　另一类为大肠杆菌、酿酒酵母、毕赤酵母等菌株作为重要的工业模式微生物，目前在生物能源领域得到了广泛应用，用以商业化生产化学品、天然产物、蛋白质等产品。相对于可以天然固定二氧化碳的微生物，这些工业模式微生物具有许多优势。例如，大肠杆菌生长速度比蓝细菌快 5 倍，且具有高效的分子及合成生物学工具、成熟产品合成路线和发酵工艺等。随着代谢工程与合成生物学的发展，研究人员希望把诸如大肠杆菌等模式工业微生物的碳源从有机碳转化为二氧化碳，从而拓展这些微生物应用于第三代固碳生物。因此，在异养模式工业微生物中科学家们设计表达了不同的固碳途径。2019 年 Gleizer 等[52]将一个完整的异源戊糖磷酸途径（Calvin-Benson-Bassham 循环，CBB 循环）引入大肠杆菌，结合有机碳限制下的适应性进化，并采用电化学得到的甲酸作为能量和电子供体，首次实现了大肠杆菌以二氧化碳为唯一碳源进行生长。与此同时，Gassler 等[53]通过合成生物学改造毕赤酵母，将其过氧化物酶体甲醇同化途径改造成类似 CBB 循环的固碳途径，利用甲醇作为能量和电子供体，也实现了将二氧化碳作为唯一碳源的"自养"生长。但这种二氧化碳固碳微生物研究尚停留在实验室阶段，还未在实际生产中应用，未来新型第三代生物质能源发展还有很长的路要走。

（3）合成生物学技术

　　未来的传统发酵行业将会结合生物技术实现发酵食品高效、高质、高产量制造，应用生物技术改造或优化后的微生物细胞或生物反应器高效、低碳生产传统发酵食品，并通过生物技术使传统发酵食品具有高附加值，具有人们想要的各种特性。

在我国，发酵食品已经有了几千年历史，古人常利用微生物发酵来保存食物，从酿酒、泡菜、发酵乳到地域性食品如郫县豆瓣酱等，发酵食物不仅在营养价值和生物利用度上有了显著的提高，而且因其独特的风味和口感而广受老百姓欢迎。如今，人类崇尚健康饮食，饮食习惯正处于非动物源食物生产系统过渡的初期。随着植物基肉、蛋、乳制品的普及，发酵类替代食品也将渗透进大众日常生活中。在将卡路里转换为蛋白质和环境附加值方面，微生物比牲畜更有效地减少污染物和温室气体排放，并节省水和土地。在微生物发酵过程中可以消耗多种原料，通常是低成本的农业废弃物，原料的多样化将促进本地化生产，减少运输费用。

近年来出现的"人造功能产品"就是未来食品合成生物学发展的新产物，如"人造奶""人造蛋""人造肉"，它们将可再生原料转化为重要食品组分、功能性食品添加剂和营养化学品来解决食品原料和生产方式过程中存在的不可持续问题，更是大大减少了传统畜牧业饲养过程中的温室气体排放。同时在"人造功能产品"制造过程中应用传统发酵行业中的发酵技术，通过大型生物反应器和细胞培养人工智能控制用于"人造功能产品"生产制备。未来的传统发酵行业也将应用食品合成生物学理论研究及技术方法对传统发酵食品进行合成，并且这种方式生产出来的传统发酵食品不但在一定程度上减少了原料废弃物产生，还更加精准地对制造工程进行控制，创造出新型的风味发酵食品，满足人们多样化、个性化的饮食需求[54]。

3F Bio 公司在发酵原料和生产流程上具有独到之处，他们使用丝状真菌作为发酵剂，以生物乙醇（多采用小麦和玉米作为原料）生产中的残渣作为底物，将这种低价值的生物质副产物转化为高质量、更美味的食品原材料，可以用于制造各种肉类替代品。

（4）信息化管理技术

传统酿造食品企业的生产方式大多比较传统，只有少数传统酿造食品企业实现了从原料酿造、调配灌装、仓储质检、物流配送的全流程信息化管理。运用信息化手段加强白酒企业生产过程管理，对原粮等生产资料消耗进行系统管理，对各窖池投入和不同等级原酒产量进行综合统计分析越来越重要，有利于减少酿造过程中不正常现象，便于及时调整生产方案，减少原料、人力、物力的损失。同时，对酿造过程中的水、电、气消耗和工时投入进行测算，帮助白酒企业解决生产成本难以准确测算的问题。建立生产计划管理，通过订单、生产、物流信息的联动，使生产的各个业务环节都有了"动"，以订单拉动生产，以生产带动物流，确保生产经营活力。建立成品包装生产管理，及时掌握生产所需的各类包装材料入库情况，加强包装材料"成套"管理，节约库存和包装材料成本，实现成品包装全过程生产监控；建立酿造产品生产仓储管理和评价信息管理；实现生产全面质量管理，强化质量管控，建立质量追溯平台。

传统发酵食品可以通过大数据对用电规律进行设计研究，识别出高负荷用电仪器及时间段，对不合理的用电配置进行调整，提高能源利用率，降低用电成本，除了节能降耗节水新技术，优化生产过程中耗材和能源损耗的绿色设计方案。通过平台化的专业软件系统，可帮助企业在产品设计研发后期针对生产制造环节的工艺进行前期优化，优化后的设计方案可以大大降低加工制造时的能耗及材料损耗，尤其是在机加工、3D 打印等领域具有很大的发展潜力。

借助综合通信技术，信息化管理可以通过对点通信技术实现工业物联网与工业以太网的无缝连接，并通过网络变量捆绑实现分散的设备互联和交互。采用数据采集与处理模型、调控优化模型及策略，实现自适应智能控制、能效提高、能源平衡调度、动态柔性调峰等技术。在统一平台上解决了传统发酵食品的信息管理孤岛问题，实现了对供用能系统的一体化管理，有利于能源的合理规划，以实现传统发酵行业的节能减排绿色发展目标。

5.4　小　　结

未来 5 年是我国实施制造强国战略的关键时期，也是实现工业绿色发展的关键阶段。资源环境问题是人们面临的共同挑战，推动绿色增长、实施绿色新政是世界主要经济体国家的共识，资源能源利用效率也成为衡量各个国家制造业竞争力的重要因素，推进绿色发展也是提升我国国际竞争力的必由之路。

在绿色发展背景下，我国传统发酵食品产业总体上尚未摆脱高投入、高消耗、高排放、手工操作的发展方式，资源能源消耗量大，污染形势依然十分严峻，生态环境问题比较突出，迫切需要加快构建科技含量高、自动化水平高、资源能源消耗低、生态环境污染少的绿色制造体系。未来传统发酵食品仍需利用科技创新引领绿色发展，减少碳排放，减少原料、能源消耗，减少环境污染，并且满足人们的多样化需求。加快推进工业绿色发展，也是推进供给侧结构性改革、促进传统酿造食品行业发展结构稳增的重要举措。传统酿造食品行业实施绿色制造工程是加快推动生产方式转变、推动工业转型升级、实现绿色化消费升级的有效途径。因此在我国当前绿色制造的规划背景下，推动传统酿造食品产业绿色设计产品、绿色工厂、绿色园区和绿色供应链全面发展，健全绿色制造标准制定，加强绿色制造技术装备研发，建立健全传统酿造食品工业绿色发展长效机制，提高绿色国际竞争力，走高效化、生产清洁化、循环化的绿色发展道路。未来的传统发酵食品绿色制造不断的产业升级，可通过基因编辑、纳米材料、信息工程、人工智能、生物技术等新型技术深度交叉融合，颠覆传统发酵食品生产、包装方式，实现传统酿造食品产业的颠覆性发展。

参 考 文 献

[1] 国务院. 中国制造 2025. 国发〔2015〕28 号. [2015-5-8].

[2] 中共中央. 中华人民共和国国民经济和社会发展第十三个五年规划纲要. 2016.

[3] 工业和信息化部. 工业绿色发展规划(2016—2020 年). 工信部规〔2016〕225 号. [2016-6-30].

[4] 工业和信息化部, 发展和改革委员会, 财政部, 科技部. 绿色制造工程实施指南(2016—2020 年). https://www.miit.gov.cn/jgsj/jns/lszz/art/2020/art_54723acbfcbd4b32a8086de4c329a297.html. [2016-9-14].

[5] 国家制造强国建设战略咨询委员会, 中国工程院战略咨询中心. 绿色制造. 北京: 电子工业出版社, 2016.

[6] 工业和信息化部. 轻工业发展规划(2016—2020 年). 工信部规〔2016〕241 号. [2016-7-19].

[7] 工业和信息化部, 国家标准化管理委员会. 绿色制造标准体系建设指南. 工信部联节〔2016〕304 号. [2016-9-7].

[8] 国家标准化管理委员会. 绿色产品评价通则. GB/T 33761—2017.

[9] 国家标准化管理委员会. 绿色工厂评价通则. GB/T36132—2018.

[10] 国家标准化管理委员会. 绿色产业园区评价导则. DB31/T 946—2015.

[11] 国家标准化管理委员会. 绿色制造 制造企业绿色供应链管理导则. GB/T 33635—2017.

[12] 魏洁云, 江可申, 牛鸿蕾, 等. 可持续供应链协同绿色产品创新研究. 技术经济与管理研究, 2020, (8): 38-42.

[13] 生态环境部. 清洁生产标准 制订技术导则. HJ/T 425—2008.

[14] 国家标准化管理委员会. 工业清洁生产审核指南编制通则. GB/T 21453—2008.

[15] 国家标准化管理委员会. 工业企业清洁生产审核 技术导则. GB/T 25973—2010.

[16] 生态环境部. 清洁生产标准 白酒制造业. HJ/T 402—2007.

[17] 北京市经济和信息化委员会. 白酒单位产品能源消耗限额. DB11/T 1096—2014.

[18] 山西省质量技术监督局. 酿造白酒单位产品综合能耗限额. DB14/1011—2014.

[19] 工业和信息化部. 产业发展与转移指导目录(2018 年本). 2018 年第 66 号. [2018-12-20].

[20] 国家发展和改革委员会, 能源局. 能源生产和消费革命战略(2016—2030). [2016-12].

[21] 国家发展和改革委员会 科学技术部. 关于构建市场导向的绿色技术创新体系的指导意见. 发改环资〔2019〕689 号. [2019-4-15].

[22] 教育部, 人力资源和社会保障部, 工业和信息化部. 制造业人才发展规划指南. 教职成〔2016〕9 号. [2016-12-27].

[23] 赵萌. 水污染治理生物强化技术的应用. 城市建设理论研究(电子版), 2019, (6): 152.

[24] Zeng W, Guo L, Xu S, et al. High-throughput screening technology in industrial biotechnology. Trends Biotechnol, 2020, 38(8): 888-906.

[25] Szita N, Polizzi K, Jaccard N, et al. Microfluidic approaches for systems and synthetic biology. Current Opinion in Biotechnology, 2010, 21(4): 517-523.

[26] 吕彤, 涂然, 袁会领, 等. 毕赤酵母液滴微流控高通量筛选方法的建立与应用. 生物工程学报, 2019, 35(7): 1317-1325.

[27] 葛永胜. 代谢工程改造地衣芽孢杆菌高产乙偶姻和乳酸. 山东大学博士学位论文, 2017.

[28] Alper H, Miyaoku K, Stephanopoulos G. Construction of lycopene-overproducing *E. coli* strains by combining systematic and combinatorial gene knockout targets. Nature Biotechnology, 2005, 23(5): 612-616.

[29] Li J, Shen J. Sun Z Q, et al. Discovery of several novel targets that enhance β-carotene production in *Saccharomyces cerevisiae*. Frontiers in Microbiology, 2017, 8: 1116.

[30] Zhou P P, Xie W P, Li A P, et al. Alleviation of metabolic bottleneck by combinatorial engineering enhanced astaxanthin synthesis in *Saccharomyces cerevisiae*. Enzyme and Microbial Technology, 2017, 100: 28-36.

[31] Deloache W C, Russ Z N, Narcross L, et al. An enzyme-coupled biosensor enables (*S*)-reticuline production in yeast from glucose. Nature Chemical Biology, 2015, 11(7): 465.

[32] Li S J, Si T, Wang M, et al. Development of a synthetic malonyl-CoA sensor in *Saccharomyces cerevisiae* for intracellular metabolite monitoring and genetic screening. ACS Synthetic Biology, 2015, 4(12): 1308-1315.

[33] 刘鹏. 生物发酵法制备赤藓糖醇的研究. 合肥工业大学硕士学位论文, 2011.

[34] 罗伟伟. 强化脂肪酸合成途径促进酿酒酵母合成己酸乙酯的研究. 天津科技大学硕士学位论文, 2016.

[35] 刘洋儿, 郭明璋, 杜若曦, 等. 乳酸菌在合成生物学中的研究现状及展望. 生物技术通报, 2019, 35(8): 193-204.

[36] Van Pijkeren J P, Neoh K M, Sirias D, et al. Exploring optimization parameters to increase ssDNA recombineering in *Lactococcus lactis* and *Lactobacillus reuteri*. Bioengineered, 2012, 3(4): 209-217.

[37] Oh J-H, van Pijkeren J-P. CRISPR–Cas9-assisted recombineering in *Lactobacillus reuteri*. Nucleic Acids Research, 2014, (17): e131.

[38] 孙宗祥. 低醇啤酒基因工程菌株的构建及其发酵参数的分析. 黑龙江大学硕士学位论文, 2007.

[39] 尹晓丽, 欧雪, 杨滨菱, 等. 基于白酒酿造废物资源化利用的研究开发. 粮食流通技术, 2018, (5): 176-178.

[40] 刘军, 司波. 酿酒微生物的合理利用. 酿酒科技, 2017, (4): 76-78.

[41] 陆步诗, 李新社. 大曲丢糟部分代替米糠生产麸曲醋的效果研究. 中国调味品, 2007, (1): 45-47.

[42] 工业和信息化部. 工业节能与绿色标准化行动计划(2017—2019 年). 工信部节〔2017〕110 号. [2017-5-19].

[43] 杜祥琬. 对我国《能源生产和消费革命战略(2016—2030)》的解读和思考. 中国经贸导刊, 2017, (15): 44-45.

[44] 工业与信息化部. 工业和通信业节能与综合利用领域技术标准体系建设方案. 工信厅节〔2014〕149 号. [2014-8-13].

[45] 国家发展和改革委员会, 工业和信息化部. 关于促进食品工业健康发展的指导意见. 发改产业〔2017〕19 号. [2017-1-5].

[46] 刘延峰, 周景文, 刘龙, 等. 合成生物学与食品制造. 合成生物学, 2020, (1): 84-91.

[47] 国务院. "十三五"生态环境保护规划. 国发〔2016〕65 号. [2016-11-24].

[48] 国家标准化管理委员会. 生态设计产品评价通则. GB/T 32161—2015.

[49] 农业部. 绿色食品 包装通用准则. NY/T 658—2015.

[50] Hu B, Shen Y, Adamcik J, et al. Polyphenol-binding amyloid fibrils self-assemble into reversible hydrogels with antibacterial activity. Acs Nano, 2018, 12(4): 3385.

[51] 王凯, 刘子鹤, 陈必强, 等. 微生物利用二氧化碳合成燃料及化学品——第三代生物炼制. 合成生物学, 2020, (1): 60-70.

[52] Gleizer S, Ben-Nissan R, Bar-On Y M, et al. Conversion of *Escherichia coli* to generate all biomass carbon from CO_2. Elsevier Sponsored Documents, 2019, 179(6): 1255.

[53] Gassler T, Sauer M, Gasser B, et al. The industrial yeast *Pichia* pastoris is converted from a heterotroph into an autotroph capable of growth on CO_2. Nature Biotechnology, 2020, 38(2): 1-7.

[54] 陈坚. 中国食品科技: 从 2020 到 2035. 中国食品学报, 2019, 19(12): 7-11.

第6章 发酵食品交叉新技术

王颖妤　　夏小乐

从几千年前传统发酵食品如酱油、食醋、腐乳等的萌生，到现代生物技术、计算机技术等的高速发展革新并在食品工业中日渐广泛应用，我国传统发酵食品产业的集约化、产业化程度得到了逐步提高，监测与控制标准体系进一步得到完善，但是在关键核心技术等方面还有着很大的创新空间。21世纪新常态下中国的农业与食品产业将迎来新的机遇和严峻的挑战，食品产业"绿色、创新、融合"的发展理念对食品制造新技术的安全性、功能性与创新性提出了更高的要求。物联网、大数据、人工智能、生物技术等深度交叉融合颠覆传统发酵食品生产方式，催生出一批新产业、新模式、新业态。传统发酵领域正在向营养健康、合成与设计制造、智能与绿色制造等相关领域发展，未来食品发酵技术将更加智能化、个性化和规模化，需要多技术体系交叉协同推进未来发酵食品的科技创新。

在传统食品制造技术基础上，利用新式生物催化反应改造和优化现存的自然生物体系，基于合成生物学技术对食品微生物基因组设计与组装、食品组分合成途径设计与构建等，创建智能微生物体系，将可再生原料转化为更加安全、更加营养、更加健康和可持续的食品组成成分、功能性食品添加剂和营养化学品等。根据特定的人群设置个性化的饮食建议，建立"膳食—营养—特定人群"关联的数据平台，实现精准营养设计，满足消费者个性化的营养健康需求，实现精准对接、靶向营养设计。在食品感官分析的研究基础上，探究食品的感官特性和消费者感觉与感官的交互作用，更加注重消费者的感觉及个体的差异性，多学科交叉探究消费者的行为分析，解析大脑处理化学和物理刺激过程。与此同时，挖掘多种组学数据和分析传统发酵食品中的微生物群落结构、代谢产物、特征风味物质及菌种代谢通路，全面系统地研究发酵食品微生物群落多样性，解析发酵过程中微生物群落结构和功能。借助物联网、大数据、人工智能等技术深度交叉融合，构建一个对食品质量安全进行全程双向追溯的智能化平台。

因此，基于功能导向的智能微生物体系的研发、基于食品感知科学的基础和应用研究、基于大数据分析等的智能酿造技术，以及基于精准营养干预的食品设计与制造将成为未来发酵食品行业发展的关键技术，将是未来发酵食品的主要努力方向。

6.1 智能微生物制造体系

利用代谢工程与合成生物技术重构和改造细胞内复杂的代谢网络和调控网络，实现对微生物细胞工厂的智能化和精细化调控，构建智能微生物制造体系，并且提升重要食品组分、营养化学品和功能性食品添加剂的合成效率，是解决目前包括发酵食品在内的食品制造面临的问题和主动应对未来挑战的重要研究方向。其中，合成生物学与智能微生物制造体系为食品重要组分、功能性食品配料和重要功能营养因子的生物制造提供了关键技术和方法支撑。在传统食品制造技术基础上，采用合成生物学技术，利用新式生物催化反应，对现存的自然生物体系进行改造和优化，从头创建合成可控、功能特定的智能微生物体系，将可再生原料转化为更加安全、更加营养、更加健康和可持续的食品组成成分、营养化学品和功能性食品添加剂等[1, 2]。在创新研究工具和技术方法的基础上，推动化学、生物、材料、农业、医学等多学科的实质性交叉融合与合作，全面提升我国发酵食品产业的核心竞争力。

6.1.1 智能微生物构建

微生物由于其种属多样性和遗传多样性，在进化历程中形成了复杂的代谢途径。微生物细胞生活在不断变化的环境中，温度、pH、营养等环境因素都会对细胞的生理代谢产生影响，细胞通过各种全局转录因子及信使分子感受环境因素的变化从而调控一系列生理过程并通过产物对代谢途径的反馈抑制等方式使细胞适应环境变化，维持内稳态（图 6-1）。同时，细胞还受自身遗传基因路线的调控，即通过转录、翻译及翻译后修饰等方式调控特定基因的表达，如利用群体信号系统感知自身的细胞密度进而触发系列基因的表达，实现转录和代谢调控，更好地适应环境的变化[2]。

然而天然的微生物因为特定的代谢产物产量低或者底物利用谱窄等原因往往不能满足工业化生产的需要；因此，需要人为地对微生物代谢途径特定的酶促反应进行改造，打破原有的代谢平衡状态，通过重组和优化，使微生物细胞内的代谢流和能量流重新分配，实现对微生物细胞的智能化和精细化调控。合成生物学是指基于系统生物学的基因遗传工程，利用工程学的原理与概念，将大数据分析与数学建模相结合，人工设计和合成新的生物元件和生物系统，目的是通过人工设计并创建新的具有特定功能的人工生物系统，实现功能药物、功能材料或能源替代品等产物的绿色智能制造。因此，构建智能微生物首先需要在微生物的基因组代谢网络和调控网络模型基础上，设计出产物的最优合成途径，避免副产物的

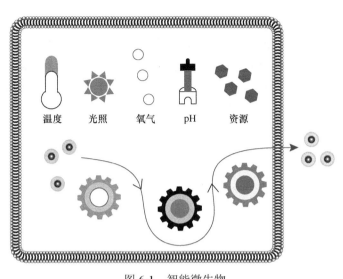

温度　　光照　　氧气　　pH　　资源

图 6-1　智能微生物

竞争消耗；利用合成生物学需要的顺式调控元件、反式作用因子、报告基因、传感元件、催化反应元件，重塑目标产物的合成路线；同时，利用传感元件搭建各种基因控制回路，最终实现智能微生物底物利用率、目标产物得率和反应器时空产率等生产效率的最大化，为生物制造的绿色、高效提供保障。

现阶段，在全球功能食品和健康食品热潮下，国内消费者对营养健康的诉求越来越强烈，加速消费结构的转型升级和驱动相关产业的增长对公众的消费观念产生了巨大的影响，无糖、低糖食品作为健康产品已经越来越为人们所认知与接受，很多人开始注重糖的摄入量，开始寻找低热量甜味食品。稀有糖是天然存在含量极少的一类单糖及其衍生物，具有重要生理功能，可作为潜在的抗糖尿病和抗肥胖食品添加剂，但稀有糖的生产成本往往高于传统糖，阻碍了稀有糖的广泛使用。其中，天然甜味剂塔格糖的热量就不及蔗糖的一半，合成生物学方法的应用也可降低其生产成本。Levin[3]以酿酒酵母为底盘，基于合成生物学策略，通过敲除半乳糖激酶基因 *GAL1*，异源表达木糖还原酶和半乳糖脱氢酶并对它们的表达进行优化，最终使塔格糖产量达到 37.69 g/L。L-山梨糖同样可以代替传统糖，Kim 等[4]在大肠杆菌中表达来源于氧化葡萄糖杆菌 G624 的山梨醇脱氢酶，应用固定化酶技术成功将 D-山梨醇转化为 L-山梨糖，最终转化率为 62.8%。另外，甘草酸也可作为甜味剂和调味添加剂，其甜度比蔗糖高 30～50 倍[4]。Graebin 等[5]首先在酿酒酵母中整合 β-香树脂醇合成途径，同时异源表达氧化酶 CYP450s（Uni25647 和 CYP72A63）和还原酶（cytochrome P450 reductase，CPR），实现了甘草次酸的合成，然后将甘草次酸合成途径进行表达优化，最后通过平衡电子转移效率使甘草次酸产量高达（18.9±2.0）mg/L。

敲除影响菌株目标代谢物积累量的基因是构建工程化菌株的重要手段之一，属于典型的静态调控方式。静态调控因其设计简单、操作方式容易、周期短、效果显著等特点，在合成生物学领域被广泛应用，除此之外，利用启动子工程和核糖体结合位点（ribosomal binding site，RBS）优化等手段调控基因的表达水平也是静态调控中常用的方法。在细胞生长过程中，由于细胞代谢物或目标代谢产物的组成和浓度会随着培养基营养物质的组成、生长环境及细胞生长速率的变化而发生改变，所以静态调控所获得的突变株无法感应细胞生长过程中的代谢变化从而进行自身的细胞活动调节，目标产物的产率和产量难以被进一步提升。随着合成生物学的创新推动和工业生物产业的不断发展，动态调控策略在代谢工程领域的作用和优势逐渐凸显出来。不同于简单的静态调控策略，动态调控基因通路能够实时响应代谢信号，并及时进行反馈调节，以便适应宿主内部代谢或环境的变化，适时地平衡产物合成所需的基因表达与全局代谢水平之间的关系，实现稳定合成所需产物，提高发酵培养的稳定性（图6-2）。

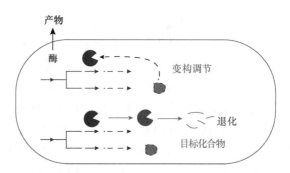

图 6-2　代谢途径的动态调控（彩图请扫封底二维码）

L-苹果酸是生物代谢中产生的重要有机酸，具有较好的防腐杀菌作用和特殊香味，可以抗疲劳、减缓衰老、保护心脏、提高运动能力等。因此，苹果酸被广泛地应用于食品、药品和日化用品等的添加剂和防腐剂。近年来，生物法生产 L-苹果酸已经成为最具前景和高效的苹果酸生产方法，包括酶转化法和微生物发酵法等。相较于酶转化法，微生物发酵法具有底物选择性更多、生产成本更低、产酸效率更高等优势。目前，发酵法生产 L-苹果酸已经取得了显著的进展，但仍然存在食品安全性菌株选择性少、得率或生产强度较低、廉价原料利用不充分、杂酸水平较高等问题亟待解决。高聪以 *E.coli* 为研究模型，从合成生物学和系统代谢工程的角度，提出了体外模块优化整合 CRISPRi、动态统合加工为基础基因回路等策略，通过路径的体外构建，获得 L-苹果酸的乙醛酸合成途径并确定路径酶的最适催化比例；其次，构建并筛选出靶向路径酶不同抑制强度的向导 RNA；最后通过元件组装，在胞内转录水平，利用 CRISPR 干扰技术对路径酶比例进行理性调控，获得最优工程菌株，实现了 L-苹果酸产量的大幅度提升[6]。

微生物发酵过程除了微生物细胞本身，还需要兼顾微生物细胞和生物反应器组成的复杂系统。在工业生产规模下，微生物除细胞生理特性之外，还有其与外界环境之间的复杂关系。因此，基于数据的整合分析研究，在反应器水平解析微生物细胞与智能元件交互作用规律，进一步反馈至上游合成路线的优化及元件的设计和组装，开发生物过程在线传感技术，实现生物过程的智能监测，建成基于生物过程大数据的微观和宏观代谢相结合及细胞生理特性和反应器流场特性相结合的智能绿色生物制造体系。利用合成生物学构建智能微生物在几乎所有可能的领域中具有巨大应用潜力，特别是在对人类生活有直接影响的食品营养与食品加工方面展现出巨大的应用价值，将对食品的质量与安全起到重要的影响。

6.1.2 功能导向的合成微生物群落

传统的发酵食品酿造过程是一个极其复杂的自然发酵过程，多种微生物共同作用并具有复杂的代谢活力，可以产生独特的食品风味和口感特征。由于体系中微生物组成和微生物代谢的复杂性，目前人们对传统酿造发酵过程微生物群落的动态变化规律没有形成科学系统的认识，这制约了传统酿造行业的进一步发展。研究传统酿造发酵过程微生物组成变化及重要微生物的功能与食品发酵过程代谢物的关系具有重要意义。因此，通过寻找核心微生物群构建合成微生物群落（synthetic microbial communities）并获得易操作且可重复的发酵系统，研究传统发酵食品发酵过程中微生物组成的动态变化规律，系统分析发酵过程中主要物质的形成过程与微生物的关联性，最终确定发酵过程中的微生物群落组成和代谢物谱的变化规律及其相互关系，确立发酵过程中的核心微生物群并量化影响核心微生物群变化的环境因素，奠定实现合成微生物发酵生产传统发酵食品及其定向调控的理论基础。

目前酿造体系中物质代谢机制基本上遵循"物质积累规律—微生物群落结构解析—代谢机制分析"这一"自上而下"的方式来进行，如江南大学夏小乐课题组详细解析生物胺在黄酒酿造过程中的代谢规律，并发现利用低产生物胺的植物乳杆菌和降解生物胺的木糖葡萄球菌进行复合发酵定向强化，可以较好地降低黄酒中生物胺的含量[7]；Lu 等解析了传统食醋酿造中乙偶姻的代谢途径和主要相关微生物功能调控机制[8]。此类研究思路虽然已在传统酿造等多菌种混合发酵体系中广泛应用，但是一些问题仍未得到解决。

1）相关物质生成规律较易分析，但是多菌种混合发酵的群落结构较为复杂，即使有较多的组学数据和各种生物信息学技术，也较难将（表达的）基因和蛋白质及功能分配给特定物种。

2）外源微生物发酵强化往往在实验室规模较易实施，但是工业放大会出现较为明显的"沉默或洗出"效应，这是否能够简单地归结为工艺条件优化不到位？

合成微生物群落属于合成生物学和微生物组学的交叉领域，是人工合成的多个物种共培养的微生物体系（包括野生型和基因组改造的微生物），具有组成明确、可操控性强、复杂度低等特点，通过微生物之间的相互作用，实现任务分工、功能互补，广泛应用在能源、现代工业、医药、农业、食品及环境等领域。

一般而言，合成微生物群落通过将两个或多个确定的微生物种群在充分表征和控制的环境中组装，因此这些合成微生物生态系统具有较低的复杂性、较高的可控性、较高的重现性，是真实生态或发酵系统的简化表示或模拟（图6-3），能够构建和表征的系统框架，是一种将模块化路径重构与模型创建相结合的社区互动策略。这一系统不仅可用于解析关键微生物进化代谢网络，而且可以进一步构建简化的实际应用体系[2]。Wolfe 和 Dutton[9]明确指出发酵食品应当朝着可控合成微生物群落的方向发展，而且也可以作为一个研究微生物生态进化的模型；这些模型可用于预测发酵生态系统的行为，如稳定性、阻力和功能等。但是它也有一定的缺点，如大多数合成生态系统较为简单，与实际发酵系统仍有一定的差距，相关代谢模型也缺乏实际应用验证。

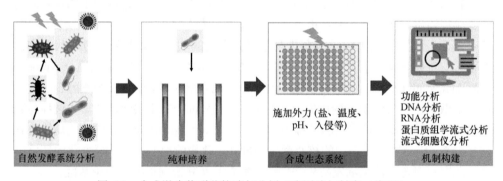

图 6-3　合成微生物群落构建与分析（彩图请扫封底二维码）

合成微生物生态系统在化合物的工业发酵和生产中也起着关键作用。在工业生物乙醇生产中，大部分乙醇是通过从玉米、甘蔗或甜菜中发酵葡萄糖或蔗糖来生产的。因为这与粮食生产竞争，所以人们研究替代的糖来源，如木质纤维素生物质。葡萄糖和木糖是两种主要的糖，但目前的方法是低效的，因为没有任何本地微生物可以将所有的糖都高产量地转化为乙醇。因此，使用对不同糖类产量高的菌株进行共培养[10]。Patle 和 Lal[11]研究表明，由运动发酵单胞菌和热带假丝酵母组成的一个非常简单的群落能够将酶解木质纤维素生物质转化为乙醇，产率为97.7%。利用木质纤维素生物质混合发酵生产乙醇，可以提高乙醇产量和产率，降低工艺成本。由 *Ketogulonicigenium vulgare* 和 *Bacillus megaterium* 组成的合成微生物群落已用于工业生产维生素 C 的前体 2-酮基-古龙酸（2-KGA）[12]。通过定量系统生物学分析表明，与纯菌株相比，巨大芽孢杆菌的细胞裂解为普通芽孢杆菌的生长和 2-KGA 产量的提高提供了关键条件。

合成微生物群落在改善食品营养风味方面有着重要的作用，也展现了其在食品生产方面有着重要的应用前景[13]。在酒类饮料及食品调味物质酿造中，可以通过合成微生物群落增加产量和风味物质。王丽娟[14]利用酒醪对醋醅微生物进行批次传代驯化，形成了醋酸菌、乳杆菌和不可培养的乳杆菌为主的功能微生物群落，其产醋酸和乙偶姻能力显著提高。Wu 等[15]将芝麻香型白酒酿造体系中的 5 个优势种共培养后，积累了更多的风味物质。日本龟甲万株式会社利用纯种菌株，在深入解析酿造生物学机理基础上，设计纯种接力发酵工艺替代混菌发酵工艺酿造酱油，保障了酱油酿造过程高效化、可控化。传统酸奶制造是利用自然微生物群落进行发酵，发酵产物性质不稳定，保质期短；直到 1873 年，英国 Lister 分离出功能性乳酸菌，用作发酵乳制品的发酵剂。与前者相比，该方法简便、稳定，发酵条件易于控制，但仍存在发酵周期长、发酵菌株易退化和污染等缺点。迄今为止，已经筛选出了多种优良特性的乳酸菌，目前工业生产和自制酸奶经常使用的发酵剂一般由嗜热链球菌和保加利亚乳杆菌组成[16]，通过浓缩培养可在短时间内发酵出风味纯正的酸奶。作为世界上香味成分最丰富的蒸馏酒，中国大曲酒富含多种香气类型及复杂的香味组分物质源于其独特的发酵工艺和酒曲微生物的多样性。通过大曲酒的微生物群落研究，不仅可以定向发掘大曲酒微生物及其基因和酶资源，筛选出影响大曲酒发酵的功能酶和功能菌群；同时对微生物生态学研究能够从整体微生物群落水平探究大曲酒微生物，揭示不同大曲酒的微生物群落多样性及其变化，从而阐明大曲酒微生物群落的代谢机理及大曲酒与众不同的香味组分构成和风味特征。除酒曲中的微生物外，窖底泥的形成一定程度上受到白酒生产区域周边土壤的影响。酱香型白酒厂周边土壤中的微生物多样性极其丰富，相比而言，窖底泥中的微生物组成更简单，土壤微生物为窖底泥驯化提供了重要的微生物来源[17]。通过测定两个酒厂新老窖池不同取样点的窖泥样品中原核生物群落结构和理化性质，结果表明窖池窖泥理化性质与其微生物群落多样性相互作用的过程是窖池老熟过程的本质[18]。对白酒微生物群落的研究为深入了解白酒酿酒工艺及影响因素打下了坚实基础，通过合成微生物群落将有可能在不同地区复现这些酒厂的白酒风味。

合成微生物群落环境、空间结构等对物种间相互作用、群落功能及稳定性有着重要的影响。通过改变群落环境，协调群落组成，进而调控物种间的相互作用。例如，使用高浓度盐生产豆类发酵食品，实现在开放的环境中抑制有害微生物的生长并选择功能性微生物群落。但不可忽视的是，高盐环境也会影响豆类发酵食品的发酵效率，并对人体健康产生有害影响。因此，开发用于减少盐分发酵的新型限制发酵剂培养物是非常必要的。Jia 等[19]探索了盐度为 12% 的中国传统蚕豆酱的发酵过程中的微生物群落和功能。结果表明，盐分和微生物相互作用共同驱动了群落的动态，并指出了 5 个优势属（金黄色葡萄球菌，芽孢杆菌，*Weissella*，*Aspergillus* 和 *Zygosaccharomyces*）在不同的发酵阶段可能发挥不同的关键作用。然后，从豆沙中分离出核心菌种，并对它们的耐盐性、相互作用和代谢特性进行了评估。这些结果提供了通过体外解剖微生物组装和功能来验证原位预测的机会。最后，他们用 5 种菌株（米曲霉、枯草芽孢杆菌、枯草葡萄球菌、魏氏菌和鲁氏酵母）合成了微生物群落。在不同盐度下实现了蚕豆酱在 6%盐度的无菌环境中有效发酵 6 周。总体而言，这项工作为开发简化的微生物群落模型提供了一种自下而上的方法，该模型具有所需的功能，可以通过解构和重建合成微生物结构及功能来提高豆类发酵食品的发酵效率。

6.1.3　智能微生物体系

合成生物学正在从设计构建基本功能元器件和模块，逐步向着从头设计底盘细胞及构建合成微生物群落的方向发展，最终搭建智能微生物体系。这一趋势有可能发展成为未来合成生物学研究的重要方向。智能微生物体系指的是在特征良好且受控的环境中，将两个或多个智能微生物种群组合在一起，使得微生物能够通过相互交流和分工行使不同的复杂功能，同时利用这些相互作用改变细胞间交流、物种代谢作用及空间结构等方式智能调控微生物体系发挥不同的功能[2]。传统发酵食品生产过程中，各种微生物在原料中自发地富集，从而逐步形成一个较为稳定的菌群及生态环境，其微生物群落结构复杂，微生物间的相互作用在发酵过程中起着非常重要的作用。智能微生物体系呈现出模块化、可预测性、可伸缩性和鲁棒性等一系列特征，构建智能微生物体系不仅可以选择特定的野生型物种组合，也可以构建转基因物种的生态系统，设计并诱导新的物种间相互作用，如代谢交换、群体感应等[20]。

在设计与构建智能微生物体系时（图 6-4），不仅需要考虑智能微生物间的相互作用，同时还要兼顾智能微生物群落的时空组织结构，想达到智能调控的关键是选择合适的微生物物种来实现微生物之间的相互作用。智能微生物体系在人体健康、工业生产、环境保护等方面有巨大的应用价值。在食品领域，利用智能微生物体系生产人造奶、人造肉，可以显著降低温室气体排放、替代或部分替代传统畜牧业，节约水资源[1]。

自然微生物是智能微生物体系的基础和来源，在工业生产方面具有绿色无污染和可持续发展等优点[10, 15]，然而环境中只有不足 1%的微生物可以通过传统的培养技术获得，这大大阻碍了微生物资源的开发与利用。随着 CRISPR/Cas9（图 6-5）等基因编辑技术的发展，极大地提高了编辑效率，拓展了我们对自然

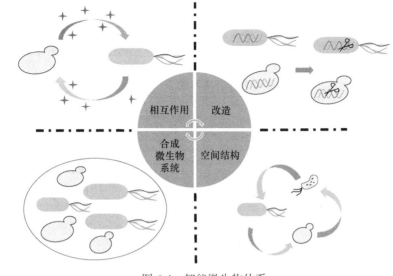

图 6-4　智能微生物体系

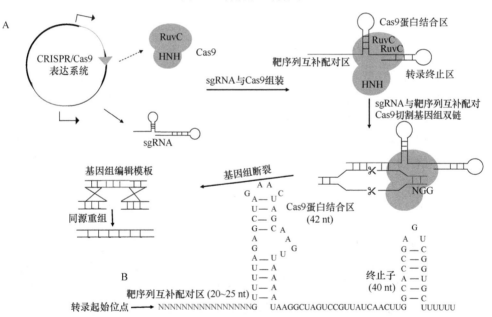

图 6-5　Type II CRISPR/Cas9 系统基因组编辑示意图（彩图请扫封底二维码）

微生物等底盘细胞代谢途径的改造重构。由于微生物细胞代谢的复杂性，这些改造的结果具有各种各样的不可预测性，这就催生了高通量筛选技术，通过"暴力"手段，不断经历反复的试错实验，利用高通量的办法在更短时间内来筛选出具有优良性能的菌种。该技术路线进而演化为 Design-Build-Test-Learn[21]（DBTL）（图 6-6）这样一个循环概念，通过反复经历该循环，利用多轮筛选最终获得高性能菌种。

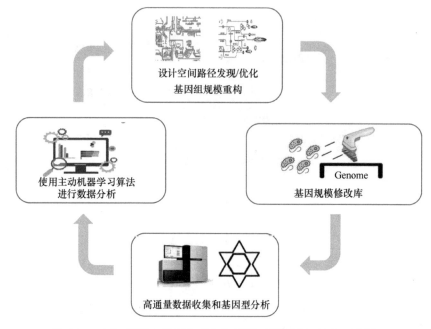

图 6-6　DBTL 循环应用于合成生物学[21]（彩图请扫封底二维码）

　　然而，合成生物学构建的高性能菌种要想获得产业化应用，必须经历大量的实验摸索，这导致开发成本的显著提升，限制最终产品的产业化。这种生命过程的不可预测性，一方面来自我们对生命过程认识的局限性，另一方面不可否认的是大量过程数据的缺失。这些数据包括细胞在调控内部代谢的过程中各种生物学参数是如何变化的，其中存在怎样的规律等，这些曾被大量研究，但形成的知识还不足以构建可预测基因改造结果的软件，因此，需要开发相应的检测技术以便自动化获得标准化的工具，从而为构建基于数据的预测模型奠定基础。

　　在工程技术领域总结出的 DBTL 循环[21]在合成生物学中得到了很好的应用，该方法的应用极大地促进了人类改造菌种用于天然或非天然产物大量合成技术的发展。然而，多轮的 DBTL 循环意味着大量的资源、人力物力的投入，使得相应技术路线的开发成本也大大提升。为了减少循环次数、节约成本，Pablo 等[22]提出了自动化的 DBTL 循环概念并在大肠杆菌改造生产天然产物类黄酮中进行应用，他们利用开发的外源途径酶选择工具 RetroPath[23]和 Selenzyme[24]进行途径酶的自动化选择，之后再利用部件选择程序 PartsGenie[25]自动化选择合适的部件，结合试验设计（DoE）方法将设计空间缩小，并利用自动化 DNA 部件组装[26]自动实现已选择部件的组装，同时生成标准化的标注并自动提交数据库，以便后续数据分析。利用组装部件进行大肠杆菌的构建，自动在 96 孔板培养平台进行培养，结束后自动送入超高效液相色谱-串联四级杆质谱（UPLC-MS/MS）系统检测目标产物[22]。在此过程中形成的数据由编制 R 脚本进行自动化分析与处理，大大提高 DBTL 每一轮循环的筛出率，从而节约大量成本，最终产物量提高了 500 倍。这充分展示了自动化、标准化 DBTL 实验平台在提高效率降低成本方面的巨大潜力。

目前在发酵、酿造等领域智能微生物体系已有初步应用。例如，为了实现营养康普茶的规模化生产并提高品质，设计出了由细菌组成清晰的合成微生物群落发酵剂[27]。该发酵剂由巴氏醋杆菌、木糖乙酸杆菌和拜尔结合酵母 3 种菌种组成的合成微生物群落，与单独接种的各菌株相比，体系中的醋酸菌协同产生了更高浓度的有机酸。葡萄糖酸是合成微生物群落发酵的康普茶中含量最丰富的有机酸，使饮料具有良好的酸味。醋酸菌还可以氧化拜尔结合酵母生产的酒精，使康普茶成为一种软饮料。发酵过程中总酚和黄酮含量增加，提高了康普茶的保健效益。De Roy 等对奶酪微生物群落组成与风味物质形成的关系、主要的环境因子和关键微生物进行了系统解析，并进一步分析这些因素与微生物组成及风味物质形成之间的关系，挑选菌株进行微生物群落的重构，建立了不依赖于地理环境的、群落组成及演变可被复制的奶酪发酵方式[28]。Wu 等在清香型和芝麻香型白酒中，通过分析微生物群落结构筛选出多个关键微生物，进一步进行组合微生物强化发酵研究，基于代谢能力分析了微生物的相互作用，并对微生物和风味形成的关系进行了解析[29]。

虽然合成微生物群落对群落动态代谢能够提供全新角度并能一定程度上在实际中应用，但是智能微生物体系的构建仍然存在几点困难。首先，环境分离株在实验室中较少能够成长，导致代谢多样性降低和合成微生物群落成员之间竞争加剧。其次，菌种数量和结构仍无法完全与实际自然发酵体系相符，不一定能揭示在自然系统中运行的驱动力，代谢机制的真实性和可靠性仍需要验证。最后，在实验室中生长往往发生在短时间液体培养条件，缺乏空间结构，同时微生物之间的进化原则是什么，是亲属选择、弱选择还是多级选择，都需要进一步深入探究[30]。作为自下而上建立起来的智能微生物系统，在食品制造方面具有巨大的潜力。随着人工合成群落的设计、组装、分析、计算机模拟方面的理论研究进展，智能微生物体系被广泛应用于食品制造的研究中，推动了食品安全与营养健康问题的解决。但自然微生物群落体系庞大、结构更加复杂，在全面地理解自然群落的生态过程的基础上，如何构建规模更大、生态网络更为复杂的智能微生物体系应用在食品制造领域仍然是努力的方向。另外，智能微生物体系与计算机技术的联合也是研究的热点之一，不仅能够实现对合成微生物体系动态变化的更好拟合，还能够基于模型预测展现实验无法达到的效果及效率。对新的智能微生物体系的探索和表征将进一步促进研究者对其理解加深，从而指导研究者对微生物资源应用的探索，推动智能微生物体系工程化应用。

6.2 食品感知技术导向的发酵技术

食品感知是人类通过味觉、嗅觉、视觉、触觉和听觉等途径感觉、加工、认识和理解食品刺激的动态过程，是未来食品个性化需求和智能制造的重要基础；而食品感知技术在研究食品感官分析的基础上，探究感官之间的交互作用，更加注重消费者的感觉及个体的差异性，探究消费者的行为分析，解析大脑处理化学和物理刺激过程，从而实现感官模拟，为满足人们对食物较高层次的感官享受提供重要指导。食品风味的最基本组成是酸、甜、苦、咸、鲜。味觉是人体重要的生理感觉之一，相较于听觉、触觉和视觉等有共同性的感官不同，其对人们对饮食的选择起着关键作用，在很大程度上决定着人们对饮食的选择，使其能根据自身需要及时地补充有利于生存的营养物质，味觉在摄食调控、机体营养及代谢调节中均有重要作用。其中感觉分析比物理化学和生物学分析更接近消费者的感知，有助于食品的生产、加工，而研究复杂的食品如发酵食品的风味时，必须考虑嗅觉、味觉和三叉戟的综合感觉。基于食品感知技术导向的发酵技术，即采用现代感官化学和分析化学理论，从发酵食品中上千种微量成分中发现和确定对发酵食品具有贡献度的物质；研究关键物质的形成机制、机理和途径，将是未来食品研究的重要领域。

6.2.1 食品感知科学

随着国民经济的快速发展及食品工业产品日益丰富，人们对食品的需要逐渐从满足基本的温饱转变为营养和健康及向更高层面的精神享受的趋势不断发展。在大部分人的想法中，所谓食品的"风味"仅仅是一种在味觉和嗅觉上的双重感官享受，实际上，对食物"风味"的感受是包括了味、嗅、听、触、视等一系列感官反应而引起的化学、物理及心理感觉，是这些感觉综合作用的结果，在此基础上食品感知科学得到了较快的发展[31]。食品感知科学是一门基于对食品复杂的物理化学特性及生理心理特征展开研究的交叉学科，系统研究人类感官与食物相互作用形式与规律，其中食物风味感官刺激的物质基础、感觉形成的生理途径及客观刺激感受与消费者情感反馈的关系成为食品感知科学的重要研究领域。

食品感知科学发展初期面临着仪器检测水平的限制和鉴定手段的不全面等挑战，研究进展缓慢；随着食品科技的快速发展，食品感知科学也得到了蓬勃发展。目前，食品感知科学在基础研究领域获得了众多突破性进展，如不仅鉴定出了酸味受体，同时确定了酸、甜、苦、咸、鲜 5 种味道的神经元结构。利用舌头专用的味觉受体细胞（TRC）感知酸味并通过精细调节大脑中的味觉神经元以触发厌恶行为。在应用研究领域，食品感知科学在酒产品上头和口干机理的鉴定方面得到了成功应用。该研究首先建立宿醉动物模型，确定上头和口干指标，然后开展行为学、体外脑组织培养高通量筛选技术、生化和生理学实验，明确宿醉的标志物和引起上头、口干的机理。最后，开展转化研究及人体大脑功能性核磁共振扫描。该研究成果为找出酒产品中引起上头和口干的物质成分，了解其造成宿醉反应的机制，并找到减轻饮后上头、口干的干预措施，为提升酒产品的饮后舒适度提供了重要指导。

　　不同于可以客观量化的视觉和听觉等感官，味觉与个体的感官密切相关。虽然人们对基础的酸甜苦辣风味存在本能的感官评价，但是食品的选择偏好性也会随着时间的增加而有所改变。人们对食品的偏好性改观与食品特性、饮食环境、个体记忆及体验感、产品标签、心理预判等多方面因素相关联[32]。因此，利用科学技术可以为食品感官评定、理化性质测定、工艺形成、消费嗜好等食品科学和消费科学的基本问题提供数据基础，并运用行为研究方法来解决问题[33]。由于人类的各种感官是相互作用和相互影响的，所以在对食品的整体感官进行评价时，应该重视各个感官之间的相互影响，从而能够获得更加准确的鉴评结果。凭借人本身的感觉器官（眼睛、鼻腔、口腔、耳朵、皮肤等）对食品的香、味、形、色、质地等方面进行全面的评定和描述，从而获得较为客观且真实的数据，并在此评定和描述的基础上利用数理统计分析的方法，从而对食品的感官特性和质量进行全方位和综合性的评定[31]（图 6-7）。

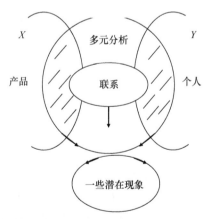

图 6-7　感官科学处理感官数据和化学数据之间的多元关系

　　近年来感官评估逐步完善发展，在其基础上还发展了分子感官科学（molecular sensory science），也称为感官组学（sensomics），是在分子水平上研究食品感官质量，揭示赋予食品关键气味、滋味物质的化学本质及其结构与功能的关系。以气味物质分析为例，在食品中气味成分提取分离分析的每一步骤中，将人类对气味的感觉与仪器分析方法相结合，最终得到已确定成分的气味重组物，即气味化合物与人类气味接收器（smell receptor，如嗅觉上皮细胞）作用，在人类大脑中形成了食品气味的印象[34]。采用此方法也成功地剖析了法国杏子[33]、日本龟甲万酱油的关键香气成分[35]，为产品的生产储藏过程中的质量控制提供了科学依据。近些年来，科学家们应用高效液相色谱（HPLC）、高效液相色谱-串联质谱（HPLC-MS/MS）、核磁共振（NMR）等技术，结合感官评定，对样品中的滋味活性化合物（taste-active compound）准确地定性定量分析，探索了一些食品中苦味、酸味、鲜味、浓厚味等分子基础，将感官科学推向了分子层面。

应用分子感官科学，使得系统地研究发酵食品感官的品质内涵、理化测定技术、工艺形成、消费嗜好等食品科学和消费科学等基本问题成为可能。例如，对食品关键性气味化合物的鉴定和模拟，可以更高效和精准地进行风味的研发；对不同产品间风味物质的差异和感官差异关系的分析从而可以对产品进行改良；建立风味化合物与时间变化的关系，从而预测发酵食品的供货周期，对风味化合物进行聚类分析，建立指纹图谱等从而进行发酵食品质量的控制；对食品中风味化合物的鉴定，可以帮助开发更健康、有效的调味料、保鲜剂等。总之，分子感官科学的概念在发酵食品工业中的应用对新产品开发、工艺优化、市场预测具有重大的推动意义。

在对食品的感官评价过程中，涉及的感官系统非常复杂，包括视觉、听觉、味觉、嗅觉、触觉五大传统感知及感受系统、温度刺激、肌肉的运动感等多个系统，其中与嗅觉相关的受体就多达 350 多个；同时不同的感知系统之间是相互作用和相互关联的，因此，形成的多感官感知存在"自上而下"及"自下而上"的反应机制。具体而言，在"自下而上"的感应机制中，食品的直接感知系统会传输给大脑信号，做出食品的认知判断；与此同时，产品的标签、个人经验、记忆、期望都会传输给大脑信息，影响机体对事物的直接感官体验，形成"自上而下"的通路。因此，"自上而下"的感知机制可以改变人类对食品的原始感知，它与"自下而上"的感应路径同样重要。

1）味觉：人们选择食物时，很大程度上受到其嗅觉和味觉的影响，食品的味感主要是由舌头的味蕾感知，一般可以将味感划分为酸、甜、苦、咸 4 种基本味觉，其中酸、甜、苦、咸的味感分别位于舌头的不同区域，而鲜味的概念是近年来发展起来的，越来越普遍地被人们所接受，从而列入味感的范畴，鲜味术语源于日本，是味蕾对谷氨酸钠的响应，但是其在舌头的响应部位目前尚未有定论。此外，世界各国对味觉的分类也并不相同，如日本将味觉分为 5 种，即酸、甜、苦、辣、咸，而欧美则分为 6 种，分别是酸、甜、苦、辣、咸、金属；我国除了 4 种基本味觉外，还有辣、鲜、涩，其中辣味不属于味感，属于三叉神经感，是一种痛感[36]。

人对味觉的感受主要是依靠舌面上的味蕾，以及神经末梢，味蕾是具有味觉功能的细胞群，分布在舌头表面上的接受味觉的感受器，其结构如图 6-8 所示。味蕾顶端有一小孔，称为味孔，与口腔相通。当溶解的食物进入小孔时，味觉细胞受刺激而兴奋，经神经传到大脑而产生味觉，味觉接收的信号通道依赖于接收器耦合 G 蛋白。如图 6-9 中苦味的产生与转导，苦味的生理基础包括信号转导、传输和接收[37]。苦味、甜味和鲜味利用 G 蛋白偶联受体（GPCR）和第二信使信号进行转导，而盐和酸则利用顶端定位的离子通道。味蕾是味觉的传导性终末器官，由 40～150 个受体细胞组成[38]。苦味受体是一组位于舌根的细胞，与味觉敏感性的其他单位完全分开[39]。

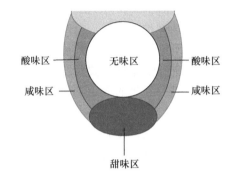

图 6-8　味蕾结构图

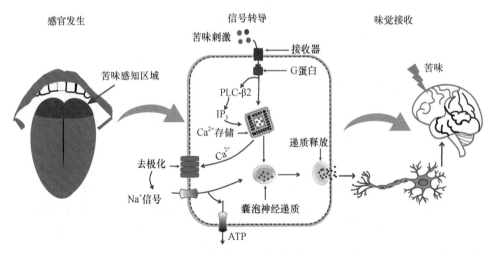

图 6-9　苦味的生理基础——信号转导、传输和接收（彩图请扫封底二维码）

影响味觉的主要因素有呈味物质的状态、温度、人的生理状况等；因为呈味物质只有在溶解的状态下才能扩散至味觉的感受体，故味觉也会受呈味物质所在的介质的影响，如介质的不同黏度会影响呈味物质的扩散，呈味物质的形态也会影响味觉的感受，如粉状的白糖较颗粒状的白糖甜，因为粉末更容易溶解，从而能够快速地刺激味蕾产生味感；温度对味觉的影响主要是通过影响阈值的大小，因为不同味觉的最适温度有较大的差别，如甜味和酸味的最佳温感在 35~50℃，而咸味则在 18~35℃，苦味为 10℃；因为不同年龄的人味蕾的分布及数量均有较大差异，从而导致味觉的不同，在 20 岁时，味蕾的数量是其一生的顶点，随后，便会随着年龄的增长而下降，故老人的味觉能力较年轻时而言，有明显的衰退，其中，甜味敏感性衰退 50%，苦味衰退 30%，咸味衰退 75%[40]。

2）嗅觉：嗅觉是挥发性物质刺激鼻腔产生的一类化学感应，嗅觉感受器是鼻腔内最上端嗅黏膜层中的嗅细胞。气味主要是由鼻腔上部的嗅觉上皮细胞感知，挥发性芳香物质通过刺激鼻腔内的嗅觉神经细胞而在中枢引起的一种感觉。其中，所有能令人产生愉悦感觉的气味被称为香气，食品香气可增加人们的食欲，刺激人体的消化机能等。一个人在不同情况下嗅觉的敏锐度有较大的变化，如环境温度、湿度、气压的变化，而嗅觉的敏感性主要是用阈值和香气值来比较。香气值是判断一种呈香物质在食品香气中起到的作用的数值，它是呈香物质的浓度与其阈值之比。

一直以来，关于嗅觉的识别机理都没有非常明确和清晰的概念，在 20 世纪 50 年代，发展了立体结构理论和气味振动理论两种理论来说明分子性质和嗅觉刺激之间的关系。

立体结构理论：由 Moncrieff 在 1949 年首先提出，Amoor 于 1962 年在其基础上进行完善，也被称为"锁-钥"机制。该理论的主要观点有：①整个分子的几何形状可能是决定物质气味的主要因素，而与分子结构或成分的细节无关；②有些原臭的气味决定分子所带的电荷；③不同呈香物质的立体分子大小、电荷、形状都不同，人的嗅觉受体的空间位置也因人而异。与其他的一些理论相比，此理论更加具有说服力，一些具有相同官能团的分子立体结构相近的化合物，彼此的香气的确相近，目前它仍然是分子结构与香气关系的一个主流理论。

气味振动理论：振动理论最初是由 Dyson 在 1938 年提出的。后由 Wright 完善，该理论认为气味物质的分子由于价电子振动时将波传达到嗅觉感受器从而产生嗅觉。即不同的气味分子所产生的振动频率不同，从而形成不同的嗅觉。但是该理论无法解释具有相同红外光谱的一对立体对映异构体，如左旋香芹酮（L-carvone）和右旋香芹酮（D-carvone）的香气有显著不同的现象。前者具有典型薄荷味而后者是强烈的葛蒌子油（carawaya）香气。因此到 20 世纪 80 年代后期，老的振动理论已日趋没落了[41]。

1996 年，英国伦敦大学的 Turin 博士以全新的观点提出了新的振动理论，这是一种基于非弹性电子隧道光谱（IETs）理论发展起来的生物光谱理论，是振动光谱的非光学形式。Turin 认为气味分子会与嗅觉气味接收器中的蛋白质结合，可使气味接收器处于充电或空置两种状态，这两种状态具有能量差。当气味分子的振动能量等于上述的能量差时会被激活。谷胱甘肽还原酶的辅酶（NADPH）在此过程中充当一个电子传递的作用。其结果是由激活的 G 蛋白产生嗅觉信号传至大脑。然而 Turin 的理论也并没有得到实验的证实[42]。

3）三叉神经感：除了味觉和嗅觉外，三叉神经感（温度、痛感、触感等）也是食品风味组成的一部分。食物成分对人类化学刺激有两种类型，一类是口腔、鼻腔的化学感应，一类是刺激皮肤和黏膜的化学干预，这类物质一般被称为触感刺激物质，在口腔和鼻腔内主要作用于三叉神经。三叉神经刺激物又被称为触感刺激物，如辣椒、胡椒、芥末、薄荷等，可导致接触组织产生清凉的、灼热的、刺痛的感觉。由于人对触感刺激物能产生嗜好性和依赖性，因此，三叉神经对于风味感知起重要作用[43]。

三叉神经为混合性神经，包含 3 个大的分支，分别为眼神经、上颌神经、下颌神经，分布在面部皮肤，口腔、眼、鼻腔的黏膜，脑膜，牙齿等。在口腔内三叉神经分布密度非常大，许多三叉神经纤维围绕在味蕾周围形成杯式结构，通过该结构与外部环境相连，从而传导触感、痛感等。人的舌尖对辣味非常敏感，原因之一可能是舌尖分布很多的茸状乳头，其上有很多的三叉神经纤维[36]。

在全球经济不断发展和文化交流的背景下，消费者对美味和个性化食品的需求及对食品认知的驱动，世界范围内正经历着美味概念不断演变的局面。未来发酵食品在满足人们基本营养需求的基础上，仍然需要回归到食品的感官品质，满足消费者个性化、美味和健康食品的需求。基于此，将食品感知科学与食品制造的各环节交叉融合，利用食品宏观或微观结构设计实现食品风味与质构创新，打破美味与营养、健康的传统对立，满足消费者感官需求和健康需求，实现食品感官品质与营养健康属性的完美统一。

6.2.2　发酵食品风味研究的现状

风味一词在英语中是"flavor"，英国标准协会（British Standard Institution）对"flavor"的注释是：风味是味觉和嗅觉的组合，受热觉、痛觉、冷觉和触觉的影响。我国在《感官分析术语》（GB/T 10221—2012）中规定了风味的含义：风味是品尝过程中感知到的嗅感、味感和三叉神经感的复合感觉，可能受触觉、温度、痛觉和（或）动觉效应的影响[42]。其感知过程见图 6-10。

研究食品风味首先要对风味物质进行成分分析；随着科学技术的快速发展，尤其是精密分析仪器的出现，食品风味的研究方法逐步得到改进和完善，人们对风味成分的认识进一步加深。风味物质的提取、分离与鉴定是为了更好地了解食品中的呈味物质，得知风味物质的具体成分及结构，从而能够更好地运用风味

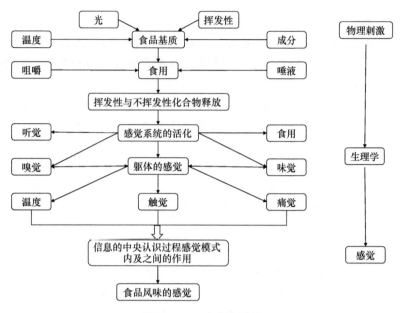

图 6-10 风味感知过程

物质，产生良好的风味感官体验。在风味物质的研究中，应综合各种因素，合理选择适宜的分析检测方法和检测参数，以期达到最佳的分析效果。食品风味物质分析中常见的食品风味物质成分提取方法主要有液液萃取、固液萃取、蒸馏、超声波萃取、超临界流体技术、顶空取样技术、搅拌子吸附萃取技术等，分析技术主要有液相色谱法、气相色谱法、气相色谱-嗅觉联用法等。现将其优缺点及主要应用列于表 6-1 和表 6-2。

表 6-1 常用的风味物质提取方法

	方法	优点	缺点	应用
传统提取方法	固相微萃取	快速，易于使用，无溶剂	分析结果受吸附头的选择影响较大	鸭肉[44]、茶[45]
	液液萃取	定量效果好，相对容易操作	挥发性化合物损失较大，大量萃取剂会造成污染	广泛应用
	超声波萃取	提取温度低，效率高，耗时短	活性物质易遭到破坏，大量提取时效率低下	多为辅助手段
	同时蒸馏萃取	使用溶剂较少，操作简单，成本低，设备简单且萃取率高	操作温度相对较高，易分解的组分容易遭到破坏	非挥发性物质萃取
新兴提取方法	超临界流体技术	提取时间快、效率高、操作易控制	极性物质收集较少，萃取物易堵塞通路	肉类[46]
	搅拌子吸附萃取技术	灵敏度高，精密度好，快速易使用	对极性化合物会产生歧视反应，解吸附时间长	啤酒[47]、葡萄酒[48]
	顶空取样技术	简单快速，无溶剂，只需要少量样品	对温度要求较高，精确性低	鸡肉[49]、花生油[50]

表 6-2 常用的风味物质分析方法

	方法	优点	缺点	应用
传统分析方法	气相色谱	分离效果好、定量分析准确	样品处理量小，灵敏度低	发酵乳[51]、果酒
	液相色谱	适用于热不稳定物质分析	分辨率和灵敏度较低	非挥发性物质
	气相色谱-质谱联用	分离效果好，应用范围广	样品处理量小	应用广泛
	液相色谱-质谱联用	灵敏度高、选择性高	检测范围较小	羊肉[52]、啤酒[53]
新兴分析方法	电子舌技术	无须对样品进行前处理，快速、实时	对温度、湿度等环境因素要求较高	香肠[54]、调味品[55]
	电子鼻技术	不需要对挥发性物质进行分离	水蒸气等会影响传感模式	植物油[56]、植物[57]、果酒[58]
	气相色谱-嗅觉测定法	指出气味活性成分并判断其对风味的贡献大小	起步阶段	白酒[49]、葡萄酒[48]

风味物质有很多种分类方法，通常可以根据来源不同将其分为天然风味物质（natural flavoring substance）和人造风味物质（artificial flavoring substance）。其中美国 CFR（the Code of Federal Regulations）对天然风味物质的定义为，天然风味物质是指精油、油性树脂、提取物、蛋白质水解液、馏出物、任何焙烧产物、热裂解或酶催化产物等，如来自水果、香料、蔬菜、树皮、根、叶等植物原料；来自海鲜、肉、家禽、乳制品等天然原料。由于天然风味物质资源有限，分离提取过程困难，成本较为昂贵，为顺应食品工业的发展，人工合成风味物质迅速发展起来，且种类越来越多、越来越齐全。虽然如此，从安全可靠的角度出发，消费者仍然更倾向于食用天然风味物质，所以研究的主要方向仍是开发更多更安全的天然风味物质。而美国 CFR 对人造风味物质的定义为，一类风味物质，赋予食品风味，但不是天然风味物质[41]。一般来说，合成风味物质大多是化学合成的，往往具有比天然风味物质更加强烈的香气或者滋味。但是这类物质允许添加使用的数量较少并且有严格的限制，如甜味剂安赛蜜等。

另外，还可以根据风味物质的挥发性将其分为挥发性风味物质与非挥发性风味物质，而能够产生味觉特征的物质一般是室温下非挥发性的物质，这些物质与舌头上的味觉感受器作用而产生味觉，如甜味、酸味、鲜味、苦味等。能产生嗅觉的化合物即香气化合物是挥发性风味物质，这些化合物进入鼻腔与气味感受器作用而产生嗅觉。传统发酵食品制作过程的实质为富集、驯化与培养不同种类的微生物，这些微生物代谢产生的风味物质造就了传统发酵食品的独特风味与丰富营养。中国传统发酵食品有黄酒、白酒、食醋、豆酱、豆豉、酱油、腐乳等，其主要成分虽然分别是乙醇、醋酸、氨基酸，但其主要区别是黄酒、白酒是含醇饮料，食醋、豆酱、豆豉、酱油、腐乳等是调味品。风味是决定传统发酵食品价值的主要标准，在市场上乙醇含量相同的白酒，因风味不同售价相差数倍、数十倍甚至上百倍。氨基酸含量相同的酱油，因风味不同售价相差数倍至数十倍，可见"风味"是传统发酵食品的"灵魂"[59]。

中国白酒中已经检测到的风味物质成分达到 300 种以上。酒中的风味物质成分主要为醇类、醛类、内酯类、酮类、呋喃类、硫化物、缩醛类、芳香族及其他化合物。酒中的微量成分更是决定白酒口感、香气和风格的关键。白酒根据风味香型就可分为 12 个香型，即浓香型、清香型、芝麻香型、酱香型、米香型、凤香型、兼香型、馥郁香型、老白干香型、特香型、豉香型和药香型[60]，其香型之间的关系见图 6-11。白酒中风味化合物的初步研究始于 20 世纪 60 年代，但应用气相色谱-闻香技术（GC-O）研究白酒中的风味成分开始于 2005 年。随着现代检测技术的不断发展和人们对感官风味学认识的逐步深入，很多研究者结合感官分析手段开展了对各大香型白酒中风味成分的检测和确认研究。2015 年范海燕等利用液液萃取（LLE）结合正相色谱组学的前处理方法，采用时间强度法（Osme）对酱香型的茅台和郎酒酒样进行 GC-O 分析，发现两种酒样中闻香强度较高的风味物质有己酸乙酯、3-甲基丁酸和 3-甲基丁醇等[61]。2011 年，胡光源等采用 GC-O 分析、GC-MS 定量等方法对药香型董酒的风味物质进行了全面的剖析，新发现并定量分析了白酒中未见报道的一些萜烯类风味物质[62]。2015 年，范海燕等采用现代风味研究的手段剖析了豉香型白酒的风味成分，认为豉香型白酒中的关键香气成分是烯醛类化合物[61]。

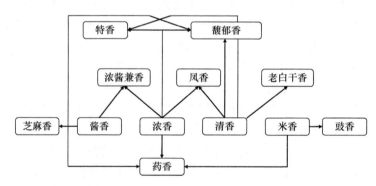

图 6-11 中国白酒 12 种香型的主要关系

黄酒作为中华民族的国酒，是酿造史上最悠久的酒，与啤酒、葡萄酒并称世界三大古酒。多用大米、糯米、黏米等作原料经过边糖化边发酵制成的低度饮料酒，一般酒精含量在 15%～20%（V/V），因其富含 20 多种氨基酸，其中有 8 种必需氨基酸，营养价值高，而被称为"液体蛋糕"，其典型特点是"陶坛储存，越陈越香"。发酵过程中的微生物群落由麦曲含有的微生物与酒药中的酵母菌组成，经多菌种协调发酵，使得黄酒微生物群落结构与风味物质组成复杂。黄酒的独特风味是由味道和香气共同决定的。味道来源于酒体中糖、有机酸、氨基酸等物质，而香气来源于原料香、发酵香和陈酿香（图 6-12）。

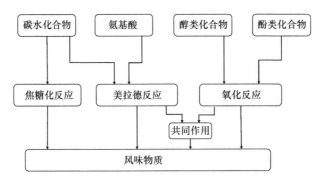

图 6-12　黄酒储存/老化过程中的主要化学变化

黄酒经过一定时间的陈酿能够形成典型的区别于新酒的陈酿香气物质，陈酿香气物质的陈酿特征是高品质黄酒必须具备的特征之一。按照中国黄酒的传统和特色，一杯经过陈酿的黄酒香气包括原料香、曲香、发酵香和陈酿香四大来源（图 6-13）。广义地讲，黄酒的陈酿香气物质包括陈酿过程中新产生的所有香气物质和发生变化的原料香、曲香和发酵香，或者说是这四大来源的一个集合香或复合香。一杯酒香气的合成、中间转化及分解是一个复杂的过程。

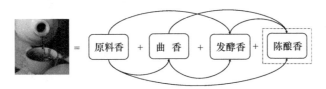

图 6-13　黄酒中香气物质的来源

黄酒酿造是典型的边糖化、边液化的过程，在整个黄酒酿造过程中霉菌先减少后增多，并在后酵过程中起到产酶糖化的作用；酵母先增加后减少，并在前主酵过程中起到产酒精增强黄酒风味的作用；细菌尤其是乳酸菌在浸米及酿造过程中起到降解大分子物质的作用从而促进黄酒呈香呈味，且对有机酸的产生即黄酒酸味起到积极作用，而其余各种细菌在黄酒不同的酿造阶段相互作用并对黄酒的风味起到积极作用。利用多组学技术分析黄酒中主要产香微生物并通过后续的高通量筛选应用到黄酒发酵生产中，优化黄酒风味的形成过程。例如，江南大学毛健课题组[63]采用宏基因组学分析真菌并结合气相色谱-质谱联用法（gas chromatography-mass spectrometry，GC-MS）得出真菌与风味之间的关系，结果表明黄酒前酵阶段由于适宜的环境和丰富的营养物质，产酸微生物产生大量的有机酸，酵母代谢产生细胞蛋白质的副产物——高级醇和酒精。而醇被氧化成醛，使得醛类物质相应增加；有机酸和高级醇发生酯化脱水产生酯，使得发酵液中酯类含量增加。在发酵后期由于温度降低，微生物产酸也使得发酵液变成了较高酸度、高酒精度环境，大量微生物生长受到抑制，酵母产酒精能力也受到影响，因此在后酵时产高级醇能力降低，相应的醛类和酯类化合物生成量也就降低了。

酱油是一种传统的发酵调味品，主要是以大豆、豆粕等植物蛋白为主要原料，辅以面粉、小麦等淀粉质原料，利用微生物（如曲霉、酵母菌、乳酸菌等）的发酵作用，水解生成多种氨基酸、肽、有机酸及糖类，并以这些物质为基础，经过复杂的生物化学变化，形成具有特殊色泽、香气、滋味和状态的调味液，酿造酱油的风味主要从香气、滋味两个方面来描述。风味的形成主要依靠有机酸、醇、酯、醛、酮、酚类物质及一些杂环化合物，这些物质在酿造过程中相互作用，构成了酱油的主体风味（图 6-14）。随着现代分析仪器的发展，对酱油香气成分的物质结构、含量等信息有了更加透彻的了解，目前，酱油已有约 300 种挥发性风味成分被成功分离并鉴定。

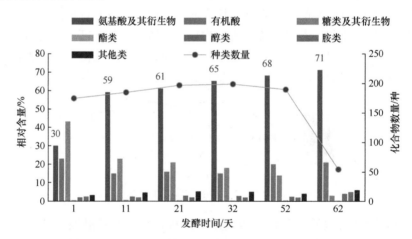

图 6-14 酱油不同酿造时间风味物质的相对含量和化合物数量（彩图请扫封底二维码）

自 1984 年 Sugiyama 提出添加酵母菌能赋予酱油固有的酱香后，国内外学者在这方面做了大量的研究，认为在酱油发酵后期添加酵母是一种比较可行的增加酱油风味的方法[64]，谢韩和丁洪波将耐盐酵母添加到低盐固态发酵酱油的原油中，继续发酵 1 个月后，酱油风味得到明显改善，酯香浓郁[65]。赵梅等通过试验发现，低盐固态发酵后期添加耐盐酵母菌影响酱油中风味物质的产生，通过气相色谱检测表明，添加酵母菌的实验组所测得的挥发性成分种类及含量远远大于空白对照组，酱油风味大大增强[66]。

6.2.3　基于风味导向技术在发酵食品中的应用

风味导向技术，即利用现代风味化学和分析化学理论，从发酵食品的成千上万种微量成分发现和确定发酵食品的风味贡献物质——风味化合物；识别并确定关键的风味和异臭味物质的化学性质，研究其形成机制、原理及关键风味和异臭味的气味物质的产生途径。通过定向技术形成风味物质功能微生物的高通量筛选技术、风味物质发酵调控技术、风味物质优化与重组技术[67]。风味导向技术关注并体现了从发酵食品研究中的分析化学技术升级到风味化学技术，从传统的单体功能微生物研究升级到群体分子功能微生物研究的技术变革。与以往研究相比，风味导向技术更关注并体现了发酵食品研究中从分析化学技术升级到风味化学技术，从传统的单体功能微生物研究升级到群体功能微生物分子水平的技术变化。

1. 定向解构风味化合物

发酵食品的风味大多是食品中的某些化合物呈现出来的，这些能够体现食品风味的化合物统称为风味化合物，包括风味活性物质和生物活性物质，风味活性物质主要体现在呈香呈味上的风味贡献，而生物活性物质具有风味特征的同时还具有生物活性功能。同时，大多数发酵食品在形成风味时，都会有几种化合物起着主导作用，这些化合物被称为该食品的特征化合物[59]。

将风味分析理念结合 GC-O、GC-MS 技术进行酒类的风味研究（图 6-15），在酱香型白酒茅台酒中检测到 300 余种具有贡献的风味物质，对其风味特征和风味贡献力研究发现，对茅台酒香味形成影响较大的有 126 种，产生重要作用的有 65 种。例如，含有较高浓度的吡嗪类化合物，共检测到 26 种吡嗪类化合物[68]。应用 GC-O 中的时间强度法（OSME）和芳香萃取物稀释分析（AEDA）技术，从汾酒中共检测到香气组分 100 个，包括醇类 16 种，酯类 23 种，酸类 13 种，醛类 2 种，芳香族化合物 14 种，酚类 7 种，萜烯类 1 种，呋喃类 3 种，吡嗪类 2 种，缩醛类 2 种，硫化物 2 种，内酯类化合物 2 种[15]。应用香气活度值（OAV）技术确定牛栏山二锅头的关键风味化合物 8 个，分别为辛酸乙酯、DSM 等。因此，基于风味导向技术，通过对酒类的特征风味、微量化合物及其风味成分、异嗅化合物的确定、风味化合物阈值进行了全面研究，对酒类中重要风味物质和机理进行了探索。

张旭等对四川的发酵香肠中的挥发性风味物质进行测定并进行主成分分析，采用固相微萃取-气相色谱-质谱联用技术（SPME-GC-MS），结合主成分分析相对气味活度值。研究发现香肠从鲜肉（0 天）至后发酵期（12 天）合计 6 个加工

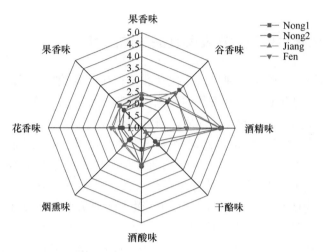

图 6-15　两种浓香型及酱香型和清香型的感官评价图（彩图请扫封底二维码）

阶段共鉴定出超过 6 个类别共 51 种挥发性成分，其中醛类化合物对风味的影响最大，其次为醇类和酯类；采用相对气味活度（ROAV）法分析得到 18 种关键挥发性风味成分（ROAV≥1），3 天前香肠中关键呈香物质种类及贡献程度都随加工时间延长而迅速增加；结合主成分分析法对这 18 种特征风味物质进一步进行分析，结果显示，6～12 天风味无明显变化，且主要以（E）-2-壬烯醛、（E）-2-癸烯醛为特征风味物质；风干发酵后期（6～12 天）挥发性风味物质种类和含量及主体风味趋于稳定，而且对补充产品风味的丰满度更有利[69]。

刘晓艳等对高盐稀态酱油在机械化酿造过程中风味成分的动态变化规律进行研究，采用气相色谱-飞行时间质谱联用技术（GC-TOF/MS）针对不同酿造阶段酱醪中风味成分的种类和相对含量进行分析[70]。结果定性鉴别出氨基酸及其衍生物、有机酸、糖类及其衍生物、醇类、酯类、胺类和其他物质共 210 种成分。利用热图和主成分分析法探寻不同酿造阶段的样品风味物质差异，结果显示发酵过程对贡献酱油鲜甜味的氨基酸及其衍生物和糖类及其衍生物影响较大，第 1 天样品对贡献修饰风味的有机酸、胺类、脂类和其他类物质影响也较为显著，其中氨基酸及其衍生物是酱油含量最多的风味化合物。为日后酱油大规模生产过程中的风味改良提供足够可靠的数据支撑和理论基础[70]。

2. 探究发酵食品重要风味物质形成途径和机理

基于风味导向技术，目前对中国发酵食品中重要的风味物质形成途径和机理进行了研究，将现代生物技术和传统酿造相结合，包括风味导向微生物未培养技术（定性与定量）、群体微生物分析技术、风味导向功能微生物筛选技术、系统功能微生物学技术、微生物固态发酵技术、代谢调控技术等。例如，阐明了高产 2,3,5,6-四甲基吡嗪微生物及其非化学的美拉德产生途径:利用 GC-MS 和 HPLC 对代谢途径中的主要代谢物进行了定性、定量分析,确定菌株 XZ1124 发酵产四甲基吡嗪(TTMP)的主要代谢途径;发现了高效产酱香风味微生物及其发酵代谢特征:通过将风味导向技术与微生物生理生化特性相结合原理,建立了高温大曲中特征香高效产生细菌的有效筛选方法,从不同代表性来源的高温大曲中筛选获得多株具有不同特征的产酱香功能细菌。利用转录组学技术和风味化学技术研究了功能细菌发酵特征及代谢风味特征,明确了产酱香重要影响因素及其重要风味代谢产物如四甲基吡嗪、3-羟基-2-丁酮等;研究了非辅料糠嗅气味产生微生物途径:对糠嗅味物质(TDMTDL)在清香型白酒酿造过程的产生原因和形成机理进行了跟踪分析研究。对照生产辅料糠造成的糠味物质,发现非辅料造成的新的糠嗅味物质(TDMTDL),并证明非辅料糠嗅是造成清香型白酒糠味的主要原因,明确证实 TDMTDL 是微生物产生的(图 6-16)。从清香型大曲中获得 5 株不同特征的产 TDMTDL 菌种,被鉴定为链霉菌(*Streptomyces*);解析了其形成途径和机制,在分子水平上证明了 TDMTDL 产生关键酶的基因。

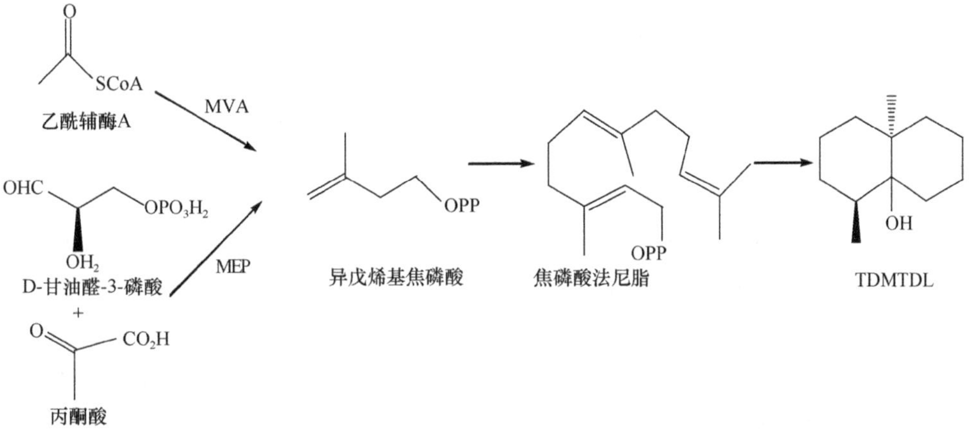

图 6-16　TDMTDL 产生菌株及其生产途径
MVA. 甲羟戊酸途径；MEP. 丙酮酸/磷酸甘油醛途径；OPP. 邻苯基苯酚

彭潇等应用高通量测序技术分析石榴酒发酵过程中真菌种群演替规律,并结合气相色谱-质谱法(GC-MS)分析石榴酒中挥发性风味物质形成规律。结果表明石榴酒发酵过程中主要真菌种群包含酵母属、汉逊酵母属、毕赤酵母属、假丝酵母属及曲霉菌属等。汉逊酵母属是石榴汁中的优势真菌,占总真菌种群相对丰度的 57.84%～60.13%。酵母属是发酵 4～8 天时的主要酵母种群,占总真菌种群相对丰度的 90.00%～97.26%。格兰杰因果分析表明酵母属是导致石榴酒中异丁醇、异戊醇等高级醇含量高的主要因素;非酿酒酵母,如毕赤酵母和汉逊酵母等则对石榴酒中月桂酸乙酯、乙酸乙酯等酯类物质起主要贡献[71]。

3. 基于风味导向技术在发酵食品领域的应用

基于风味导向技术，并以其作为指导思想，形成了风味定向为特点的系统方法学，包括对中国白酒的风味化合物、特征风味化合物、功能微生物等基础和应用的相关研究，促进了白酒行业的技术创新与产业升级。产酱香地衣芽孢杆菌的强化应用技术将产酱香地衣芽孢杆菌成功地应用于洋河酒厂股份有限公司芝麻香型白酒和古贝春集团有限公司酱香型白酒生产中，结果表明，能明显赋予白酒典型特征香——空杯留香，且更突出和持久，取得了较好的应用效果。所生产的酒质明显提高，具有酱香纯正、酒体丰满、醇甜、柔顺、味长、空杯留香突出且更持久的特点。同时，采用功能细菌应用工艺后，49%的风味成分的含量明显提高，酯类、芳香类和苯酚类物质总量增加较明显，分别增加21%、43%和15%；其中，乙酸乙酯、乙酸-2-甲基丙酯、2-丁醇、苯乙酮、萘、乙酸-2-苯乙酯、愈创木酚、苯酚等物质含量均增加了50%以上。

白酒生产中微生物的相互作用对微生物群落的定向强化的应用具有重要的价值。例如，霉菌与酵母的相互作用影响着糖化与产酒的速度；产酒酵母与产香酵母的相互作用影响着白酒的品质与产量；产香细菌与产酒酵母的相互作用也影响着白酒的品质与产量。通过对白酒酿造微生物群落的研究应用，确定了4株霉菌、8株不同功能的酵母及4株不同功能的细菌作为关键功能微生物建立应用技术体系应用于企业生产，堆积40 h后，入池发酵30天，收集上、中、下层次的蒸馏酒分析。结果表明，出酒率较对照样提高了3%；白酒的特征香、丰满度、细腻感、甜度、舒适感、协调感等方面都有明显提高；酒体中的风味成分酯类、醇类、挥发酸类、芳香环类、苯酚类、吡嗪类成分均得到一定程度的提高。通过建立现代微生物学与风味化学相结合的技术体系，促使酒类发酵食品基础研究水平的提升和技术的升级，实现了安全、优质、高效生产。

不仅如此，基于风味导向技术在传统调味品行业也取得了很好的研究成果并进一步地进行了推广应用。针对传统发酵系统交互复杂性，利用现代生物技术等手段，深入解析传统发酵调味品酿造机理，改善产品品质，提高发酵效率，提高了对传统发酵食品微生物资源的挖掘与利用。例如，天津科技大学生物工程学院王敏教授带领的研究团队构建了国内首个传统食醋固态酿造微生物菌种库，分离纯化微生物500余株，从中选育出具有耐温、耐酸等优良性能的菌株；以传统食醋酿造过程模型为基础，利用选育到的优良菌株建立了传统食醋微生物强化发酵技术，提高了发酵效率和原料利用率，改善了产品品质；筛选到了一株具有较高乙醇和醋酸耐受性的巴氏醋杆菌，进一步根据果醋发酵特点定向选育出适合果醋发酵的生产菌种，利用代谢组学和蛋白质组学的方法对其代谢特征进行了系统分析，从而建立了基于代谢活性反馈调节的高浓度果醋发酵控制技术，并应用于苹果醋等果醋饮料的发酵生产，发酵效率提高约 50%。与此同时，受食品安全等问题的影响及消费者对饮食健康、营养搭配等方面的重视程度的不断提高，家庭餐饮消费呈现出增长态势，带动了方便化、营养化和多元化的复合调味品的市场发展。利用现代科技改善食品风味，如风味纳豆的国内外研究进展。纳豆中含有多种对人体有益的活性物质，虽然具有极高的营养价值，但是传统的纳豆产品具有特殊的氨腥味，以至于部分消费者不能接受。为了改善纳豆的发酵风味，近年来国内外关于风味纳豆的研究越来越多，主要集中在以下几个方面：纳豆芽孢杆菌菌种的改良，国内外学者关于纳豆杆菌菌种改良做了大量的试验和研究，主要通过诱变和基因工程技术对其进行改良，从而达到高产纳豆激酶的目的。张杰等利用超声波和紫外诱变，对纳豆芽孢杆菌进行处理，最终获得了一株纳豆激酶酶活力为原始菌株的 1.96 倍的优势菌株[72]；崔青等通过对纳豆激酶的编码基因 *aprN* 的启动子进行优化，最终获得了一株高产纳豆激酶基因工程菌株，产酶活力是野生株的 3.9 倍。其次纳豆混合菌种发酵由于单一的纳豆芽孢杆菌发酵只能以优化发酵条件为主，对纳豆激酶产量的提高和纳豆风味的改良存在一定的弊端和局限性[73]。因此，研究学者和生产商将纳豆芽孢杆菌与其他优良菌种混合后进行发酵，以达到提高纳豆激酶产量和改善纳豆风味的目的。金虎等进行了纳豆芽孢杆菌和乳酸菌混合发酵研究，研究结果显示，当纳豆芽孢杆菌与乳酸菌的接种量比值为 1∶1.6 时接种效果最佳，发酵的纳豆具有特殊的醇香味，氨腥味基本消失[74]；孙军德等将纳豆芽孢杆菌与沼泽红假单胞菌混合进行纳豆发酵，在降低了氨腥味的同时，还增加了发酵产物中酶系，提高了纳豆的营养价值[75]。

6.3　大数据在发酵食品中的应用

大数据是一种在获取、管理、分析方面远远超出传统数据库软件工具能力范围的数据集合。大数据技术，是指从多样化的数据中，快速分析、处理和提取有价值信息的能力。大数据不仅对高科技行业，对传统行业也产生了深远影响，大数据在发酵食品中得到了广泛应用。现代生物工程技术的飞速发展，使发酵工业的生产规模迅速扩大，生产过程逐步强化，对发酵系统进行良好的控制及优化，发酵过程中的大部分参数在线测量都获得丰富的数据。因此，利用大数据技术挖掘大数据背后隐藏的价值，有效利用大数据指导发酵生产具有重要的意义。

随着多组学技术和生物信息交叉学科的发展，通过多种组学数据挖掘和分析传统发酵食品中的微生物群落结构、代谢产物、特征风味物质及菌种代谢通路成为新的研究热点。全面系统地研究发酵食品微生物群落多样性，解析发酵过程中微生物群落结构和功能，将为解决人类面临的能源、生态环境、工农业生产和人体健康等重大问题带来新思路[76, 77]。同时，借助物联网技术、大数据、人工智能的知识推理和计算机网络、深度学习技术，基于整合传统成熟危险分析及关键点控制体系理论、专家智库，构建一个可以对食品质量安全进行全程双向追溯，对原料、生产、储运、销售重点环节生命周期全程关键节点自动分析、实时跟踪、预警控制和有效决策的"智能化"平台，成为互联网形势下发酵食品质量安全保障工作新的模式和重要趋势。推进大数据的发展将进一步推动我国发酵食品品质、安全和产业化水平实现跨越式发展。

6.3.1 组学技术

组学（omics）技术是随着系统生物学的发展而迅速发展起来的，同时，组学技术又为系统生物学提供了海量的实验数据和先进的技术方法，大大促进了系统生物学的发展。组学主要包括基因组学（genomics）、转录组学（transcriptomics）、蛋白质组学（proteomics）和代谢组学（metabolomics）等（图 6-17）。在传统发酵食品体系中微生物的多样性主要来源于丰富的营养物质和开放式的发酵工艺。因此，在食品工业领域，微生物直接决定了产品的质量和风味，发挥着举足轻重的作用；特征风味则被称为发酵食品的"骨架"，是传统发酵食品高附加值的体现。一方面，微生物是创造价值的基础，在酿酒、发酵食品制造等方面起着关键性作用；另一方面，腐败微生物滋生、病原微生物的出现导致食品质量安全隐患，给食品工业造成巨大损失。

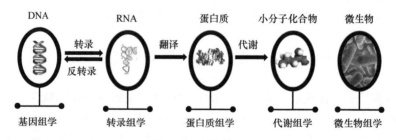

图 6-17 组学技术

传统发酵食品包括食醋、酱油、豆豉、豆酱、泡菜等调味品，其发酵过程由多种复杂微生物参与，大多为自发的多菌种固态发酵形式，其中很多微生物是益生菌，会产生有益于人体健康的益生因子或者活性物质；但也有些微生物会产生生物胺、氨基甲酸乙酯和 5-羟甲基糠醛等典型危害物，对人体健康产生威胁。近几年基于风味导向调控传统发酵食品的研究成为热点，同时随着高通量组学技术的发展，多种组学技术为研究传统发酵食品中的微生物群落结构、代谢产物定性定量分析、特征风味物质形成条件及菌种代谢通路提供了有力手段，为进一步阐明传统发酵食品微生物菌群结构组成和代谢产物之间的关系、风味物质形成机理和核心微生物的代谢机制奠定了基础[78]。

以酱油这一我国传统的酿造制品为例，其酿造过程最重要的两个工艺环节是制曲和酱醪发酵。其中，制曲阶段主要是以曲霉（如米曲霉、酱油曲霉）代谢活动为中心进行固态发酵，生成的物质是构成酱油风味的源泉；酱醪发酵主要是以耐盐性乳酸菌和耐盐性酵母菌为主进行液体发酵，在这个阶段生成大量的乙醇、甘油和醇类物质及芳香族化合物，赋予酱油特殊的风味（图 6-18）。在酱油发酵过程中，微生物对酱油色、香、味和体态的形成和品质起到了极其重要的作用。利用宏基因组学技术、定量 PCR 技术和代谢组学技术探究酱油酿造过程中的微生物群落变化、代谢产物变化及代谢群落基因特征和功能，解析发酵过程中的优势菌群和微生物群落变化规律。

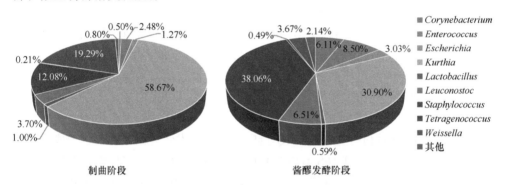

图 6-18　制曲阶段与酱醪发酵阶段的细菌群落鉴定（彩图请扫封底二维码）

米曲霉（*Aspergillus oryzae*）是酱油制曲环节的主要菌株，因其在大曲发酵阶段能产生丰富的酶类物质包括碱性蛋白酶、淀粉酶等水解酶和不同的氨基肽酶，分解原料成小分子物质，对酱油风味的形成具有至关重要的作用。在中国，酱油酿造一般使用米曲霉沪酿 3.042，利用基因组学技术对米曲霉沪酿 3.042 进行全基因组测序，确定了一些特异性基因，这些基因涉及蛋白质的水解、氨基酸的代谢，与酱油发酵的风味形成有重要的关系。Zhao 等[79, 80]将酱油菌株米曲霉 3.042 与米曲霉 RIB40 的基因组测序比较，分析鉴定了与细胞生长、耐盐性、环境抗性和风味形成相关的特异性基因。由不同特异基因所编码产生的醇、氨基酸、酯类化合物的不同比例必然会导致其所发酵出的酱油风味的差异。与此同时，利用宏基因组学分析中国传统发酵酱油制曲到酱醪发酵过程细菌多样性的变化，以及酱油发酵过程中的微生物群落演替和基因功能等，将有助于我们更好地了解中国传统发酵酱油发酵过程中微生物群落结构、功能演替和潜在的代谢能力。

当前，多组学技术联用可以涵盖环境所有微生物的基因表达、蛋白质或代谢物差异的多层面分析，快速获取海量数据。利用多组学联合揭示传统发酵食品特征风味物质的形成机理，并以此为导向筛选功能微生物，从而对发酵生产进行指导。近年来，微生物宏基因组学、代谢组学等技术被广泛应用于白酒酿造中微生物菌落结构分析、特征化合物分析、产酶及代谢途径研究。在白酒生产过程中，通过对酿酒微生物细胞内代谢物质的分析来揭示风味物质的产生机制，实现发酵过程的动态监测，并据此优化发酵条件，改善酒体风味质量。麻颖垚等[81]利用宏基因组学技术，探究酱香型白酒窖内酒醅中优势菌群的区系变化和代谢差异。结果显示，在酸性环境下的窖内酒醅，发酵 30 天后醇和酸含量增加，酯类物质种类增加；菌群多样性降低，细菌属 409 个，真菌属 40 个。KEGG 分析表明碳水化合物代谢和氨基酸代谢为窖内发酵的主要代谢功能，其中曲霉属、莫氏黑粉菌属和毕赤酵母属与两种主要代谢功能具有强的正相关性，而乳球菌属、芽孢杆菌属和分歧杆菌属与其呈现较强负相关。程明川等[82]采用超高效液相色谱和四级杆-静电场轨道阱质谱联用技术结合代谢组学分析和鉴定中国白酒中的组成成分，结果表明，通过将实测二级谱图与理论谱图库比对可直接鉴定到白酒样品中的 57 种微量成分，共找到 18 个化合物可作为特征标记物来区分 3 种香型白酒。

宏蛋白质组学是可以在特定的时间对微生物群落所有的蛋白质进行分析研究的技术，在极端环境微生物的功能基因表达、特殊功能蛋白质开发及生态元素循环等方面有一些应用。Zheng 等[83]首先从 30 年和 300 年的窖泥微生物中提取总蛋白质和 DNA，然后利用基于 iTRAQ 蛋白质组学技术研究微生物表达形成香味的功能蛋白质。此外，通过 16S rDNA 高通量测序揭示微生物多样性，在样本中比较鉴定了 63 种形成芳香功能微生物的蛋白质，其中 59 种蛋白质在 300 年的窖泥中高表达。张秀红等[84]分析鉴定清香大曲的蛋白质组分共 122 种，从蛋白质功能划分，这些蛋白质有酶类 69 种，其中 EMP 途径的酶有 17 种，糖类水解酶 10 种，蛋白质酶 13 种，氧化还原酶类 5 种，乙醛脱氢酶 5 种，其他代谢途径酶 19 种；热击蛋白质 15 种；蛋白质表达及核酸复制相关蛋白质 16 种；其他蛋白质 22 种。

6.3.2 大数据分析技术

1. 大数据分析

如今，一个大规模生产、分享和应用数据的时代正在开始。"大数据"是一个体量特别大、数据类别特别大的数据集，且无法用传统数据库工具在合理时间内对其内容进行抓取、分析和处理。Viktor Mayer-Schonberger 所著《大数据时代》指出了大数据的 "4V" 特征，即数据体量大、数据类别大、数据处理速度快、数据真实性高，并指出了大数据处理观念的 3 个转变：要全体不要抽样；要效率不要绝对精确；要相关不要因果。这种处理观念的转变将引起全球科学研究的方式、规范、战略的转型。它是前所未有的方式，深刻的洞见，最终将形成变革之力[85]。

大数据时代的到来，特别是基因组、转录组、表观遗传学、蛋白质组、代谢组、微生物组等生物大数据的不断积累，从大量数据中挖掘有效的、新颖的、潜在有用的数据并进行分析则极为重要。自 2014 年，"大数据"首次出现在我国的政府工作报告中，由李克强总理提出，不断深入促进以云计算、物联网、大数据为代表的新一代信息技术与现代制造业等的融合创新。充分利用人工智能、统计模型、知识图谱等先进技术，不断地优化和开发更先进的算法和更鲁棒的模型，使其兼具高容错、高准确、高效、计算资源低耗等优点，匹配海量、多维、异构基因组学大数据分析的需求，是未来基因组学数据分析算法和工具开发的方向。

　　大数据分析一个重要的理念就是强调数据的相关性，注意相关关系的发现和使用，只有这样才能从生物过程监控的大量数据中找到与过程优化相关的关键参数（图 6-19）。在数据分析时不再依赖于样本数据，而是要求相关的所有数据，这些数据可能不包含全部信息，但包含大部分正确信息，这就是基因、细胞、反应器的多尺度相关分析，它反映了生物过程不同尺度的真实本体特性。通过相关分析可以更明确地看到样本无法揭示的细节信息，富有延展性，可实现计划外的目标。例如，在白酒发酵过程中，结合窖池发酵技术的特点和未来自动化发展趋势，设计开发基于 ZigBee 技术的窖池发酵无线检测系统。该系统由传感器、路由器、协调器、上位机等几部分组成。酒精传感器、温度传感器、pH 传感器分别采集窖池数据，通过无线传输网络传至上位机，采用计算机或移动终端实时监控。上位机可以把采集并处理过的数据实时显示，并且根据设定的阈值向工作人员发出报警，指导其采取相应的措施，该系统可以实现对窖池数据的实时监控，完成对发酵过程的信息化控制[86]。

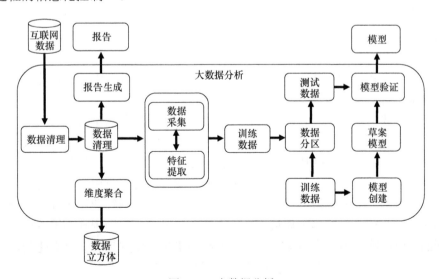

图 6-19　大数据分析

2. 发酵过程智能控制

遗传物质 DNA 双螺旋结构的发现开启了分子生物学时代。从此，生物学经历了由宏观到微观的发展过程，由形态、表型的描述逐步分解、细化到生物体的各种分子及其功能的研究，从早期依赖于生物学知识发展到以分子生物学作为研究基础，后基因组时代的多组学技术又将其带入了系统科学的时代。但当其用于生物过程研究解决实际生产问题时，面对反应器过程中所获得的海量传感器数据和复杂多变的发酵过程遇到极大困难。人们习惯于以系统生物学研究的思路，在预先设立的少量假设或知识的基础上，把注意力放在因果关系的发现和使用上。于是，生物过程研究所面临的问题，就是研究系统的复杂性与已掌握知识的局限性间不可逾越的矛盾。即表现在"数据超载"的情况下，如何将信息转化为因果关系的知识追求，由此解决生物过程中的优化问题。

工业发酵过程优化就在于构建一种外在环境，使微生物的基因表达及代谢调控最有利于某种目的产物（包括初级代谢产物或次级代谢产物）的生物合成，从而最大限度地积累这种目的产物。但实际上生物反应器内的流场在温度、基质浓度（如溶解氧）、剪切等方面都是不均匀的。生物反应器内生物系统的表型是外界环境条件与细胞生理功能共同作用的结果。由此可见，必须将细胞生理代谢特性与生物过程工程学研究相结合，才能实现生命过程全局、系统的高效优化与放大。要真正实现反应器中进行的生物过程细胞代谢途径的全局优化及整个生物过程的高效优化与放大，除了如温度、通气流量、搅拌速度、pH、溶解氧浓度（DO）等生物反应器操作参数外，还必须解决下列关键科学问题的数据采集：①细胞培养过程中微观代谢尺度的代谢特性的获取。②细胞培养过程中宏观生理代谢参数的获取与分析。③反应器内流场特性与细胞生理代谢特性之间的耦合分析。由此可见，生物过程大数据的基本特征表现为数据量大、种类多、时变性和相关耦合性，反映了生物过程中基因、细胞、反应器不同尺度特性的混杂性，这也是生物过程的本体特性。

目前，我国传统酿造食品工业正在深度调整中，现代科学技术成为传统发酵食品企业纷纷借力的重要支撑。从以传统手工生产为主的作坊式生产方式逐步转向自动化、智能化发酵控制。我国啤酒生产由来已久，最早可追溯到 1900 年，早期的啤酒生产工艺和技术是从沙俄、英国和德国等西方国家引入。经过近几十年的发展，我国啤酒业取得了巨大的进步，如今，中国啤酒行业已经取得了令人瞩目的成绩，连续多年保持全球最大的生产规模。近两年，中国啤酒消费市场正进入新的阶段，啤酒消费高端化已成为目前啤酒市场的发展趋势。高端化的市场需求也在促使啤酒生产企业进行产能优化，因此，能提高啤酒品质、提升产能的智能化啤酒酿造设备的市场需求不断扩大。

啤酒发酵是啤酒生产过程中的关键环节，发酵过程直接决定了啤酒的质量，由于发酵罐体积大、发酵周期长、工艺复杂等特点，很难建立发酵过程的精确数学模型，传统的控制方法对此类对象的控制效果不理想，导致其生产过程中自动化技术的应用水平要低于其他工业生产过程。因此，发酵过程的自动化控制，特别是发酵温度的阶段性变化控制，成为啤酒行业一个重要的研究课题。王彬[87]基于对发酵过程温度变化特性的分析，根据发酵温度多段式工艺要求及性能指标，设计了一套以西门子 S7-200 系列 PLC 为主控制器的低成本工业现场自动化控制系统，并完成了操作级监控网络的组建，满足了发酵车间对发酵罐集中化管理的要求，通过监控界面的组态，实现了对发酵状态的实时监控。不仅如此，在啤酒生产过程中，酿造设备也至关重要，啤酒行业对产能优化的要求也给啤酒酿造设备的发展带来了挑战。啤酒酿造设备包括了原料处理设备、糖化设备、发酵设备等一系列啤酒生产所需设备。随着新型信息技术与制造业的不断融合，智能化成为啤酒酿造设备目前的发展方向之一。将智能化的核心装备与啤酒酿造设备结合起来，实现了从原料投入到酿造结束整个过程的实时监控及数据采集，实现了啤酒酿造过程的数字化、网络化、智能化。智能化啤酒酿造线不仅有助于提高生产效率，还有助于提高啤酒生产过程的监管能力，增加产能的同时提高啤酒品质。

酱油产业作为我国调味品行业的第一大产业，产销量和企业规模均居调味品行业首位。从我国酱油整体产量变化来看，酱油产量高速增长的时代已经结束，我国酱油行业逐步进入产能稳定增长、产品结构升级、行业格局逐渐集中的发展阶段。酱油的发酵工艺环节作为酱油酿制过程中的关键环节直接影响最终酱油产品的品质。传统的酱油发酵过程主要依靠人工经验控制发酵温度和时间，导致酱油的出品率不稳定，原料的利用率不高。将物联网技术、传感技术、自动控制技术应用到酱油发酵过程中，实现发酵过程中温度的实时自动监测、精准控制及安全报警。张敏[88]发明了一种基于物联网的传统酿造过程的监控系统与方法，通过无线传感网络传感器采集到的环境参数信息发送到发酵车间的显示节点，方便工作人员查看酱油发酵环境参数的变化情况。与此同时，在酱油生产车间配备中央生产控制系统，统一控制连续蒸煮系统、全自动圆盘制曲机、全自动高速灌装机等行业先进的酱油酿造设备，实现从原料管理、酱油酿造生产到成品检测放行全过程的自动化管控，最大限度减少人为干预，实现每瓶酱油的稳定、高效、安全生产，智能化、高端化转型升级是目前酱油行业的一大趋势。

随着大数据时代的来临，我们进入了一个"万物皆数化"的时代。利用组学技术对微生物群落多样性、种群演变规律及代谢规律进行分析，揭示微生物菌群组成与代谢产物之间的关系，阐明其发酵机理，控制发酵食品的品质，推动发酵食品的工业化生产，同时也为未来发酵食品的科学研究提供理论依据。传统发酵食品加工制造业正逐步转向智能化生产的方式。越来越多的发酵食品行业通过对生产过程质量安全控制关键点的智能化分析与监控、对全产业链质量安全信息的追溯手段的智能化提升，带动我国发酵食品行业质量安全保障能力和产业化水平实现跨越式发展。

6.4 营养组学技术及物性重构

健康不仅是促进人的全面发展的必然要求，还是经济社会发展的基础条件。不合理膳食行为导致的肥胖、营养失衡、糖尿病、高血压等疾病暴发式增长，而快节奏的现代生活也加速了亚健康和慢性疾病人群的增加，已经变成了严重影响人们身心健康和生活品质的社会问题。同时，我国还面临着工业化、城镇化、人口老龄化及疾病谱等问题，为统筹解决关系到人们健康的重大和长远问题，国家也明确地提出实施"健康中国2030"战略，将实现全民健康的目标上升到国家战略高度。根据世界卫生组织报告，膳食是影响人类健康的第二大因素，仅次于遗传疾病。个体对营养素的理论需求和实际营养摄入后产生的效果往往存在较大差异。因此，根据特定的人群设置个性化的饮食建议，建立"膳食-营养-特定人群"关联的大数据平台；基于食品原料的储藏、加工、食用等特性，开展细分人群的食品设计闭环研究、个性化营养功能设计及膳食解决方案研究，具有重要的现实意义。利用新的技术手段实现精准营养设计，满足消费者个性化的营养健康需求，实现精准对接、靶向营养设计，为人类健康管理带来变革性变化。

6.4.1 营养组学与个性化营养

人们对营养健康的需求不断提升，越来越多的人认识到营养在各种慢性疾病的进展中所起的作用，对营养功能性食品制造提出了新的科技需求。如今，食物不仅是能源来源，也成为人们预防未来疾病及辅助治疗慢性疾病的低成本方式。顺应这一趋势，利用宏基因组学、营养代谢组学、蛋白质组学及转录组学为代表的营养组学分析技术，定制精准营养产品成为食品加工行业的新驱动力量，成为国际食品营养学领域的研究热点。

营养组学是营养食品科学与组学形成的交叉新学科，作为广义系统生物学的分支学科，目的是实现个体化营养，主要研究策略是基于分子水平和人群水平探究膳食营养与基因的交互作用及对人类健康的影响，然后建立基于个体基因组结构特征的膳食干预方法和营养保健措施[89]（图6-20）。个体的基因差异导致每个人对营养的吸收、合成、转运、代谢方面都存在差异，从而导致患病风险存在着较大差异，这取决于个人自身的代谢基因组结构，因此，营养和基因遗传是相互影响的。营养基因组学从基因水平研究营养对人体的影响，分析个体代谢活动与饮食、营养、疾病风险之间的联系，深化个体差异及营养调节干预，是个性化营养饮食的新潜力，如肥胖、胆固醇、心血管疾病等都是与多个基因相关联的。当个体存在多个风险基因时，不健康的饮食就会大大提高患病风险系数，表明人类个体的特定遗传结构决定了饮食对人类健康的影响。对钠敏感性更高的人摄入常量钠盐会有血压风险；饮酒增加患心脑血管疾病的风险。因此，分析营养图谱结构确立精准膳食、依据个体基因数据设置个性化的饮食建议，发酵食品由于其应用的广泛性，尤其值得关注。例如，对钠敏感者食用低钠酱油，饮用无醇啤酒，调整个体饮食习惯，具有重要的现实意义。另外，营养遗传学是精准营养的重要组成部分，其主要研究内容是探索不同基因型的携带者对食物营养的差异化反应，从营养遗传学的角度出发，营养摄入会激活或者关闭某些基因的表达，改变人体的遗传物质[90]。

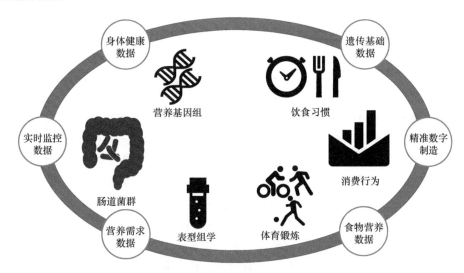

图 6-20　食品精准营养与个性化制造

随着对肠道菌群结构和功能的不断挖掘，越来越多的证据表明肠道菌群对人体健康和疾病发生发展都有着重要的影响，被认为是"被忽略的人体器官"。健康的肠道菌群不仅可以保护宿主免受病原菌的侵袭，而益生菌在提升人体健康水平中扮演着举足轻重的角色，可维护肠道菌群的健康稳态，刺激宿主的免疫系统，增强宿主的免疫应答反应，从而帮助宿主抵抗各类疾病的发生（图 6-21）。益生菌是指食用后可改善宿主肠道菌群生态平衡，发挥有益作用，提高宿主健康水平的活菌制剂。益生菌在自然界中广泛存在，其主要来源是人体和动物肠道，肠道环境适合其繁殖并使其得到富集培养和纯化。常见的益生菌有 3 种：严格厌氧的双歧杆菌属、常规厌氧的乳杆菌属和兼性厌氧细菌。

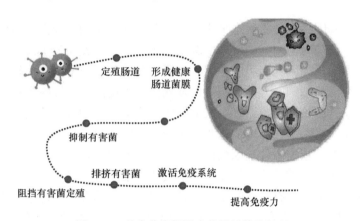

图 6-21　益生菌在肠道中作用的简单机理

　　随着对益生菌的认识取得重大进展，尤其是益生菌促进健康的机理逐渐清晰，益生菌制备技术和产业化技术更加成熟，为新型发酵乳的开发提供了坚实的发展基础。益生菌发酵乳的保健功能主要有：①调节肠道菌群，抑制肠内病原体和延缓衰老。益生菌进入肠道后可代谢产生有机酸，调节肠道菌群，起到增强结肠功能与稳定性的作用。双歧杆菌等益生菌可以提高超氧化物歧化酶的活性，及时有效地清除能引起人体衰老的过氧化物及其他自由基，从而达到延缓衰老的目的。②预防和治疗乳糖不耐症。酸奶中的乳糖比普通乳糖更易吸收，是因为酸奶含有β-半乳糖苷酶，或是其中的嗜热链球菌和保加利亚乳杆菌产生的酶的作用。③治疗轮状病毒引发的腹泻。世界卫生组织（WHO）和联合国粮食及农业组织（FAO）举办的益生菌专家会议（expert consultation of probiotics）上提出益生菌可预防和治疗轮状病毒引发的儿童急性腹泻。④促进人体健康循环。研究发现，服用益生菌制品后体内铁和维生素 D 的吸收得到促进，钙、磷、铁的利用率提高，且益生菌降解乳糖时所产生的代谢产物是构成脑神经系统中脑苷脂的主要成分，与婴儿出生后脑的发育密切相关，对人体健康循环也有意义。

　　复合调味料是由 2 种或 2 种以上的调味料经复合配制而成的调味品，在我国饮食历史上，复合调味料的出现和发展不仅有相当漫长的历史，而且有着广泛的大众饮食基础。人们生活水平的提高和消费的驱动及消费形式的改变，带来了复合调味料产品的创新需求。90 后、00 后，以及一些注重品味的家庭主妇，成为目标消费群体。这些消费群体不仅要吃出美味，而且还要吃出品位。这就促使新产品的研发及产品概念的不断创新与迭代。同时注重消费体验的新需求、新零售及各式各样的场景体验为产品创新提供了机会。很多食物料理店与调味品定制相结合，成为体验式消费的主流，如牛排店、日料店、海鲜坊等。因此，国内复合调味料市场新品牌、新产品、新模式不断涌现，呈现出持续快速健康发展的良好态势。一方面，调味品复合化可以让年轻的家庭消费者方便快捷地烹饪美味，解决其不会做、没时间做的消费痛点；另一方面，餐饮行业需求日益增大，规范化和连锁化经营带来了对标准化复合调味料需求的快速增长。

营养健康正成为当今食品工业的发展方向，对于复合调味料也同样如此。复合调味料不仅强调口感和风味设计，还要考虑到其健康性。目前我国开展健康生活方式行动，其中一项重要内容就是减盐限油。降低和减少调味品中的盐含量，首先需要控制其钠元素的摄入。一般调味品中所包含的食盐含量大约占 20%，而我国人均盐量摄入高达 10.7 g/d，明显高于相关规定当中所建议的 6 g 盐含量标准，医学上也将降低盐含量作为我国心脏病及高血压等慢性疾病预防的有效方式。所以降低调味品中的盐含量，对于提升调味品本身的整体营养价值而言意义重大，如开发减盐低钠鸡精调味料、低盐酱油及符合特殊人群需求的调味品。

随着消费者的需求目标已向健康保健转变，单纯的酒种也已不能满足消费者的需要。黄酒作为中国特有的酿造酒，香气浓郁，甘甜味美，富含多种氨基酸和维生素，受到广大消费者的喜爱，而近年来，对黄酒的研究重点已经不仅仅是黄酒的传统酿造工艺，更多的是发酵型保健黄酒的研究与开发，尤其是结合药食同源类中药材的保健黄酒，不仅丰富了黄酒种类和风格，还有助于拓宽黄酒市场。中国药食同源类中药材极其丰富，2018 年国家卫生健康委员会公布的药食同源类中药多达 100 种，如桑葚、葛根等，它们既有良好的治病疗效，又富含多种营养成分，此外葛根、何首乌、桑葚、茯苓等也是研制保健黄酒的好材料[91]。李蓉等[92]以荆门地区糯米和葛根粉为原料，以麦曲和黄酒活性干酵母为发酵剂生产葛根黄酒，酿制的葛根黄酒含有多种有效成分，营养价值较高。

因此，基于精准化、个性化的营养需求是食品行业的发展方向，面向未来的营养健康发展，依靠科技创新实现智慧营养。同时，坚持以创新为导向，注重现代科技和新发展理念对营养工作的引领，加快农业、食品加工业和餐饮业向营养型转化，促进产业升级和创新发展。大力推动营养健康大数据共享利用和"营养健康+互联网"服务，开发多样性和个性化营养健康信息化食品，实现科技引领下的精准、智慧营养行动，提升全民营养健康消费水平，促进营养健康相关产业大发展。

6.4.2　食品物性重构

现阶段，人们对食物需求的大幅上升给大自然带来了巨大的压力，全球环境的恶化已经表明传统的食物获取方式几乎不再具备可持续性。在这样的大背景下，人口老龄化问题的突出、消费观念的转变等因素驱动未来食品创新。除了市场需求，科技发展也是未来食品发展的主要驱动力，植物基食品、功能性食品和低钠、低盐、低脂食品的研发创新，更加符合环境友好、可持续发展及营养健康的需求。随着科学技术的快速发展，多学科交叉融合更加广泛和深入[93]，以食品营养健康为目标，食品物性科学的进展成为食品制造的新源泉。食物不再仅仅是填饱肚子，而是人民营养、健康、愉悦、社交甚至标识个性的载体。在此背景的推动下，不断挖掘新的消费需求，进行品类拓展，满足多元化的市场需求。

1. 新的结构产品

随着食品消费需求的快速增长和消费结构的不断变化，酒行业呈现出低度化趋势。相比于传统、单一的白酒，低度酒的发展空间更大。从果酒、米酒再到硬苏打、预调鸡尾酒，低度酒品类越来越多，覆盖的场景也越来越广。与此同时，中国啤酒品类正在经历多元化升级，啤酒消费更加注重体验，啤酒口感、风格需求日趋多元化和个性化，低醇及无醇啤酒受到消费者的广泛青睐。

无醇啤酒是指酒精度小于等于 0.5%，啤酒原麦汁浓度大于等于 3.0 °P 的啤酒。主要的生产工艺是将经过正常的发酵过程发酵成熟的啤酒，采用低温真空蒸馏的办法，将啤酒中的酒精蒸馏出来使之基本不含酒精，再用一定量的含有低酒精含量的啤酒与之混合，混合后的啤酒风味十分接近正常啤酒，但酒精含量达到无醇啤酒的要求[94]。目前世界各国销售的无醇啤酒，在商标上均注明有微量酒精含量，我国也沿用了这种做法。然而，世界上各个国家地区对无醇啤酒的酒精含量要求也不尽相同：欧盟对"低醇啤酒"和"无醇啤酒"没有法律要求，但是每个国家都有自己的法规，部分国家对低醇、无醇啤酒的酒精度要求如表 6-3 所示。在很多国家，如德国、瑞士、奥地利、芬兰和葡萄牙，酒精含量限制低于 0.5%（V/V）。在比利时的法规中，无醇啤酒是指酒精含量低于 0.5%（V/V），而且浓度高于 2.2 °P，而酒精含量在 0.5%～1.2%（V/V）的啤酒称为低醇啤酒。其他国家，像意大利和法国，啤酒酒精量低于 1.2%（V/V）就称为无醇啤酒，而 1.2%～3.5%（V/V）称为淡啤酒。丹麦和荷兰的无醇啤酒指的是酒精含量在 0.1%（V/V）以下的啤酒。我国国家标准对无醇啤酒的规定是要求酒精含量小于等于 0.5%（V/V）、原麦汁浓度大于等于 3.0 °P（GB4927—2008）。

表 6-3　部分国家对低醇、无醇啤酒的酒精度要求

国家（地区）	啤酒类型	酒精度
德国	无醇啤酒	≤0.5%（V/V）
德国	低醇啤酒	≤1.5%（V/V）
比利时	无醇啤酒	≤0.5%（V/V）
比利时	低醇啤酒	0.5%～1.2%（V/V）
意大利、法国	无醇啤酒	≤1.2%（V/V）
意大利、法国	淡啤酒	1.2%～3.5%（V/V）
瑞士	无醇啤酒	≤0.5%（V/V）
中国	无醇啤酒	≤0.5%（V/V）

无醇啤酒可以降低血小板的凝聚能力，从而降低因血小板凝聚引发的血栓和心肌梗死患病风险，因此，饮用无醇啤酒在一定程度上可以预防心血管疾病。无醇啤酒还可以显著降低熟的鱼类和肉类等食物中含有的"杂环胺"，这种化学物质可以破坏人体基因、诱发某些癌症，无醇啤酒可以降低其危害性。无醇啤酒既可以减少酒精的摄入，还可以满足人们对啤酒口感上的享受。

2. 组分重构产品

酱油是一种受欢迎的大众化调味品，传统的酱油酿造工艺是以蛋白质原料和淀粉质原料为主料，经复合微生物、多种生物酶共发酵的过程，由此产生了酱油特有的鲜、酸、甜、苦、咸等滋味。近年来，随着人们对营养的需求不断提高，复合酱油应运而生。尤其是结合药食同源类中药材的复合酱油，丰富了酱油的种类和风味。例如，黑豆蚕豆复合酱油[95]，黑豆具有高蛋白质、低热量的特性，其中蛋白质含量高达 30%～40%，还含有较多的钙、磷、铁等矿物质，具有养阴补气的作用，是强壮滋补佳品。蚕豆含有丰富的蛋白质，同时还含有丰富的钙、钾、镁、维生素 C 和多种氨基酸，尤其是赖氨酸含量丰富。黑豆蚕豆复合酱油开拓了黑豆蚕豆作为杂粮在食品加工业中应用的新局面，具有一定的经济、社会价值，所生产的复合酱油滋味鲜美、色泽清淡、香味浓郁。

饮料一直拥有庞大的消费群体和市场容量，近两年，康普茶"横空出世"，迅速在北美、大洋洲及欧洲地区掀起了一股热潮[96]。康普茶是一种茶饮料，又被称为红茶菌、海宝或者胃宝，含有多种益生菌，富含有机酸、活性酶、氨基酸、多酚和维生素 B_3、维生素 B_{12} 等，有助于肠道健康，对致病菌有很好的抑制作用，还具有较强的抗氧化性[97]（表 6-4）。康普茶的制作原料和方法使得其中含有许多具有保健作用的茶叶浸出物和酚类物质。茶多酚就是其中一种具备抗氧化性的自然活性物质，其抗氧化能力是 L-抗坏血酸的 100 倍，有着优越的超氧自由基清除能力。茶多酚在人体内起着多种有益作用，包括抑制肠道内的病原菌、预防心血管疾病等，还能参与人体脂肪代谢的调节。目前，绝大多数康普茶饮料是康普茶菌液和其他原料经发酵或调配而得到的，如水果康普茶饮料、龙眼果肉发酵康普茶饮料、芦荟康普茶复合发酵饮料等。新原料的加入既赋予了产品新的风味，

表 6-4　康普茶中主要营养物质及作用

主要营养物质	作用
氨基酸（主要为半胱氨酸和赖氨酸）	保健和抑菌
醋酸	促进人体的消化吸收等
葡萄糖及其代谢产物	抗高血脂、抗炎等
茶多酚	降血脂、抗氧化等

又使其具有食疗保健功能。此外，在饮料生产中，康普茶还可以作为豆奶、咖啡等饮品的发酵剂，从而增强其功能特性。

红茶菌产品种类繁多，在酒类、乳类、焙烤、酱菜、糖果类食品中也有应用。在面包发酵制作过程中加入康普茶菌液，做出的面包松软有弹性，拥有浓郁的香气，同时包含着康普茶特有的风味，对人体有良好的保健作用。康普茶芝麻酥糖是由康普茶发酵液、芝麻、白砂糖、麦芽糖、葡萄糖浆为主要原料研制成的一款新型保健食品，该产品融合了芝麻香气和康普茶的酸甜口感，使发酵产生的营养成分得到保留，同时具有激发食欲、促进消化的功效，符合健康、营养的饮食理念，适合各个年龄段的人群食用。

3. 食品 3D 打印

全球 3D 打印产业正处于快速发展时期，精准营养和食品 3D 打印将成为国际营养健康领域的重要发展趋势。在传统营养理论的基础上，基于精准化营养技术手段加强精准化营养需求和精准化营养产品的研究与突破，最终实现人类营养健康的目标。将精准营养与食品 3D 打印相结合，针对不同人群的营养和能量需求，将各种原料进行营养和能量分析并进行科学配比，实现精准营养的 3D 打印制造，最大限度满足个性化营养健康的需求。目前已开发适合肥胖症、糖尿病患者、高血压患者和老人食用的 3D 打印产品 20 多种。例如，3D 打印适合糖尿病患者食用的低 GI（升糖指数）值饼干、适合高血压患者食用的营养复配食品及老人和婴幼儿专用全营养食品，解决了特殊人群的饮食需求。

固态发酵汤料包作为一种将各种食材适当加工处理过的烹制食品，与常温加工食品相比，具有以下优点：①低成本，工厂化批量生产，菜品成本大幅度降低。②标准化，口味、卫生、品质有一定保障。③加工简便，配方固定、处理简单，减少用工成本。④无明火，环保、安全、卫生，适用于各种场地开餐馆。⑤出餐快，平均 3～5 min 一个菜品。固态发酵汤料包中人造肉制品的形状会直接影响消费者对产品的接受程度。目前利用细胞工厂合成的原料生产的人造肉制品普遍结构松散，无法让食用者产生真实的咀嚼感[98]。而应用 3D 食品打印技术则可对人造肉制品的结构进行重塑，完美复刻真肉紧密而又富有弹性的三维结构。具体的制作流程为，首先应用 3D 食品打印机中的打印建模软件，对肉制品的三维结构进行设计；随后将人造肉制品所需原料和辅料分别放入不同容器中；再按设计编码程序逐层地铺料，叠加打印出立体感十足的人造肉制品（图 6-22）。应用 3D 打印技术，国内外已经开展了许多关于人造肉制品的研究。利用生物相容性的材料，以 3D 喷墨打印和激光后技术，已经可以制造出结构上高度相似但仍保持柔韧的人造血管。在作为支架的人工血管间，填充按最佳配方合成的人造肉糜和食品级交联剂，以实现致密肌肉组织的模拟效果。除此之外，最新的 3D 打印技术还可以实现对人造肉制品中肉质的颗粒度、坚韧度进行可编程的局部控制，将更加可视化、简易化地实现三维结构完美的人造肉制品的生产。

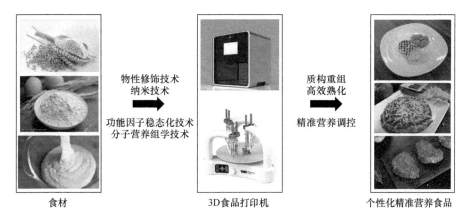

物性修饰技术
纳米技术

功能因子稳态化技术
分子营养组学技术

质构重组
高效熟化

精准营养调控

食材　　　　　　　　3D食品打印机　　　　　　个性化精准营养食品

图 6-22　食品 3D 打印

因此，实现智能制造的核心环节是基于精准营养需求的食品 3D 打印技术。以满足人民对美好生活的向往为目标，在个性化营养膳食大数据模型的基础上，将物联网、基因检测、机器学习算法等技术相结合，设计基于 3D 打印的集成智能化控制软件系统，开发食品 3D 打印技术与装备，最终实现个性化全生命周期的精准营养服务，建立食物营养大数据、个性化健康大数据与营养需求大数据、实时在线营养与健康监测系统和智能化精准营养管理系统等大数据平台。

6.5　小　　结

在新时代中国特色社会主义建设背景下，人民对食品的需求已经从基本的"保障供给"向"营养健康"转变。21 世纪新常态下中国的农业与食品产业将迎来新的机遇和严峻的挑战，食品产业"绿色、创新、融合"的发展理念对食品制造新技术的安全性、功能性、创新性提出了更高的要求。大数据、云计算、物联网、人工智能、生物技术等深度交叉融合颠覆了传统发酵食品生产方式，催生出一批新产业、新模式、新业态。传统发酵食品产业的发展思路正在从过去的注重产能和规模转到向营养健康、食品生物工程、智能制造等相关领域深层次的转型升级，集约化、产业化程度得到了逐步提高。未来食品发酵技术将更加智能化、个性化和规模化，多技术体系协同推进未来发酵食品的科技创新。

基于功能导向的智能微生物体系的研发，将可再生原料转化为更安全、更营养、更健康和可持续的食品组分、功能性食品添加剂和营养化学品等；在创造研究工具和技术方法的基础上，推动化学、生物、材料、农业、医学等多学科的实质性交叉与合作，全面提升我国发酵食品产业智能制造的核心竞争力。基于食品感知科学的基础和应用研究，探究食品的感官特性和消费者的感觉及其感官交互作用；解析大脑处理化学和物理刺激过程，实现感官模拟；多学科交叉进行消费者行为分析从而理解感官的个体差异。基于大数据分析技术的发酵过程监测控制，利用大数据技术挖掘大数据背后隐藏的价值，利用大数据指导发酵生产，构建一个可以对食品质量安全进行全程双向追溯，对原料、生产、储运、销售重点环节生命周期全程关键节点自动分析、实时跟踪、预警控制和有效决策的"智能化"平台，推动我国发酵食品品质、安全和产业化水平实现跨越式发展。基于精准营养干预的食品设计与制造，实现精准营养设计，满足消费者个性化的营养健康需求，实现精准对接、靶向营养设计，根据特定的人群设置个性化的饮食建议，建立"膳食-营养-特定人群"关联的大数据平台，具有重要的现实意义。多技术体系协同推进未来发酵食品发展，促进发酵食品行业的产业升级。

参 考 文 献

[1] 陈坚. 中国食品科技：从 2020 到 2035. 中国食品学报, 2019, 19(12): 7-11.

[2] De Roy K, Marzorati M, Van den Abbeele P, et al. Synthetic microbial ecosystems: an exciting tool to understand and apply microbial communities. Environ Microbiol, 2014, 16(6): 1472-1481.

[3] Levin G V. Tagatose, the new GRAS sweetener and health product. Journal of Medicinal Food, 2002, 5(1): 23-36.

[4] Kim T S, Patel S K S, Selvaraj C, et al. A highly efficient sorbitol dehydrogenase from *Gluconobacter oxydans* G624 and improvement of its stability through immobilization. Sci Rep, 2016, 6(1): 33438.

[5] Graebin C S, Verli H, Guimaraes J A. Glycyrrhizin and glycyrrhetic acid: scaffolds to promising new pharmacologically active compounds. Journal of the Brazilian Chemical Society, 2010, 21(9): 1595-1615.

[6] 高聪. 大肠杆菌碳代谢流的调控方法及其在有机酸生产中的应用. 江南大学硕士学位论文, 2019.

[7] Xia X, Zhang Q, Zhang B, et al. Insights into the biogenic amine metabolic landscape during industrial semi-dry Chinese rice wine fermentation. Journal of Agricultural & Food Chemistry, 2016, 64(39): 7385-7393.

[8] Lu Z M, Liu N, Wang L J, et al. Elucidating and regulating the acetoin production role of microbial functional groups in multispecies acetic acid fermentation. Applied & Environmental Microbiology, 2016, 82(19): 5860-5868, doi:10.1128/AEM.01331-16.

[9] Wolfe B, Dutton R. Fermented foods as experimentally tractable microbial ecosystems. Cell, 2015, 161(1): 49-55.

[10] Chen Y. Development and application of co-culture for ethanol production by co-fermentation of glucose and xylose: a systematic review. J Ind Microbiol Biotechnol, 2011, 38(5): 581-597.

[11] Patle S, Lal B. Ethanol production from hydrolysed agricultural wastes using mixed culture of *Zymomonas mobilis* and *Candida tropicalis*. Biotechnology Letters, 2007, 29(12): 1839.

[12] Ma Q, Zhou J, Zhang W, et al. Integrated proteomic and metabolomic analysis of an artificial

microbial community for two-step production of vitamin C. PLoS One, 2011, 6(10): e26108.

[13]　李宏彪, 张国强, 周景文. 合成生物学在食品领域的应用. 生物产业技术, 2019, (4): 5-10.

[14]　王丽娟. 产乙偶姻功能微生物群落的分离及其在食醋酿造中的应用. 江南大学硕士学位论文, 2018.

[15]　Wu Q, Ling J, Xu Y. Starter culture selection for making Chinese sesame-flavored liquor based on microbial metabolic activity in mixed-culture fermentation. Applied & Environmental Microbiology, 2014, 80(14): 4450-4459.

[16]　黄良昌, 吕晓玲, 邢晓慧. 酸奶发酵剂的研究进展. 现代食品科技, 2001, 17(3): 43-46.

[17]　雷振河. 采用高通量测序技术分析清香型白酒酿造微生物. 食品与发酵工业, 2015, 41(9): 164-167.

[18]　李克亚, 文章, 邓斌, 等. 不同窖龄窖泥原核生物多样性的高通量测序研究. 食品工业, 2016, 37(6): 121-125.

[19]　Jia Y, Niu C T, Lu Z M, et al. A bottom-up approach to develop a synthetic microbial community model: application for efficient reduced-salt broad bean paste fermentation. Appl Environ Microbiol, 2020, 86(12): e00306-20.

[20]　Zomorrodi A R, Segrè D. Synthetic ecology of microbes: mathematical models and applications. Journal of Molecular Biology, 2016, 428(5): 831-861.

[21]　Liu R, Bassalo M C, Zeitoun R I, et al. Genome scale engineering techniques for metabolic engineering. Metabolic Engineering, 2015, 32: 143-154.

[22]　Pablo C, Jervis A J, Robinson C J, et al. An automated Design-Build-Test-Learn pipeline for enhanced microbial production of fine chemicals. Communications Biology, 2018, 1(1), doi:10.1038/s42003-018-0076-9.

[23]　Delépine B, Duigou T, Carbonell P, et al. RetroPath2.0: a retrosynthesis workflow for metabolic engineers. Metabolic Engineering, 2018, 45: 158-170.

[24]　Pablo C, Jerry W, Neil S, et al. Selenzyme: enzyme selection tool for pathway design. Bioinformatics, 2018, (12): 12.

[25]　Swainston N, Dunstan M, Jervis A J, et al. PartsGenie: an integrated tool for optimizing and sharing synthetic biology parts. Bioinformatics, 2018, (13): 2327.

[26]　Kok S D, Stanton L H, Slaby T, et al. Rapid and reliable DNA assembly via ligase cycling reaction. Acs Synthetic Biology, 2014, 3(2): 97.

[27]　Wang S, Zhang L, Qi L, et al. Effect of synthetic microbial community on nutraceutical and sensory qualities of kombucha. International Journal of Food Science & Technology, 2020, 55: 3327-3333.

[28]　De Roy K, Marzorati M, Negroni A, et al. Environmental conditions and community evenness determine the outcome of biological invasion. Nature Communications, 2013, 4: 1383.

[29]　Wu Q, Kong Y, Xu Y, et al. Flavor profile of Chinese liquor is altered by interactions of intrinsic and extrinsic microbes. Applied & Environmental Microbiology, 2016, 82(2): 422-430.

[30]　Rausher A T. Mathematics of kin- and group-selection: formally equivalent? Evolution, 2010, 64(2): 316-323.

[31]　许凯希, 郭元帅, 刘书来. 食品感官质构评定的研究进展. 浙江农业科学, 2015, 1(11): 1766.

[32]　Tuorila H, Monteleone E. Sensory food science in the changing society: opportunities, needs, and challenges. Trends in Food Science & Technology, 2009, 20(2): 54-62.

[33]　Greger V, Schieberle P. Characterization of the key aroma compounds in apricots (*Prunus armeniaca*) by application of the molecular sensory science concept. Journal of Agricultural & Food Chemistry, 2007, 55(13): 5221-5228.

[34] 宋焕禄. 分子感官科学及其在食品感官品质评价方面的应用. 食品与发酵工业, (8): 126-130.

[35] Steinhaus P, Schieberle P. Characterization of the key aroma compounds in soy sauce using approaches of molecular sensory science. J Agric Food Chem, 2007, 55(15): 6262-6269.

[36] 夏延斌. 食品风味化学. 北京: 化学工业出版社, 2008.

[37] Mueller K, Hoon M, Erlenbach I, et al. The receptors and coding logic for bitter taste. Nature, 2005, 434(7030): 225-229.

[38] Taruno A, Li A, Ma Z, et al. CALHM1 ion channel mediates purinergic neurotransmission from taste buds to gustatory nerve terminals during sweet and bitter perception. Biophysical Journal, 2013, 104(2): 631a-631a.

[39] Luo Y, Kong L, Xue R, et al. Bitterness in alcoholic beverages: the profiles of perception, constituents, and contributors. Trends in Food Science & Technology, 2019, 96: 222-232.

[40] 冯涛. 食品风味化学. 北京: 中国标准出版社, 2013.

[41] 王永华, 戚穗坚. 食品风味化学. 北京: 中国轻工业出版社, 2015.

[42] 范文来, 徐岩. 酒类风味化学. 北京: 中国轻工业出版社, 2014.

[43] 张晓鸣, 夏书芹, 贾承胜, 等. 食品风味化学. 北京: 中国轻工业出版社, 2009.

[44] 王志沛, 季晓东, 武千钧, 等. 啤酒中挥发性风味物质的分析及风味评价. 酿酒科技, 2001, (4): 59-61.

[45] 吴桂苹, 段君宇, 朱科学, 等. HS-SPME-GC-TOF-MS 分析云南怒江草果不同部位的挥发性风味物质. 食品研究与开发, 2020, (18): 177-184, 226.

[46] 田怀香, 王璋, 许时婴. 超临界 CO_2 流体技术提取金华火腿中挥发性风味组分. 食品与机械, 2007, 23(2): 18-22.

[47] 陈卿, 石金飞, 蔡国林, 等. 搅拌子吸附萃取、溶剂回流萃取检测啤酒中的风味物质. 啤酒科技, 2010, (1): 61-63.

[48] 王伟. 低醇起泡葡萄酒风味物质的研究. 天津大学硕士学位论文, 2011.

[49] 王军喜, 叶俊杰, 赵文红, 等. HS-SPME-GC-MS 结合 OAV 分析酱油鸡特征风味活性物质的研究. 中国调味品, 2020, (9): 163-167, 180.

[50] 王李平, 张乐, 林晨, 等. 花生油挥发性风味物质 SPME-GC/MS 指纹图谱的研究. 食品工业, 2020, (7): 162-165.

[51] 任为一, 李婷, 陈海燕, 等. 不同地域嗜热链球菌在发酵乳制作中产关键性风味物质研究. 食品科学技术学报, 2018, 36(1): 35-44.

[52] 尤丽琴, 罗瑞明, 苑昱东, 等. 超高效液相色谱-质谱法检测滩羊宰后成熟过程中风味前体物质的变化. 食品科学, 2020, 41(8): 171-176.

[53] 李梅, 杨朝霞, 陈华磊, 等. 超高效液相色谱-串联质谱法检测麦汁和啤酒中的麦香风味物质. 色谱, 2016, 34(3): 258-262.

[54] 田星, 张越, 汤兴宇, 等. 基于电子舌和气相色谱-离子迁移谱分析脂肪添加量对中式香肠风味的影响. 肉类研究, 2020, 34(5): 38-45.

[55] 汤海青, 顾晓俊, 陈祖满, 等. 基于电子舌的料酒味觉特征辨识与定量分析. 核农学报, 2020, 34(5): 156-162.

[56] 袁桃静, 赵笑颖, 庞一扬, 等. 基于电子鼻、HS-GC-IMS 和 HS-SPME-GC-MS 对 5 种食用植物油挥发性风味成分分析. 中国油脂, 2020, 45(9): 102-111.

[57] 马琦, 伯继芳, 冯莉, 等. GC-MS 结合电子鼻分析干燥方式对杏鲍菇挥发性风味成分的影

响. 食品科学, 2019, 40(14): 276-282.

[58] 曹有芳, 刘丹, 徐俊南, 等. 基于电子鼻和气相色谱-质谱联用技术分析不同品种苹果酒香气物质. 中国酿造, 2020, 39(2): 182-188.

[59] 毛海立, 代文, 杨艳. 发酵食品的风味物质及其检测方法研究进展. 广州化工, 2017, 45(18): 10-13, 27.

[60] 杨艳, 潘亨琴, 贺银菊, 等. 气质联用技术在发酵食品风味分析中的研究进展. 广州化工, 2019, 47(9): 46-47, 66.

[61] 范海燕, 范文来, 徐岩. 应用 GC-O 和 GC-MS 研究豉香型白酒挥发性香气成分. 食品与发酵工业, 2015, (4): 147-152.

[62] 胡光源, 范文来, 徐岩, 等. 董酒中萜烯物质的研究. 酿酒科技, 2011, (7): 29-33.

[63] 牟穰, 毛健, 孟祥勇, 等. 黄酒酿造过程中真菌群落组成及挥发性风味分析. 食品与生物技术学报, 2016, 35(3): 303-309.

[64] Sugiyama S. Selection of micro-organisms for use in the fermentation of soy sauce. Food Microbiology, 1984, 1(4): 339-347.

[65] 谢韩, 丁洪波. 添加耐盐酵母改善低盐固态酱油风味. 江苏调味副食品, 2002, (4): 6-7.

[66] 赵梅, 冷云伟, 唐胜柏, 等. 芳香性微生物在酱油中的应用. 中国调味品, 2009, (6): 44-47.

[67] 徐岩. 基于风味导向技术的中国白酒微生物及其代谢调控研究. 酿酒科技, 2015, (2): 1-11.

[68] Yu K, Wu Q, Zhang Y, et al. In situ analysis of metabolic characteristics reveals the key yeast in the spontaneous and solid-state fermentation process of Chinese light-style liquor. Applied & Environmental Microbiology, 2014, 80(12): 3667-3676.

[69] 张旭, 王卫, 白婷, 等. 四川浅发酵香肠加工过程中挥发性风味物质测定及其主成分分析. 现代食品科技, 2020, 36(10): 274-283.

[70] 刘晓艳, 叶月华, 钱敏, 等. 大型发酵酱油酿造过程中风味物质的动态变化分析. 食品科学, 2021, 42(12): 242-247.

[71] 彭潇, 邹文静, 邵清清, 等. 石榴酒发酵过程中真菌种群演替及风味物质代谢规律解析. 食品科学, 2021, 42(6): 157-163.

[72] 张杰, 葛武鹏, 陈瑛, 等. 纳豆激酶高产菌株的选育及固态发酵技术. 食品科学, 2016, 37(3): 151-156.

[73] 崔青. 纳豆激酶基因工程菌的构建及高密度发酵. 上海交通大学硕士学位论文.

[74] 金虎, 时杰, 关品, 等. 大豆品种和混菌发酵对纳豆品质及风味改良效果研究. 农产品加工(上), 2016, (17): 4-7.

[75] 孙军德, 陈思, 杨璐, 等. 双菌株混合发酵纳豆的条件优化. 沈阳农业大学学报, 2016, 47(1): 35-40.

[76] 朱彤, 吴边. 合成微生物组: 当"合成生物学"遇见"微生物组学". 科学通报, 2019, 64(17): 39-46.

[77] 解万翠, 杨锡洪, 尹超, 等. 中国传统发酵食品微生物多样性及其代谢研究进展. 食品与发酵工业, 2018, 44(10): 253-259.

[78] 王越男, 孙天松. 代谢组学在乳酸菌发酵食品和功能食品中的应用. 中国乳品工业, 2017, 45(5): 27-31.

[79] Zhao G, Yao Y, Wang C, et al. Comparative genomic analysis of Aspergillus oryzae strains 3.042 and RIB40 for soy sauce fermentation. International Journal of Food Microbiology, 2013, 164(2-3): 148-154.

[80] Zhao G, Yao Y, Hao G, et al. Gene regulation in *Aspergillus oryzae* promotes hyphal growth and flavor formation in soy sauce koji. Rsc Advances, 2015, 5(31): 24224-24230.

[81] 麻颖垚, 胡萍, 孙利林, 等. 宏基因组学分析酱香型白酒窖内发酵优势菌与代谢功能的相关性. 现代食品科技, 2020, 36(6): 128-136.

[82] 程明川, 姜川, 杨宇, 等. 基于高分辨质谱和代谢组学分析方法的白酒成分分析和香型鉴别. 环境化学, 2016, 35(12): 2618-2621.

[83] Zheng Q, Lin B R, Wang Y B, et al. Proteomic and high-throughput analysis of protein expression and microbial diversity of microbes from 30-and 300-year pit muds of Chinese Luzhou-flavor liquor. Food research international, 2015, 75: 305-314.

[84] 张秀红, 张武斌, 段江燕. 宏蛋白质组学方法对清香大曲蛋白分析. 食品科技, 2015, (9): 258-264.

[85] 徐振江. 大数据: 微生物组学及其他生物医学领域的机遇与挑战. 南方医科大学学报, 2015, (2): 159-162.

[86] 张嗣良. 大数据时代的生物过程研究. 中华医学科研管理杂志, 2016, (3): 34-39.

[87] 王彬. 啤酒发酵控制系统研究与设计. 西安工业大学硕士学位论文, 2016.

[88] 张敏. 基于物联网的酱油发酵智能监控系统的研究. 吉林农业大学硕士学位论文, 2018.

[89] 婧邹, 毛建平. 组学与营养学个性化趋势研究进展. 食品与营养科学, 2020, 9(1): 8.

[90] Marynka M U, Christoph H W, Trimigno A. Nutrimetabolomics: an integrative action for metabolomic analyses in human nutritional studies. Molecular Nutrition & Food Research, 2019, 63(1): e1800384.

[91] 邢爽, 丁斌, 蒲顺昌, 等. 发酵型保健黄酒的研究进展. 酿酒科技, 2020, (1): 65-70, 74.

[92] 李蓉, 缪园欣, 陈清婵, 等. 葛根黄酒发酵工艺研究. 食品研究与开发, 2017, 38(24): 75-78.

[93] 李里特. 食品物性学. 北京: 中国农业出版社, 2001.

[94] 刘杨. 特殊酵母发酵生产无醇啤酒的研究. 山东农业大学硕士学位论文, 2012.

[95] 郑凤荣, 付成康. 黑豆蚕豆复合酱油的配方及工艺研究. 食品研究与开发, 2015, (16): 107-110.

[96] 梅瀚杰, 胡文锋. 国内外红茶菌研究进展. 食品工业科技, 2018, (17): 335-341.

[97] 李宝磊, 张丽, 马广辉, 等. 红茶菌的国内外研究进展. 饮料工业, 2018, 21(2): 67-69.

[98] 贾子璇, 冉安琪, 刘季善, 等. 工业改性对大豆蛋白结构及大豆蛋白-肌原纤维蛋白复合凝胶的影响. 食品科学, 2020, 41(4): 67-73.

第7章　未来发酵食品产业转型升级的保障措施

朱晋伟

面对世界科技革命和产业变革带来的新挑战，尤其是生产方式和消费模式发生了很大的变化，"未来已来"，国家对食品产业的发展也提出了新的要求，发酵食品产业想要满足这些要求并实现成功转型升级，达到可持续发展的目标并进一步掌握在国际发酵产业中的话语权，应采取相应的保障措施。

发酵食品产业转型升级的保障措施，应从需求侧出发，通过合理引导消费，将科学、健康、绿色的饮食文化引入对未来发酵食品的需求中。加大食品科技的科普力度，通过普及食品营养与安全知识、倡导科学健康消费等措施，让消费者能更科学地对待发酵食品，鼓励去尝试消费一些食品产业升级带来的新成果。引导更科学的消费观，培养安全健康饮食习惯，树立食品安全意识。营造绿色食品消费的氛围，提倡绿色消费、营养膳食。

人才是产业发展最核心的要素，未来发酵食品产业的成功转型升级，需要加强对相关人才的培养，包括研发、工程、技能、管理等各方面的专业人才。为了使人才满足未来发酵食品产业的发展需求，应采取全方位多层次的人才培养方式，针对不同的人才类型，明确不同的培养主体、培养目标、培养内容和培养方式。在人才培养过程中，应打破学科壁垒，培养综合能力和创新能力，更多地培养复合型人才。

未来发酵食品产业的成功转型升级，需要以由政府政策和用户需求为主导的产学研结合发展模式的支持，简称政用产学研发展。强调政府推动的发酵食品产业开放创新平台的搭建及用户体验与创新，以企业为主体、用户为中心、市场为导向，强调面向未来发酵食品的应用价值的实现。要健全大学、研究机构和企业科技基础设施的开放共享制度，有机衔接现有的科技资源，统筹考虑学科领域的布局，综合提升未来发酵食品产业的创新水平。

基础设施建设是未来发酵食品产业发展的保证，基础设施建设的水平决定了转型升级发展的速度。发酵食品产业对基础设施的依赖程度较高，基础设施一般规模较大或者设备较为精密，从开始建设到完善往往需要投入巨量的时间与资金，但基础设施一旦建设完成，将会带来乘数级别的效益，所以好的基础设施建设对未来发酵食品产业的转型升级至关重要。建议从科研实验室、质量安全追溯基础设施和物流基础设施三方面重点加强相应的保障措施。

产业的可持续发展离不开任何一方为建设做出的努力，所以在未来发酵食品产业的转型升级过程中，也应从多方面推进全产业链的合作共赢。以市场需求为引导，寻求全产业链的融合，通过变革和优化业务流程，消除企业间的信息阻隔，实现企业间的协同运作，在此基础上提升共享制造的水平，形成网络协作关系，促进知识共享和转移，充分利用技术扩散与知识溢出效应，增强发酵食品产业的整体创新能力。

7.1 饮食文化引导

人们生活方式、饮食习惯、营养与健康的需求侧变化，尤其是年轻一代消费模式和习惯发生变化，对未来发酵食品产业的转型提出了更高的要求。为使未来发酵食品更容易被未来的市场接受，并能满足不同消费者个性化的食品需求，饮食文化的引导作用变得越来越重要。同时，为了促进全民健康保障，贯彻推进《"健康中国 2030"规划纲要》，应加大未来发酵食品的科普力度，积极倡导更科学、更健康、更绿色的饮食文化（图 7-1）[1]。

科学　　　　　　　　　健康　　　　　　　　　绿色

图 7-1　引导科学、健康、绿色的饮食文化

7.1.1 加大健康食品科普力度

想要使需求侧更容易接受未来发酵食品，就应采取各方面措施加大健康食品的科普力度。未来发酵食品的发展方向更多地与营养组学、合成生物学、物联网、人工智能和增材制造等技术相结合。已有的 3D 打印食品、人造食品、食物胶囊、食物饮料等在进行技术探索的同时，也逐渐被投入市场，目前正处于导入期。所以在此时期，正确的引导和科普对未来发酵食品来说至关重要[2]。

随着国内人民人均收入水平的不断提升，消费者饮食习惯不断发生改变，对食品的需求从必选消费领域逐步转移到可选消费品领域，对较高营养价值和品质的食品需求快速增长。在此背景下，基于精准营养设计的健康未来发酵食品的市场空间将会逐渐增加。对此，应积极倡导科学营养的消费观念，并介绍未来发酵食品不同方面的营养价值，引发消费关注，促进消费者对未来发酵食品的购买欲望。

随着人民生活水平的不断提升，近年来大部分消费者已经逐渐认可未来发酵食品的价值，在消费过程中也会增加对新产品的选择。但是，仍然有部分消费者对未来发酵食品并不了解。部分消费者感觉新产品的口感和味道不如传统产品，有些甚至为了追求口感和味道而忽略了营养价值，在购买食品时不会特意查看生产食品的原材料，也不重视食品的营养问题，只为了精神享受而进行食品的购买。这种现象很容易影响未来发酵食品的市场推进。对此，除了在供给侧需要进行科学技术的提升，也应在需求侧积极倡导消费者尝试去接受不同于传统的新产品。

为增强消费者对未来发酵食品的认知，需通过各类媒体向消费者宣传新的食品消费理念，帮助消费者建立良好的食品观念。有些消费者在购买新推出的发酵食品时会心存疑虑，在选择时会过分谨慎、多疑，且极易受到流言的影响，同时大多数消费者仍然缺乏一定的未来发酵食品知识。在这种情况下，会大幅降低消费者对未来新发酵食品产品的尝试欲望、包容程度和承受能力，不利于未来发酵食品产业升级所带来的新成果的推广。应通过各种渠道，加强对未来发酵食品的宣传，普及食品生产和产品营养知识，让消费者认识到未来发酵食品是安全、放心的食品[3]。

为提高消费者对未来新发酵食品产品的信任，在加强对食品科学技术的控制和管理、提高我国食品质量、给消费者带去信心与安全感的基础上，鼓励消费者尝试新产品。为提高消费者对未来发酵食品的科学认知能力，须加强对消费者的科普教育力度，在消费端进行科学引导，让消费者正确、理性地看待未来发酵食品，不盲目跟风，不偏听轻信。

7.1.2 培养安全健康饮食习惯

随着现代生活质量的提高，人们不再把身体疾病作为健康与否的唯一评判标准。世界卫生组织（WHO）的研究结果表明，遗传因素对身体健康的影响程度最高，约占 15%，其次是膳食营养，约占 13%。但是，目前我国健康产业占 GDP 的比重处于较低水平（仅 6%），相较于欧美发达国家和地区，仍存在很大提升空间。我国居民人均食品支出占总消费支出的比重约 28%，说明在人均消费支出结构中，食品比例不容小觑，因此未来发酵食品产业的健康化重塑与升级将依赖于更健康的食品需求[4]。

随着科学技术稳步发展，消费者对膳食营养与健康存在不同需求，应该倡导快捷卫生、健康合理、安全营养的饮食习惯（图 7-2）。

快捷卫生　　　　　　健康合理　　　　　　安全营养

图 7-2　培养安全健康饮食习惯

1）快捷卫生饮食。在经济高速发展的时代，那些工作强度较高的上班族作为典型的快捷消费者群体，由于其工作节奏快、强度高，所以会忽略对膳食营养与健康的重视，多会选择方便快捷的外卖以解决工作日用餐的需求。近几年外卖餐饮的市场不断发展，2019 年外卖市场规模达 6536 亿元、用户规模 4.6 亿人、客单价从 2015 年的 24 元上升至 2019 年的 46 元，增速呈明显上升趋势。而随着人们对快捷饮食的需求增加，外卖也逐步走向了家庭的日常餐桌，有的人在家也想快速解决吃饭问题，有的人不想浪费太多精力在饮食方面，有的人想在家中享受一些在餐厅才能享受到的美食等。

但是，在享受快捷美食带来的便利的同时，也要考虑到可能存在一些外卖食品高油、高盐，营养不均衡，不利于人体健康。为保证消费者能够享受到快捷卫生的餐饮服务，需完善快餐、外卖的食品供应链，在互联网、物流冷链技术的推动下，打造餐饮企业的新零售属性，即"堂食+外卖+外送+流通食品"的全方位卫生保障。同时，为保证消费者能够购买到符合标准的安全外卖，需加快实现外卖工业化、标准化，在保证个性化的前提下，以程式化作业提高食品的品质安全。食品快捷化对调味品提出了新的要求，为保证食品能够符合消费者快捷化的需求，应该实现调味品的复合化、便捷化、预制化和个性化。适应调味品工业化、便捷化的发展趋势，复合调味品作为调味品预制化的核心成员将成为未来发酵食品产业发展的新增长点[5]。

2）健康合理饮食。现代人愈发重视身材管理，希望通过调整饮食来控制身材，给低糖、低盐等食物带来了更多市场，果腹、止饥等轻食概念逐渐流行起来，但是也引发了无碳水、无主食等很多错误理念的产生。未来发酵食品的推广，需要帮助消费者正确认识合理饮食、健康体重、科学减肥的相关概念，为保证消费者能够享受到更加安全、健康的调味品，需打造既能满足健康、低卡的轻食调味需求，又能保障膳食营养均衡的新产品。

3）安全营养饮食。食品安全是未来发酵食品的首要考量，为了能让消费者享受到更安全、更放心的食品，应加大对食品安全的意识教育，使消费者能够端正对食品安全的态度，关注食品的质量与安全。近年来，由于食品安全问题的事件频频发生，诸如真菌毒素超标、假鸡蛋、毒韭菜、塑化剂和氨基甲酸乙酯超标等各类食品安全问题屡见不鲜，使消费者在面对食品安全问题时愈发敏感[6]。对此，应强化平台和入网食品生产经营者食品信息的披露义务，告知消费者食品生产经营活动的日常监督检查制度，让消费者放心。同时，为方便消费者能够购买到安全、放心的食品，可以普及大众化的食品安全识别方法与技术，提升消费者对食品安全的辨识水平。

此外，近年来全球各地新发传染病频繁出现，给免疫力低下的人群，尤其是中老年群体带来了严重的影响。而健康合理的饮食习惯对提高免疫力也起到了举足轻重的作用，合理膳食有助于机体在面对病原体入侵时发挥免疫作用。由此，需研发能补充蛋白质、维生素等多方面营养素的平衡膳食，以增强身体的免疫能力。其次，为帮助消费者改善饮食习惯，需提倡消费者培养健康的饮食习惯，如定时定量进餐、减少高热量食品摄入等。为了实现面向未来的发酵食品产业转型升级，保障消费者的健康安全，应该在需求侧进行科学引导，提高消费者的食品健康意识，提倡营养膳食，鼓励消费者积极享用食品产业升级带来的新成果。

7.1.3　营造绿色食品消费氛围

随着全球环保意识的普及，"绿色消费"的概念逐渐深入人心，并表现在食品产品的各方面中。绿色消费是一种超越自我、渗透着环境和健康意识的、高层次的理性消费方式，而这也是未来发酵食品产业转型升级需要考虑的重要方面之一[7]。绿色消费倡导生态节能、绿色环保、经济适度等消费理念，未来发酵食品需要强调以"绿色"为发展导向，从绿色食品、绿色包装、绿色生产等方面构造绿色食品消费的氛围（图 7-3）。

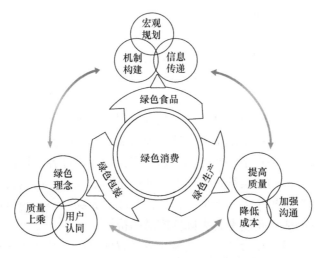

图 7-3　打造绿色消费需求供给体系

1）提倡购买绿色产品。就绿色食品而言，随着城乡居民收入水平不断提高，消费者更注重生活品质的提升，开始倾向于购买品质优良的绿色食品。但是，相较于绿色食品标识、食品质量安全认证等权威认证证明，消费者仍会依赖于品牌知名度的影响来选购相关绿色产品。消费者在购买发酵食品时对绿色认证食品不够关注，对绿色食品的广告和宣传存在疑虑，难以判断绿色食品的"绿色"与否，只能通过产品的品牌知名度来进行选购。对此，应使食品产业形成更加规范、有序的绿色食品认证体系，让企业加强产品可持续性信息的传递，建立系统的方法来促进从生产到消费之间的信息共享水平，为消费者建立通畅、透明的履责信息获取渠道。要加快食品产业的转型升级，促进绿色食品持续健康发展，提升"绿色、生态、环保"的绿色消费动机，为购买绿色食品创造良好的氛围[8]。

2）关注绿色包装。随着可持续发展的理念对人们生活的多方面影响，消费者在购买食品产品时，除了关注食品自身是否"绿色、生态、环保"，也逐渐会关注到食品包装设计是否为"绿色包装"，消费者会认为部分食品的包装设计与选材缺乏绿色环保理念，如有极少数包装设计会采用聚氯乙烯等有害材料，不但会极大危害消费者的身体健康，还会对生态环境造成一定破坏。近几年，海天酱油就对产品包装进行了升级换代，用轻量化的 PET 塑料瓶来替代传统的包装瓶，从而有利于企业降低碳足迹，做到绿色包装，实现可持续发展。绿色包装与绿色食品息息相关，包装设计作为直接进入消费者视线的首道关卡，是绿色产品特点与优势的集中体现，越来越成为消费者判定食品产品内容的重要依据[9]。而所售出的产品与其绿色包装的理念是否相符，很有可能会影响消费者接下来的购买行为。未来发酵食品产业中的企业应努力做到所售出的绿色产品的实际价值与包装形象相匹配，并区别于普通的产品，从而获得消费认可，正面影响消费者的环保情绪，增强消费者对绿色食品和绿色包装之间联系的认知，增加消费者对绿色包装与绿色产品的信心与购买欲。

3）降低绿色产品的成本。以绿色循环低碳发展为特征的产业体系，是未来发酵食品产业可持续发展的必然选择。要想实现绿色循环低碳发展，绿色化的生产方式和消费方式必不可少，但是目前市场上的绿色食品产品普遍存在价格偏高的问题。还有些企业只谋眼前之利而不顾长远发展，为了保证冷冻熟食的新鲜过度包装，最终将成本转嫁给了消费者。这不仅造成了资源的浪费与过度损耗，也侵害了消费者的权益，加重了消费者的负担。当消费者通过各种途径获知事实后，也会降低对该种食品的购买欲，进而对企业产生不信任感。虽然大部分消费者愿意为"绿色消费"承担更多消费成本，但是想要扩大绿色产品的市场，还是需要从降低绿色产品的成本角度考虑去降低产品的价格。

对于消费者来说，以合适的价格购买到适宜的绿色产品是非常重要的，需要"绿色生产"的支持。推动更多未来发酵食品生产企业重视并投入发展"绿色生产"，加快转型升级，充分发挥绿色消费的正能量，减轻消费者对绿色食品的购买负担。企业需建立与消费者的沟通渠道，提高消费者对企业的信任程度，形成绿色消费促进机制，为实现绿色增长模式转变提供可能。绿色消费观念与行为的形成会推动未来发酵食品的产业升级和技术创新，实现资源节约型和环境友好型的绿色循环低碳发展模式。

7.2　培养专业人才

未来发酵食品需要多方面的人才，尤其是人工智能、交互设计、营养组学和食品感官科学等新技术的不断发展，对复合型专业人才的需求也日益旺盛，而为了全面提高发酵食品产业的总体竞争力，真正适应未来发酵食品产业的需求，需要从产业科研、教育、生产等各个方面入手培养针对性的人才。因此发酵食品的人才培养应重点关注研发人才、工程人才、技能人才、管理人才及满足更高层次需求的复合型人才（表 7-1）。

表 7-1　发酵食品人才培养体系

人才类型	培养目标	培养内容	培养主体	培养方式
发酵食品研发人才	良好的学术科研作风 扎实的理论基础 创新精神 坚定的科研意志	思想政治教育 方法论与研发思路 科研道德	科研机构 高校	1. 完善人才队伍培养体系 2. 注重研发人员培养的阶段性 3. 营造良好的研发氛围
发酵食品工程人才	较强的社会责任感 扎实的理论知识 较高的综合素质 解决实际问题的能力	思想品德教育 学术与科研作风 专业相关知识 技术能力 外语水平	高校 科研机构 企业	1. 优化教学科研团队 2. 创建实践模拟平台 3. 搭建产学研互动创新平台
发酵食品技能人才	充足的专业知识 较高的技能水平 实际生产所需的相关能力 敬业奉献的精神	职业道德 专业知识 操作技能 组织生产能力	职业院校 企业	1. 加强信息共享 2. 强化教育课程改革 3. 保障资金投入
发酵食品管理人才	良好的职业道德 专业的基础知识 扎实的管理学知识	职业道德 专业知识 管理学相关知识	企业 高校	1. 推动校企合作 2. 加强管理培训 3. 促进内部竞争 4. 推动创新引领
发酵食品复合型人才	广泛的知识基础 高度的知识交融能力 较强的社会适应能力 国际化的视野	多学科专业知识 综合能力	高校 科研机构 企业	1. 立足市场需求 2. 改进教育体系 3. 开展跨学科实践训练

7.2.1　发酵食品研发人才

发酵食品研发人才是指对发酵食品的前沿科技与未来技术研发趋势进行研究

和探索的人才，是整个发酵食品产业技术发展的探索者和领航员。培养发酵食品研发人才，加强研发人才的队伍建设，能够有效带动整个产业的技术进步与产业升级，为提高我国发酵食品产业的国际竞争力起到支柱性作用[10]。

发酵食品研发人才的培养目标是培养出具备扎实理论基础，充分理解与掌握本学科与其他相关学科的知识，拥有创新精神与创新意识，尊重科学与自然规律，意志坚定进行长期持续的科学研究的高素质研发型人才。

发酵食品研发人才的培养内容首先是思想引领与思维能力的培养，进行正确的思想政治教育与引导，培养积极健康的意志，加强科学方法论的教育与正确的科技研究思路培养，加强研发伦理与学术道德的建设，注重实事求是的精神。

发酵食品的研发人员一般在科研机构中进行研究工作，因此研究机构就成了研发人员的培养主体。针对发酵食品研发人员的培养主要包括以下几个方面（图 7-4）。

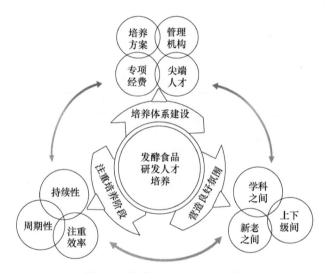

图 7-4　发酵食品研发人才培养

1）侧重研发人才队伍的培养体系建设。传统科研机构较少对研发人员有相应的培养方案，平时主要是靠个人或团队申请项目或课题，并在完成任务的过程中得到锻炼，或是与其他机构进行交流，尤其注重与国外的高校或研究机构的访问学者进行交流[11]。但这一培养方式覆盖面较窄，无法建立系统的研发人才培养体系，不利于发酵食品产业的研发人才队伍建设。因此未来合理的解决方案可以包括以下 4 个方面。

第一，完善人才培养方案。发酵食品的研发人才培养是一项系统性工程，需要制定长期而又切实可行的人才培养方案，并需要结合不同研究机构的科研目标、科研领域与科研方向，并且在科研中不断去完善与优化，从而形成符合科研机构特色的人才队伍培养方案，并将其制度化，从而将研发人才的培养建立在科研机构的宏观战略层面，实现更好地培养发酵食品研发人员的目的。

第二，建立专门的管理机构。在制定可行的人才培养方案之后，需要设立专门的人才培养管理机构负责落实培养方案，追踪培养效果并及时反馈，对培养方案做出适当的调整。因此需要设立灵活的管理机构与组织结构，合理配置研究机构不同层级的研发人员的比例，促进不同学科之间研发人才的交流，实现研发人员的相互学习、密切配合，最终实现全面发展。

第三，落实专项经费保障。研发人员的培养是一个周期较长的项目，对培养资金的需求是首要的。科研机构需要树立正确的研发人才培养观念，并建立合理的专项资金使用制度和保障机制，为人才的培养提供坚实的物质基础，并能合理激发人才培养的积极性和有效性。

第四，注重尖端人才培养。尖端人才是实现发酵食品技术突破的关键，我国的发酵食品技术研究正处在快速发展的时期，对科技前沿的尖端研发人才有迫切的需求，面对当前国际人才全球范围的流动，应坚持培养与引进相结合，破除旧有的观念，积极招揽优质的海外留学生回国及外国研发人才来中国进行科研，同时设立合理的绩效评价机制，让研发人员的贡献得到客观中肯的评价。

2）注重研发人员培养的阶段性。发酵食品的研发人员对技术的探索永无止境，需要不断学习和掌握最前沿的研究方法与研究成果，因而对研发人员的培养也需要一直持续下去，针对不同层次、不同方向的研发人员，要制定适合其岗位特征的培养计划，进行持续性及周期性的培养，同时注重培养的效率，探索人才培养方案的优化与创新方向，制定针对优秀研发人员的个性化培养方案，将传统的培养方式如交流访学、实践锻炼与对外合作培养等方式相结合，缩短培养周期。

3）营造良好的研发氛围。通过打通不同领域、不同职位级别及不同资历的研发人员之间的交流与沟通障碍，营造良好的研发氛围，形成学科之间的相互沟通、上下级之间的畅所欲言、经验丰富的研发人员带新研发人员的良好风气。同时要直面研发的困难性和艰巨性，对失败采取包容的态度，并给予研发人员更多的自主权与选择性，来更好地调动研发人员的积极性。发酵食品的研发人才属于科学与技术的探索者，需要在未知的前沿进行长期的艰苦工作，因此建立研发人才的队伍培养体系，对发酵食品科技的进步有着重要意义。

7.2.2　发酵食品工程人才

发酵食品工程人才是指运用食品工程相关的理论知识与技术手段来实现工程目标的人才。发酵食品工程人才主要在生产实践中运用所学知识进行指导与监督发酵食品的生产过程，该类人才需要同时具备知识与技能，以及工程与技术。加强培养发酵食品工程人才，对提高发酵食品科学的发展水平，优化发酵食品产业结构，提升发酵食品产业竞争力并推动可持续发展有着重要的意义。

发酵食品工程人才的培养目标是培养出适应 21 世纪发酵食品产业及社会需要的，并面向未来发酵食品生产的，全面发展的高素质应用型工程人才。工程人才需要具备强烈的社会责任感，掌握扎实的理论基础，拥有广阔的知识面，具备较高的综合素质，可以从事发酵食品从研发到生产的全过程工作，具备较强的工程实践能力及在发酵食品产业中解决实际问题的能力。

发酵食品工程人才的培养内容首先包括世界观、人生观、价值观的塑造，遵纪守法的素质及良好的道德品质；其次是实事求是的研究态度及科学理性的实践作风；需要学习数学、物理、化学及生物的基础知识，并系统掌握食品工程技术所需的生物化学、微生物学、食品化学、食工原理等方面的基本理论知识，以及食品保藏、食品加工等的基本理论和技术；此外还需要具备工程制图、机械、电工电子、工程设计等方面的基本知识和技能，并对外语水平有一定的要求以满足了解世界发酵食品先进技术与工艺的需求。

发酵食品工程人才的培养主体一般是高校，随着产学研的人才培养模式的普及，企业与科研机构也参与到人才培养的行列中来。发酵食品工程人才的培养主要包括以下 3 个方面（图 7-5）。

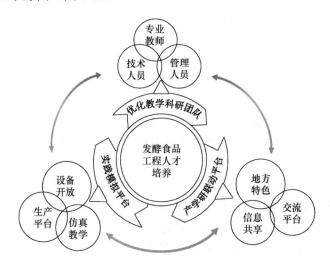

图 7-5　发酵食品工程人才培养

1）优化教学科研团队。教学科研团队是工程人才培养的直接导师。在工程人才的培养过程中，需要专业知识与实践能力的结合，因此不仅需要长期在高校执教的教育工作者来培养工程人才，同时需要具备实践经验的专家参与培养过程。可以采取派在职教师利用假期或直接脱产到相关发酵食品企业中实践，或直接引进企业或科研机构中的实践型工程技术人员去高校任教和组织实践活动。

2）创新搭建实践模拟平台。扩大校内设施对学生的开放程度，让学生在培养过程中更多接触到高校的实验室、研发中心等专业设施，并增加学生动手实践的环节，通过校企合作，搭建模拟企业实际生产的平台，让学生更有参与感和临场感。利用信息技术，推广仿真教学与电子教学，通过计算机模拟还原实验结果，让学生通过计算机的模拟实验来熟悉操作过程，了解相关知识。

3）搭建产学研联动平台。结合各地的不同情况，开展校企合作，构筑产学研结合的教育平台与实践操作平台。加强信息与服务的共享，建立基于校园网的管理平台与服务平台，实现高校与企业和科研机构的信息交互与共享，实现工程人才培养的网络化与信息化，使沟通更具便利性与即时性。加强高校、企业及科研机构的交流，构建专门的交流平台，推动产学研之间的会议、学术交流、报告会与分享会等多种活动有效开展。

7.2.3 发酵食品技能人才

发酵食品技能人才是指掌握了发酵食品的专业知识，并具备较高水平的操作技能，在发酵食品的工作实践中运用发酵食品的相关知识与技能直接从事相关的活动，从事一线的发酵食品生产，并能解决发酵食品关键性的技术及工艺难题的人才[12]。发酵食品技能人才直接从事一线的生产活动，是发酵食品的科技与工艺的实现者，高质量的发酵食品技能人才团队是发酵食品产业发展的重要支撑。

发酵食品技能人才的培养目标主要是培养具备发酵食品相关的理论基础，有着与技术相关的其他领域的知识面，熟练掌握发酵食品技术的应用技能，能在发酵食品的生产过程中解决各种问题并在实际操作中能够灵活应变，具备一定的人际关系能力、组织能力与实际工作经验的人才[13]。

发酵食品技能人才的培养内容包括：首先是职业操守与职业道德的培养，倡导爱岗敬业、认真负责的工作作风，其次是基本的发酵食品专业知识，同时对其他与发酵食品相关的课程的了解与涉猎，重点培养发酵食品技术的实际应用能力与动手能力，以及在发酵食品产品生产过程中的组织与协调能力，在实际的生产与工作中不断提高发酵食品技能人才的素质。

发酵食品技能人才的培养主体一般是职业院校等技术类学校，同时为了加强与实际生产的联系，强化知识的运用与技能的实操，学生前往企业进行实习或实训也成为主要的培养方式之一（图 7-6）。

1）加强信息共享。加强企业与职业院校之间的联系，使职业院校与企业能够分别及时了解到市场的人才需求情况和学生的培养方案，增强职业院校技能人才培养的针对性，也有利于企业高效地进行人才筛选，职业院校与企业的不同层级的负责人进行深入的沟通与探讨，加强彼此之间的信任，从而创造更多的合作

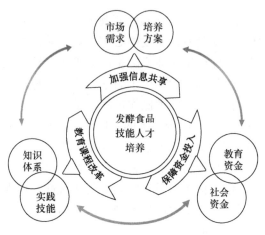

图 7-6　发酵食品技能人才培养

机会，使得技能人才从培养到投入实际生产的过程更加流畅和顺利。

2）强化教育课程改革。改变传统的教育模式，将培养内容面向未来的实际生产，并更加注重实践能力的培养。在实践的过程中，对知识进行体系化与结构化的梳理，并让学生化被动为主动，侧重培养学生的探索意识与创新精神，在实际的操作中加强对知识的理解与掌握，落实企业的用人标准，从而提高技能人才的培养绩效。

3）保障资金投入。发酵食品产业技能人才的培养中实践基地建设等均需要资金的支持，除了政府的专项教育资金外，还需要使培养资金来源多元化，合理吸收社会资金对教育的投入，如企业设立的专项奖学金等，通过资金的支持，使发酵食品产业的技能人才培养各项计划均得以顺利实施。

7.2.4　发酵食品管理人才

发酵食品管理人才是指在掌握了基本的发酵食品相关知识与技能的基础上，了解企业的经营与管理相关知识与技能的人才，具备组织能力与领导力，熟悉市场需求与竞争态势，提高发酵食品企业的运行效率并推动发酵食品企业的转型升级，能够为发酵食品企业提高竞争力与实现可持续发展提供技术与管理支持的人才[14]。

发酵食品管理人才的培养目标是具备良好的职业道德与职业操守，具备发酵食品相关的基础知识及企业管理的知识体系，能够系统全面地推动发酵食品企业的资源配置与运营流程的规划；明确发酵食品企业的发展方向与战略规划，将企业的资源集中在核心业务与企业最具比较优势的业务上；统筹企业的发展，规划合理的组织架构，使发酵食品企业内部的各部门能够有效配合，降低运营成本；具备较强的领导力，能够有效激励员工，提升工作效能，并创造良好的企业文化，塑造独特的发酵食品企业的企业精神。

发酵食品管理人才培养主体一般是发酵食品相关的企业，随着发酵食品产业对高素质管理人才的需求增加，高校也加强了对发酵食品专业人才的管理学知识培养及与企业的战略合作，主要的培养方式包括以下 4 个方面。

1）推动校企合作。产学研合作是发酵食品产业人才培养的有效机制，发酵食品企业通过与学校及科研机构的合作，可以实现优势互补，有效利用社会资源实现自身发展[15]。高校与职业院校培养的工程人才和技能人才可以为发酵食品企业提供新鲜血液。发酵食品企业经营中的技术难题和技术瓶颈，可以通过高校与科研机构的学术资源进行针对性的分析和研究，从而指导企业合理安排生产活动。发酵食品企业的技术人员可以到高校参加管理学相关的课程培训，使企业的人才不仅具备专业的知识，还具备经营与管理的知识，提高发酵食品企业管理人员的理论知识水平，同时发酵食品企业的管理人才到高校中深造，也有利于将自身的经验和见解与在校生分享，使在校学生对实际生产有更加直观的了解，从而实现产学研的良性互动。

2）加强管理培训。管理培训一方面是指针对发酵食品的专业能力与实践能力进行培训，使员工熟悉生产中的流程与环节，熟练掌握必备的知识与技能，加快员工的整体素质提高；另一方面是指人力资源的相关培训，为企业的人力资源提供管理咨询和解决方案，强化企业的人才观念，以及提高企业的凝聚力和员工的效能感。

3）促进内部竞争。设立合理的内部竞争机制，促使员工在企业的生产实践过程中不断提高自身的素质和能力，通过设立多指标的考核体系，全面考察员工的综合素质与能力，促进员工的自我管理，实现员工的自我发展。加强对管理人员考核指标的设立，注重考察管理人员的综合素质。

4）创新驱动引领。创新是未来发酵食品企业发展的根本驱动力，也是树立良好的品牌形象、吸引高质量人才的有效标签，向社会和各类人才传递专注于科技研发与技术创新，具备活力与良好发展趋势的企业形象，不断吸纳发酵食品的工程人才、技能人才和管理人才加入；同时加大创新投入，激励工程人才和技能人才进行技术改进与创新，激励管理人员进行组织结构与管理方法的优化。

7.2.5　发酵食品复合型人才

发酵食品的复合型人才是一种高层次的综合性人才，随着科技与技术的不断进步、发酵食品产业的不断发展，单一的人才培养模式已经不能完全满足发酵食品产业的需求，因此在专业知识、应用能力及综合素质方面有着更高要求的复合型人才成为当前发酵食品人才市场的急需[16]。培养复合型人才队伍，是面向未来的发酵食品人才培养的高层次目标与必然要求，是发酵食品产业人才全面培养的长远规划。

发酵食品复合型人才的培养目标是：熟练掌握本专业的知识，并同时熟练掌握至少一门相关专业的专业知识，能够做到学科交叉和不同专业知识间的有机结合，思维严密，可以全面辩证地思考问题，洞察问题的本质；有着较强的适应能力和应用能力，能够将知识应用于发酵食品的实践中去。

发酵食品复合型人才的培养内容包括：专业知识的复合，发酵食品复合型人才需要熟练掌握本学科及相关学科的知识，构筑跨学科的有层次的综合性知识体系，并将自然学科、人文社科及本专业的基础知识融为一个整体[17]；能力的复合，发酵食品复合型人才需要具备多种能力以综合性解决问题，包括独立获取知识与长期自我学习的能力，活用知识解决不同情境内容的实践能力，创造性思考和解决问题的创新能力，以及熟练运用各种辅助性工具的能力[18]。复合型人才的培养是一个系统性、全面性的工程，需要高校、科研机构与企业进行产学研的结合来实现对人才的全方位、多层次的培养，主要方式包括以下 3 个方面（图 7-7）。

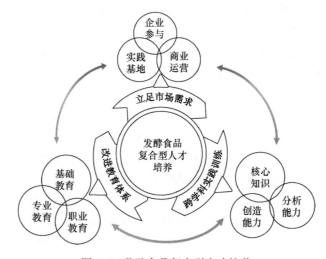

图 7-7　发酵食品复合型人才培养

1）立足市场需求。复合型人才的培养要紧贴发酵食品市场的需求，否则将成为空中楼阁，通过与发酵食品企业的合作，将企业等相关的主体纳入培养的体系中，提供源自实际生产的实习项目与实践训练基地，在专业技能训练实践的基础上，加入商业运营的部分，同时培养学生的团队协作能力与领导力，加强学生的综合素质。

2）改进教育体系。改进发酵食品的教育体系，将奠定基础和塑造人格的基础教育、教授专业知识和技能的专业教育与面向实际工作和职场的职业教育融合贯通，并且专业教育的过程中注重多学科的交叉融合，从而建立全面系统的专业培养体系。

3）开展跨学科实践训练。实践训练是基于发酵食品企业的日常生产经营过程中面临的实际问题，整理和设计成教学课程与实验来培养学生的动手能力的项目，侧重培养学生的创造力与解决问题的能力。实践训练的内容不仅仅局限于学生本专业的实践项目，也涉及相关专业的实践项目，需要学生在跨专业的实践中确定问题解决的优先级，掌握解决问题的核心知识，以及从不同的角度理解与分析问题的能力。

7.3　政用产学研发展

政用产学研结合是在产学研结合的基础上，强调政府在其中发挥的主导作用，以及重视市场与用户的需求所构建的一种更为全面与系统的产业发展模式[19]。政用产学研结合是政府政策、教学学习、科学研究、生产实践及用户需求的更深层次的耦合，有利于加快发酵食品科技成果的转化，促进发酵食品产业各个环节的紧密结合，进一步提升创新能力，最终实现教育、科技与经济的协同发展（图 7-8）。

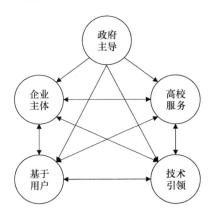

图 7-8　政用产学研结合模式

7.3.1　政府的政策主导作用

政府在整个发展体系中起到的主导作用，主要通过政策的制定或制度的完善来实现，而非政府直接参与到产业实践中去。政府通过各项措施，为企业提供良好的发展环境，促进科研机构的科技成果转化，引导高校的教学方向，最终实现为市场上的用户与消费者提供优质的发酵食品产品，并促进整个行业的持续健康发展[20]。政府在整个体系中发挥的作用体现在以下几个方面（图 7-9）。

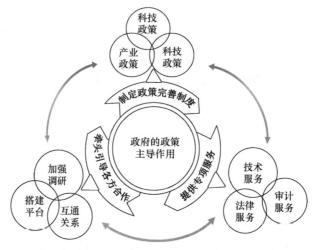

图 7-9 政府的政策主导作用

营造良好的政策环境。为了保证整个政用产学研体系持续运行下去，必须要有政府制定促进发酵食品产业发展的宏观指导意见与总体规划，以及为保障发酵食品产业发展的相关制度与具体实施计划，为政用产学研体系创造良好的制度环境。确定技术发展的政策导向，为解决发酵食品行业内的关键技术问题并将能够促进整个发酵食品产业发展的高新技术作为教学与研发的重点；建立发酵食品产业的专项资金，加大对发酵食品的尖端技术的资金投入，优化融资环境，拓宽发酵食品企业的融资渠道，鼓励企业建立技术创新基金，给予创新性发酵食品企业以税收优惠政策，并加强对中小企业的扶持力度与创新激励，完善市场监管体系，推动发酵食品产业制定符合资金产业发展的标准，优化市场秩序，促进发酵食品市场的健康发展。

牵头引导各方合作。政府需要加强产学研协同各方的互通关系，主动了解他们的需求，同时积极考察具备合作条件的机构，积极发挥政府的相关职能，并在其中发挥牵头人的作用，引导相关的机构对接，促成校企合作、高校与科研机构的合作及科研机构与企业的合作。作为各个组织合作的平台，各级政府需要有前瞻性和预测性，拓展和疏通不同机构之间的关系，合理地引导相关机构进行合作，最大化协同不同类型主体的资源优势，实现强强联合，共同促进发酵食品产业的发展。

健全多方协作的服务体系。为政用产学研多方协作建立良好的生态环境。为发酵食品产业多方合作提供物理空间和平台，如建立集中成片的科技产业园，促进发酵食品企业发挥集中优势和规模效应；建立完善的技术服务系统，推动企业的技术问题与高校和科研机构的研究方向相结合，形成技术服务的完整体系；提供完善的法律支持与法律监管体系，保护发酵食品企业的合法利益，履行监督与管理职责，为发酵食品产业多方合作打造良好的市场环境。

为了有效发挥政府的主导作用，政府针对未来发酵食品产业的转型升级需要产业、科技和财政三大政策的协调促进和稳定落实。传统发酵食品产业面临的挑战形势严峻，转型升级任务艰巨，需要借助国家各项政策来支撑，作为推动产业结构升级的政策保障措施[21]。通过产业政策，引导推动产业结构升级、优化产业区域布局和完善产业组织体系；通过科技政策，提升食品科技创新能力、加强创新人才建设和强化产学研融合；通过财政政策，加大对发酵食品行业的财政支持力度、完善税收激励手段和提高财政补贴供给。

随着工业云、大数据、物联网等新一代信息技术及绿色制造技术在发酵食品工业研发设计、生产制造、流通、消费等领域的应用，对未来发酵食品产业的转型升级提出了更高的要求，更加需要借助国家各项政策的支持，使得未来发酵食品产业能够在中国甚至世界市场中站稳脚步并不断前进。

1. 产业政策

产业政策是政府为引导产业的发展而制定的一系列的政策，目的是实现产业机构的优化调整及转型升级，进而促进整个产业的健康与可持续发展。产业政策的主要内容包括产业结构、产业布局和产业组织[22]（图 7-10）。

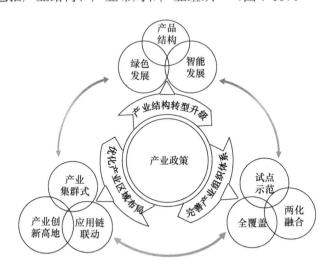

图 7-10　未来发酵食品产业政策保障措施

为了推动产业结构调整和优化升级，2005 年 12 月国务院发布了《促进产业结构调整暂行规定》，并发布了《产业结构调整指导目录》作为其配套文件，此后，根据实际情况对目录内容进行了多次调整[23]。《产业结构调整指导目录》对促进产业结构调整和优化升级发挥了重要作用，为未来发酵食品产业的转型升级提供了重要的参考依据和启示价值。发酵食品产业的未来发展要紧跟国家政策的大方向，对国家鼓励类和淘汰类条目进行仔细研究，抓住机遇，顺应产业变革，融合发展趋势，加快产业的转型升级。

首先，推进产业结构转型升级，补齐短板提升发展质量。结合国家《产业结构调整指导目录》等有关产业结构调整的趋势，按照国家宏观产业政策、环保经济政策、节能减排和发展循环经济的要求，应该顺应新科技、新技术的发展，加大淘汰落后产能力度，加快淘汰落后工艺技术和设备，促进未来发酵食品产业由大做强。以调整产品结构为突破口，转变经济增长方式，强化"云技术、大数据和互联网+"等应用对产业发展的推动作用，整合资源，拓展经营规模，形成绿色发展、智能发展结构体系。同时采取有效方法和途径，构筑发酵食品产业相关的生态体系，包括政策法规、行业标准、安全保障、创新模式、组织与服务等多个体系的协同建设[24]。

其次，优化产业区域布局，推动产业集群式发展。我国目前发酵食品产业布局不够优化，在空间上表现为分散形式，地域分割特征明显，所以应在此基础上着力推动各地区发挥本区域的特色，因地制宜制定发酵食品产业发展模式。同时，全面评估未来发酵食品产业在社会经济中的战略地位，推动实现未来发酵食品复杂产业体系的有效协调机制，发挥政府的政策主导作用，以及行业优秀企业的标杆示范效应，并促进形成产品应用链的辐射带动效应，从而实现集聚效应，带动其他发酵食品企业的发展，大力发展产业和应用基地，大力推动食品技术服务业，建立更多的发酵食品产业和产业应用示范区，推动我国未来发酵食品产业的集群式和应用链联动的协同发展[25]。

最后，完善产业组织体系，协调产业发展格局。在发酵食品的研发设计、生产制造及物流运输等领域，应充分运用物联网、大数据及云计算等信息技术，推动敏捷制造与大规模定制，鼓励有条件的企业建设数字化生产线，进行智能工厂建设的先行实践；支持行业领先企业建立发酵食品溯源体系，实现发酵食品生产全流程的可监控；对不同体量的发酵食品企业，给出不同的发展建议战略，对于大型的优质企业，可以以成为国际化的大型食品集团为目标，中小型企业可以以发挥个体特色为目标，形成层次分明、协调发展的产业格局。

2. 科技政策

食品产业具有跨学科、跨领域、跨部门的特点，覆盖从农田到餐桌全过程管理，产业链条涉及原料生产、加工、包装、物流等诸多环节，新时期食品产业科技创新呈现跨界交叉融合、营养健康引领、行业生态创新等发展趋势[26]。面对全球食品科技的迅猛发展和全球范围内的发酵食品产业革命，以科学技术为主导的创新发展方式成为主流，未来发酵食品产业的转型升级迫切需要科技政策的支持与保障[27]。

随着我国食品科技发展的积累，未来发酵食品相关企业肩负着引导企业走创新发展道路、造福百姓生活的重要任务。我国有着最大的发酵食品消费市场，但发酵食品科技目前还落后于一些发达国家，对发酵食品科技的研发投入相对不足，自主创新水平还有很大差距，导致我国发酵食品产业的整体发展水平相对落后，产品附加值低，同质化现象严重，品牌影响力不足，难以满足人民群众对健康绿色的发酵食品的需求[28]。

针对现阶段我国食品产业科技创新发展所面临的新挑战和新需求，同时结合有关食品科技创新规划的政策意见，为未来发酵食品产业的转型升级提供了科技政策方面的指导与启示，深入实施创新驱动发展战略，用科技创新驱动未来发酵食品产业向高科技和智能化方向快速发展（图 7-11）。

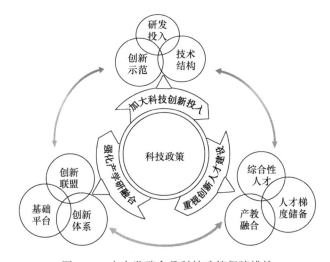

图 7-11　未来发酵食品科技政策保障措施

首先，进一步完善食品科技创新战略规划。对于发酵食品的科研需要大力扶持，通过加大研发投入力度，实现创新驱动发酵食品工业的发展。促进不同类型的创新，构建原始创新、集成创新、改进创新及创新示范的立体创新格局，加快创新成果的转化，进行多学科交叉研究，将理论与方法融合到实际的生产技术中，推动产业结构优化升级。

其次，加强发酵食品的科技基础设施建设。着重建设国家重点实验室、国家技术中心等基础平台，为发酵食品科技研发奠定坚实基础；通过企业、高校与科研机构的产学研结合，有机结合不同主体的作用，加强企业自身的创新能力，加快科技成果的转化并落地投入生产，树立明确的知识产权意识，提高技术创新能力；加强企业间的合作，建立发酵食品企业的技术创新联盟；建设科技园区，创新平台及新型的合作机构，打造创新的集成体系，打通发酵食品的研发、生产、运输等不同环节的创新，提升发酵食品科技的技术支撑力与可持续发展能力。

最后，加强发酵食品的人才队伍建设。发酵食品人才队伍涉及食品营养、食品安全、功能性食品开发等方面的人才。随着发酵食品技术的提升，对人才的需求已经由传统单一的食品加工需求模式转变成综合性食品人才的需求。未来需要的人才应具备使用食品生产工艺的产品研发能力，需要掌握食品营养学和食品配膳的基本理论并熟悉食品安全和食品法规的相关知识。遵循人才培养的规律，实行体系化和梯度化的人才培养模式，鼓励对高端发酵食品人才的引进和激励，重点吸引国外的发酵食品专业人才回国发展。推动高校的发酵食品学科的发展，建立专门的研究机构与人才培养基地，以及增强学生实践能力的生产实践基地。加强对外开放，倡导与国外的知名企业、研究机构及实验室等展开合作，建立国际研发同盟，探索国际合作的新模式。

3. 财政政策

为了实现产业转型升级的目标，要进一步加强财政支持。"十四五"规划中提到发展战略性新兴产业，实现各产业深度融合，为此需要健全财税金融政策来确保目标的实现，同时多元化资金来源，合理吸收社会资金和民间资本[29]。

同样，未来发酵食品产业要想实现转型升级，也需要中央和各级地方政府出台一系列的支持性财政政策，作为转型升级的有力保障。推进未来发酵食品产业转型升级，落实支持经济转型及技术改造的财政政策，发挥财政资金引导作用，激发企业内生动力，促进产业提质增效、科技创新、转型升级、做优做强（图 7-12）。

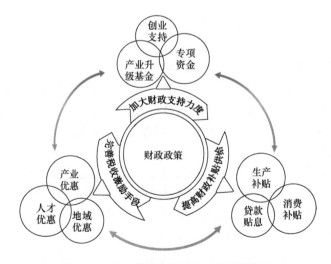

图 7-12　未来发酵食品财政政策保障措施

首先，加大财政支持力度，发挥财政资金导向作用。政府部门需加大对发酵食品产业重点领域创新的财政资金投入力度，重点支持食品新兴产业发展的重要环节、关键技术、示范工程及公共服务平台建设。发挥财政资金的引领作用，将国家的扶持资金用在关键技术的研发和关键装备的开发上，落实企业的研发计划和研发绩效考察措施，充分利用现有资金，加快推进发酵食品企业的技术升级与发展模式更新。由于发酵食品产业转型升级的复杂性和长期性，政府需要从宏观层面把控全局，设立统一的产业升级基金，以中央与地方的财政为主体，同时鼓励社会资本的加入，共同助力发酵食品产业的转型升级。

其次，完善税收激励手段，加大对高端人才的优惠政策。未来发酵食品产业的发展趋势是绿色制造、智能制造，需要投入大量的人力、资金、技术，需要税收优惠尤其是税收减免的直接扶持，要加强财税政策宣传力度，减轻企业税收负担，加大企业技术进步及创新的税收减免力度，大力改造和提升发酵食品传统产业，通过新闻媒体等渠道，使国家出台的有关食品行业的各项税收优惠政策深入企业，凡是中央出台的涉及税收优惠的政策都要不折不扣地执行，逐步降低企业税收优惠的门槛，简化办事流程等。同时还应不断扩大食品高新技术企业的范围，增加我国食品技术开发区数量，推动食品产业内部结构优化升级，不断提高产业化水平。加强完善高端人才的税收优惠政策，人才对于产业转型升级至关重要，对高端人才实行个人所得税优惠政策，对于在技术进步新动能中具有突出贡献的科研人员颁发贡献奖并免征个人所得税，充分肯定关键人才的核心作用。通过税收政策来管理高端人才、吸引青年人才，推动核心技术的研发、改造，促进发酵食品传统产业的转型升级。

最后，提高财政补贴供给，加大消费补贴力度。我国食品行业在高新技术领域的创新能力还有待于提高，发酵食品行业的转型升级需要大量的技术创新投入，比较依赖政府的财政扶持，其中财政补贴及贷款贴息等方式是常见又符合企业生产实际的方式，可以有效调动发酵食品企业的积极性，以及社会资金的参与度。重点对代表未来发展方向的技术与设备的发酵食品企业进行补贴和扶持。灵活采取不同的资助方式，并加强消费端的补贴力度，通过创新驱动和消费拉动，进一步实现发酵食品产业的转型升级。

4. 三大政策协调

未来发酵食品产业的转型升级，需要三大政策的协调配合，通过产业政策指导科技政策和协调财政政策，通过财政政策辅助产业政策和支持科技政策，通过科技政策促进产业政策和引领财政政策[30]。传统发酵食品产业的转型升级是一项艰巨并具有挑战的任务，紧密围绕食品产业发展新趋势和新需求，注重规划、政策所产生的效果、效应，着力解决传统产业存在的深层次问题。让科技创新驱动传统产业转型升级，发挥财政资金的保障作用，同时，把握机遇，顺应产业变革大趋势，让中国未来发酵食品产业走在世界前列。

　　未来发酵食品产业的转型升级，需要推动传统发酵食品产业结构、产业布局、产业组织的升级、优化和完善；加强发酵食品科技创新战略规划、科技基础设施建设、科技人才队伍建设；加大发酵食品财政支持力度、财政补贴供给、税收优惠政策。同时要增强政策举措的灵活性、协调性、配套性，使政策协同效应达到最大化，更有利于为未来发酵食品的转型升级提供保障。要准确识变、主动求变、科学应变，切实解决政策落实的痛点、堵点和难点。最后，探索未来发酵食品产业的转型升级，要将完成眼前任务和探究长期趋势相结合，紧跟时代背景、结合国家重大发展目标、深入实施国家发展战略，从而推动产业的转型升级（图7-13）。

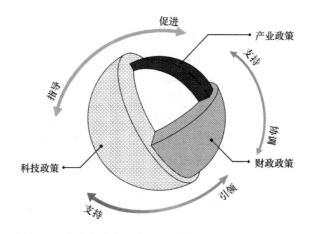

图 7-13　未来发酵食品产业、科技、财政三大政策协调

7.3.2　企业的主体作用

　　企业在发酵食品政用产学研体系中起到主体作用，从政府政策的适用，到发酵食品产品的生产以满足消费者的需求，再到高校培养人才的接收与任用，以及科研机构研究成果的应用，都需要企业来实现。发酵食品企业直面消费者的需求，在实际的生产活动中所产生的问题或技术瓶颈，都需要在政府的主导下，借助高校的学术资源与科研机构的科研资源进行研发和探索来实现解决和突破，并将最新的研究成果转化为实际的生产力，进而推动整个发酵食品产业的发展（图7-14）。

　　坚持企业的主体地位。企业是科技成果转化的载体，能将高校与科研机构的研究与技术转化为发酵食品产业的实际生产力。发酵食品企业在生产经营的过程中需要正视自身的技术需求，在面对生产技术问题或技术瓶颈的时候，要善于借助产学研平台与高校或科研机构进行沟通，将自身的资金优势与生产活动贴近

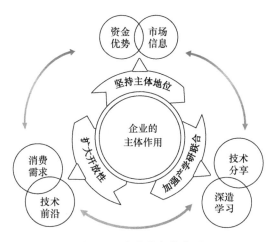

图 7-14　企业的主体作用

实际与市场的特点，结合科研机构的科研能力与研发优势，促使科研机构的科研能力得到提升，同时自己的生产困难得以解决，实现企业与高校科研机构的优势互补，打造整个发酵食品产业的合作生态系统。

扩大企业的开放性。企业需要强化与消费者的联系，了解消费者当前及未来的需求，重视消费者对发酵食品的感知与使用体验，在技术创新与未来发展战略的决策中充分考虑消费者的意见与建议；加强对产学研合作的重视程度，树立科学的发展理念，提高与高校和科研机构的合作水平，通过提供贴近实际的生产设备，促进高校学生培养的针对性与实践性，同时增加学生对企业的了解与认同，便于企业的人才培养与人力资源管理，实现企业的人才战略；在与科研机构的合作中，了解科研机构的研发方向，明确最新的发酵食品技术应用的具体环境与条件，考虑其应用于实际生产的可能性，并将企业实际生产中面临的问题在科研机构中寻求专业化的解决方案。

强化人才培养的产学研联合。在学生的培养过程中不仅需要安排学校内的专业课主讲老师，还需要引入企业的技术人员、工程师及管理人员，形成校内外的双导师联动，使培养更具针对性并发挥不同主体的培养优势。与此同时，企业也需要将技术人员定期派往学校进行深造和继续学习，使其持续了解发酵食品科技与科研的最新动态，从而提高整个发酵食品产业人才的整体素质。

发挥企业的主体作用，以消费者为导向，从产业链源头开始，把控食品全产业链每一个环节。产业链上游重点是种植与养殖环节，经过种植或养殖屠宰、采购、物流、原料和饲料的加工等环节，中间经过食品加工等环节，下游重点是营销环节，包括分销、品牌推广、食品销售等（图 7-15），形成安全、营养、健康的食品供应全过程。

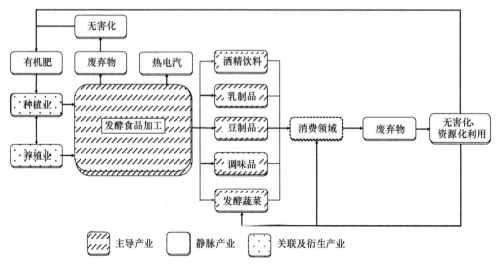

图 7-15　食品全产业链循环基本模式图

随着国家合作共赢的发展战略逐步深入，未来发酵食品的发展也同样离不开合作。推动食品全产业链的合作共赢，有助于中国未来发酵食品形成体系并在世界市场中占据稳定的地位。

推进未来发酵食品全产业链的合作共赢，首先离不开对市场需求变化的准确把握，要在探寻消费者需求的基础上进行转型和发展。除此之外需要寻求全产业链的融合，让未来发酵食品的上下游企业明确产业链各部分存在的价值和意义。在互相交流并理解的基础上提升各方资源共享的水平，了解世界发酵食品发展的最新趋势。在整个过程中，还要发挥大企业的示范引领作用，让大企业带动小企业不断发展，减少小企业试错的风险，以达到全产业链合作共赢的效果（图 7-16）。

1. 以市场需求为引导

随着经济的高速发展，企业为实现自身的发展必须要不断发掘新的且能带来快速利润的市场需求。未来发酵食品的研究和开发方向，也要随着市场需求的方向不断改进。

随着人们生活质量的提升，消费市场对发酵食品企业提出了新的要求，也给予了新的发展空间[31]。例如，对于酒类消费，行业从高速发展到整合发展，从整合发展到平稳发展。在此过程中，消费升级趋势愈发明显，人们更倾向于去品酒而非单纯喝酒，无论是自我消费抑或是赠礼消费，更多倾向于高知名度、高品牌价值的酒类产品，体现了注重品质与内涵的消费观念，消费更注重社交、注重品牌、注重酒的收藏价值；更多追求品质生活，更多针对场景、针对口感、针对更健康的消费；饮酒方面个人消费逐渐超过政务消费，购买渠道由线下更多转移到

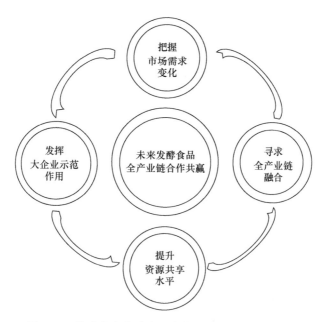

图 7-16　推进未来发酵食品全产业链合作共赢系统图

线上,线上购买有着更大的折扣及送货上门的便利服务,带动了快消需求的增长,反映出购买群体、购买渠道和购买行为也都发生着转变(图 7-17)。

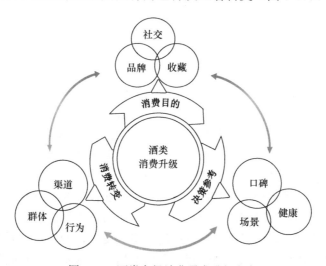

图 7-17　酒类市场消费需求升级方向

对于调味品消费,受快速生活节奏的影响,兴起了许多连锁餐饮、连锁快餐和连锁外卖,消费者对发酵食品的要求逐渐从价格与口味,转向品牌、安全及服务等,标准化的连锁店将会更加普及;许多消费者在家中也想能享受到在餐厅或饭店的味道，这使得一些复合调味、复合底料和复合蘸料逐渐热销起来，而且以往为不会做饭的家庭，超市中会出售统一配备菜品和调料的相关商品，现在很多饭店为保障菜品口味，也会有相关产品的需求，统一定制加各个分销点的结合，可以有效满足消费者对符合调味料及定制化调料的需求，简化了烹饪的流程，使得餐饮企业在标准化的同时可以发展自己专属的个性化菜单；调味品消费也朝着同时满足健康、营养和更好的口味需求的方向发展（图 7-18）。

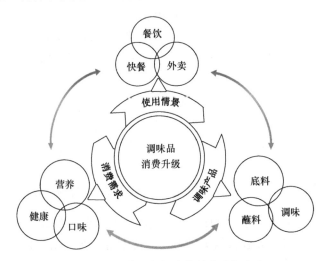

图 7-18　调味品市场消费需求升级方向

　　未来发酵食品发展应实时关注消费需求新趋势，以快速抓住市场机遇，及时给予应对政策。可以从地方市场的特殊需求出发，采取针对地方特色进行消费者分析以便先抓住本地市场，再研究向全国及全世界推广的战略。

　　满足用户需求是发酵食品产业发展的最终目的，在中国特色社会主义新时代背景下，要更加注重发挥市场的作用，市场是发酵食品技术研发与创新的驱动力，消费者对发酵食品的安全、营养及个性化提出了越来越高的要求，因此需要围绕市场的需求研发与生产，重视消费者的使用体验。传统的发酵食品产品生产过程中，消费者往往处于被动选择与接收发酵食品企业提供的产品的地位，而随着发酵食品市场竞争的日渐激烈，以用户为中心、以市场为导向的重要性愈发凸显，开放创新和用户创新，可以更加有效地洞察市场变化，增强技术创新的针对性，缩短产品的开发周期，从而降低经营与创新的风险与成本，更好地服务发酵食品产品的消费者。有效地挖掘市场需求，合理借助市场需求来确定研发方向和实现技术升级，需要做到以下几个方面（图 7-19）。

　　首先，切实了解消费需求。对于发酵食品产业来说，准确了解消费者的需求是一切的根基，可以通过调查问卷、访谈及座谈会等方式，了解消费者对发酵食品的

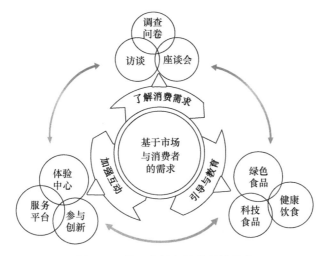

图 7-19　基于市场与消费者的需求

深度潜在需求，并听取消费者对发酵食品的口感、营养及价格的建议与意见，进而有效预测消费者对未来发酵食品的需求变化，来做出针对性的研发和生产活动。

其次，加强与消费者的互动。要让消费者更多地与企业及科研机构互动，建立用户参与的创新体系，通过建立产品展示中心、邀请消费者参观实验室或发酵食品加工工厂、建立售后服务平台等方式，促进消费者与发酵食品企业或科研机构的沟通，消费者可以提出个性化的产品方案，使其不再仅仅作为一个被动选择的角色。

最后，对消费者进行引导与教育。由于专业领域的不同，普通消费者可能很难了解科研机构的发酵食品研发的内容，一些前沿的技术应用还不为广大消费者所熟知，因此对未来发酵食品的科学性和安全性要进行科普和宣传；绿色产品的观念还没有深入人心，要唤醒消费者的绿色食品意识，进而促进发酵食品的产业升级；引导良好的饮食习惯，注意卫生与营养搭配，合理摄入发酵食品，杜绝餐桌上的浪费，倡导节约勤俭的美德。

2. 寻求全产业链的融合

未来发酵食品的发展需要分行业做好供应链战略设计和精准施策，推动全产业链优化升级。全产业链的融合作为推动农业供给侧结构性改革和发酵食品产业转型升级的突破口，可以促进未来发酵食品产业的跨越提升。

产业集群一般由在产业链中处于上下游关系的一系列企业，以及与这些企业相关的合作企业、服务商或材料供应商构成。产业集群的出现不仅会带动单个企业的发展，还会将所有相关的企业都纳入发展的轨道，从而具备整体的竞争优势，进而促进全产业链的融合与升级。

想要寻求全产业链的融合重点聚力于抓关键项目并给予强支撑。通过建立"农业龙头企业+家庭农场+合作社"原辅材料融合联合供应基地，有效推进产业结构调整，带动周边农业增效、农民增收。同时，积极构建"线上线下"销售网络，巩固大型卖场等供应商地位，开设连锁店，开辟网络销售渠道。

企业在寻求产业链融合的道路上，需要加强供应商的关系维护，合理协调利益分配，努力实现共同发展，并且以企业为主体，发挥带动和示范作用，同时加强对分销商的考核评价。围绕重点领域和重点区域进行突破，以点带面加快产业链合作共赢，形成发展新局面。

3. 提升共享制造的水平

应将共享作为发展的出发点和落脚点，包括新发展理念、发展成果、科研力量、资源、数据和平台等的共享。想要实现共享，首先要实现共建和共治，要根据实际需要，积极探索企业之间开放式的技术创新战略联盟[32]。

共享制造是以公平、透明的原则，将制造业的闲置资源合理匹配、共享。共享制造的目标是促成制造业行业内资源的合理配置，强调供需双方的互助互利互惠。未来发酵食品共享制造，期望能达到制造能力共享、创新能力共享和服务能力共享（图 7-20）。

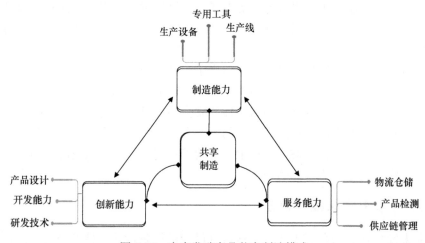

图 7-20　未来发酵食品共享制造模式

制造能力共享，主要包括发酵食品相关生产设备、专用工具、生产线等制造资源的共享，期望能实现对发酵过程的智能化、自动化、数字化控制，在大大提高食品生产效率的同时，实现生产食品的标准化，重点关注发酵食品的生产设备，提高国产设备的设计与制造水平。创新能力共享，主要包括产品设计、开发能力、研发技术等智力资源共享，要在引进先进技术的基础上，消化吸收和再创新，实现重点跨越，并加强与高校及科研机构的合作，探索新的产学研结合模式，实现不同主体间的优势互补、成果相互转化。服务能力共享，主要围绕物流仓储、产品检测、供应链管理等酿造行业普遍存在的共性服务需求的共享，并力争满足节能减排、健康导向、智能制造、有机食品等市场需求。

4. 发挥大企业示范的作用

发酵食品的大型企业对新技术与新设备的应用较早，因其自身抗风险能力较强、资源渠道较广，新技术应用的经验更充足。此外，大企业在资金、人才、管理等诸多方面享有优势，拥有支持新技术应用的各项资源，其带动引领作用可以减少小企业试错的风险[33]。因此，要发挥大企业的示范作用。

发酵食品企业的规模以中小企业为主，在技术创新中一般处于跟随和学习的地位，在大企业进行探索后再行动，可以增强新技术应用的针对性并降低企业经营的创新风险。所以有必要在发酵食品行业内组织一些企业间的参观交流活动，中小企业可以学习大企业成熟的提升效率方案，大企业也可以从中小企业的经营中借鉴在企业内进行组织创新的方式。未来发酵食品产业的龙头企业应走产业融合发展道路，抢占产业发展制高点，应坚持全产业链融合发展，进而带动农业发展、促进中小企业增效和产业升级。

7.3.3 高等院校的知识创新作用

高等院校起到了知识创新的作用，一方面，高等院校为发酵食品企业和科研机构培养并提供了大量优质的人才，培养了道德品质优良、专业知识扎实、综合素质过硬、富有创新精神的发酵食品人才；另一方面，高等院校本身也在进行学术研究与科学实验，可以为企业提供技术服务并与科研机构进行科研与学术的交流[34]。

高等院校成立专门的产学研组织机构，组织专人进行产学研结合工作的规划与推动，针对新的结合体系，适当调整学生培养计划、课程体系安排、教学模式、产学研相关人员的考核与绩效评价标准，以及适应产学研计划推进相应的实践基地建设，推动产学研合作的成果转化与落地[35]。

1）创新人才培养体系。立足新时代市场对发酵食品人才的需求，制定不同的培养方案，向社会输送工程人才、技能人才与管理人才等不同类型的适用型人才及高端的复合型人才。坚持教育的系统性和长期性，推动教学的课程体系与实践体系相结合，并将在学校的教育与针对未来就业的职业教育结合，培养学生的综合能力与创新能力。

以学生的创新精神与实践能力的培养为主要培养目标，推动课程体系向着生产实践的需求靠拢，将人才的培养目标与发酵食品产业发展的目标结合，重点抓好专业核心课，同时丰富选修课的范围，提高实践实验在课程体系中的占比，在传统授课模式的基础上，开发模拟实验、网络课程等结合新技术的教学方式。加强与企业的合作关系，打造面向发酵食品产品生产过程的实践基地，接手企业相关的项目或参加国家的创新创业实践项目，结合高校的教学资源与科研成果，让学生在实际的项目运营中得到锻炼，充分发挥学生的积极性与创造性。

2）创新师资队伍建设。加强教师的专业知识与教学能力的培养，使教师队伍成为具备专业的发酵食品相关知识同时又有着较强的教学能力的团体；同时积极与外校或科研机构进行合作交流，邀请高素质的教师或研究人员来进行分享或担任兼职教师及客座教授等，丰富师资队伍的来源；加强与企业的交流合作，邀请企业的技术人员或工程师分享实际生产的技术或问题。

3）完善绩效评价体系。对高等院校人才培养进行评估与改进，定期与用人单位进行沟通，了解毕业生就业后的发展状况，确认培养方案是否满足企业当前的生产需求与未来发展的需要，并做出适应市场变化与技术升级的调整。高校还应紧跟技术发展的最前沿，探索实现科技成果转化的方案，针对发酵食品未来发展的趋势制定切实可行的绩效评价体系。

7.3.4　科研机构的技术引领作用

科研机构起到技术引领的作用，所做的研究更偏向于探索性与创造性的研究，是实施创新驱动发展战略、推动发酵食品技术进步、建设创新型国家的重要力量。发酵食品的科研机构要有长期而明确的研究计划，具备充足的高质量发酵食品科研人才，进行长期有组织的研究与开发活动，以实现发酵食品的技术突破（图 7-21）。

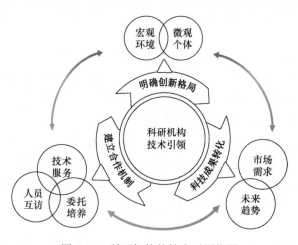

图 7-21　科研机构的技术引领作用

1）树立明确的创新格局。创新是一个全方位、多层次的活动，涉及从微观的企业、高等院校及科研机构到宏观的经济环境与产业发展，发酵食品的科研机构需要确立明确的创新格局，构建产学研结合的创新模式，发挥好技术引领作用，为整个产学研结合奠定技术基础并提供技术支持。

2）建立产学研合作机制。发酵食品科研机构在产学研结合的体系中需要建立与企业及高等院校的合作机制来确保体系的顺利运行。首先，提供技术服务与咨询，科研机构应该扮演专业技术服务与解决方案的提供者，在发酵食品企业与高等院校遇到技术难题时，给予及时的援助。其次，实行人员的互派与访问，将科研机构的研发人员派往高等院校进行学术访问或到企业进行技术指导，与此同时深入了解企业实际生产过程中的技术需求及高等院校的发酵专业培训内容，加深彼此之间的联系与了解。最后，建立委托培养制度，将科研机构的研发人员委派给高等院校或者企业培养，在企业或者高等院校中设立研究室，引导研发人员与高等院校的教授或企业的技术人员一起成立联合研究部门，促进科研机构与企业和高等院校的深度交流与合作，保障产学研结合的模式能够有效落实。

3）搭建科技成果转化平台。发酵食品的科技成果转化是科研机构进行研发的终极目标和根本动力，因此科研机构的研究也需要重视市场调查，将市场所需与未来的变化趋势纳入整个研发方向与研发计划的决策中，同时注重科技成果的转化，将研究成果的应用也作为重要的考核指标，通过科技成果的转化实现产学研的深度融合。

7.4　基础设施建设

发酵食品产业的基础设施，一般是指为发酵食品提供公共服务的物质工程设施。发酵食品产业对基础设施的依赖程度较高，无论是研发试验、工艺改进，还是发酵加工、生产酿造，或者物流配送，产品保鲜都需要投入相应的固定资产，这些是保障发酵食品产业发展的基础[36]。而未来发酵食品对基础设施会提出更新更高的要求，完善的基础设施建设对加速发酵食品产业的活动、促进其发展与壮大起到了巨大的推动作用。而发酵食品的基础设施一般规模较大或者设备较为精密，包括实验仪器、设备及各种实物设施，也包括系统、数据库等非实物的基础设施，这些基础设施从开始建设到完善往往需要投入巨量的时间与资金，但基础设施一旦成型，对发酵食品产业会起到一个乘数效应，既能满足社会对发酵食品的需求，又能创造出几倍于投资基础设施的价值，推动产业持续健康发展（图7-22）。

7.4.1　科研实验室

科研实验室是发酵食品基础研究必要的支撑条件之一，是发酵食品产业中

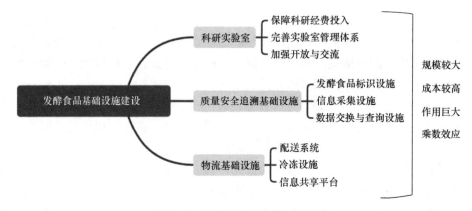

图 7-22 发酵食品基础设施建设

许多科学领域重大科技突破的基础。重大科研实验室在发酵食品科研活动中的作用尤其凸显，可以支撑发酵相关科学技术的发展，是发酵食品前沿科学研究取得重要突破的必要条件，是有力支撑发酵食品科学研究和技术发展的战略科技资源。因此发酵食品的科研实验室建设对整个行业起到了关键性的引导作用[37]。

1）保障科研经费投入。发酵食品实验室的研发经费能很大程度上决定科研成果的产出，充足的科研经费能够满足实验室日常的设备采购与维护、消耗材料的补充及实验室日常运营所产生的费用[38]。应当保障发酵食品的科研经费的供应，同时鼓励多渠道多来源进行资金筹集，加强实验室与其他主体的联系，倡导社会上不同的力量联合推动科研实验室的发展。同时合理利用科研经费，对经费的使用情况进行合理的绩效评估，保障经费投入在发酵食品重点领域与关键技术中，为发酵食品产业提供有力的技术支持。

2）完善实验室管理体系。良好的实验室建设需要完善的管理制度。首先，明确领导体系与责任划分，确定专门的管理人员对实验室的整体运行负责，并对实验室未来发展的统筹规划与其他机构的交流沟通负责，实验资源的整合与优势的互补；其次，健全实验室的日常管理条例，根据不同实验室自身的研究领域与组织结构，确立明确而规范的制度化规章，规范实验室的日常运营，保障实验室使用的科学化、规范化与标准化，同时保障实验室的安全，防止各类意外事故的发生；最后，重视实验室的科研人才队伍建设与管理，科研人才队伍建设是实验室建设的核心，因此需要推出科研实验室研发人员的管理与培养模式，完善科研人员的引入管理体系、培养管理体系与使用管理体系，建设一支高素质的科研实验人员队伍。

3）加强开放与交流。科研实验室的对外开放共享与交流合作科研可以充分提高科研实验室设施的利用率，加强不同主体间的优势互补，通过跨学科及与其他主体之间的合作，探索发酵食品的前沿领域，实现不同学科之间相互渗透与融合，解决企业等生产单位在实际情境下产生的问题。各科研实验室应根据本实验室的实际情况，确定合理的对外开放的形式与模式，开放的场所与设施需要进行考察与论证，并配有专人负责管理，在开放过程中进行规范的操作指导及设备使用过程的观察与记录。同时对科研实验室开放过程中可能出现的问题制定预防手段与应急措施，保障科研实验室的开放安全。

7.4.2　质量安全追溯基础设施

随着生活水平的提高，消费者对发酵食品的安全问题也越发重视，而近些年的各种食品安全事故也给发酵食品行业的发展敲响了警钟[39]，因此，建立能够从发酵食品产品生产的全流程中把控食品安全的追溯系统的重要性越发突出。发酵食品的追溯是指能够对发酵食品在生产加工及流通的各个环节实行追踪并确定其质量的过程，由于发酵食品产品的生产环节众多、生产周期较长，因此为实现全环节的食品质量安全追溯，需要大规模的基础设施建设[40]。发酵食品质量安全的追溯需要借助传感技术、识别技术、移动通信技术及智能决策技术的支持，同时通过加强相应的基础设施建设来保障技术的实现，质量安全追溯体系的构建具体包括以下 3 个方面（图 7-23）。

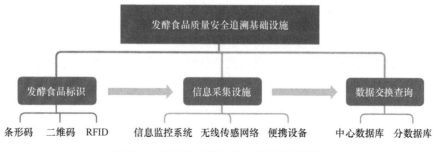

图 7-23　发酵食品质量安全追溯基础设施

1）发酵食品标识设施。准确识别发酵食品，通常需要标识的部分为发酵食品的名称与商标、食品类别、数量如重量与规格等，通过制定代码，生产日期、产品产地、生产批次等生产信息的组合，能够全方位定位某一特定的发酵食品。发酵食品生产环节较多，产量较大，对生产过程中的每一步进行质量安全监控需要首先对发酵食品进行标识，才可以定位到每一个发酵食品。不同种类的产品追溯技术有着不同的特点，二维码的应用提高了信息储存的密度和纠错能力，扩大了包含信息的容量，增强了抗污损的能力，同时支持加密技术。发酵食品基于射频信号和空间耦合的传输特性实现自动识别的 RFID 技术也得到了普遍的运用，提高了发酵食品产品的包装生产效率和标识的真实性。对发酵食品产品加工过程中的每个环节都实现标识覆盖，是构建发酵食品质量安全追溯体系的第一步。

2）信息的采集设施。信息采集技术是发酵食品产品质量追溯的核心，对发酵食品生产与供应的各环节进行信息采集，是质量追溯的数据基础，在发酵食品生产的环节，主要采集的信息包括生产的环境、员工在生产过程中的具体操作及生产产品的质量。信息的采集包括了自动信息监控系统、无线传感器网络、便携式设备等。供应环节主要是物流与仓储的信息采集，为保障发酵食品在运输过程中的质量，需要对发酵运输工具中的发酵食品的温度、湿度及其他状态进行监控，通过无线传感技术来精准把握。信息采集设备的推广与应用是发酵食品质量安全追溯体系构建的重要环节。

3）数据交换与查询设施。溯源数据的采集只是质量控制的第一步，对数据进行查询和分析是为数据赋能的关键步骤。在发酵食品全生产过程的数据收集完成后，需要建立中心数据库对数据进行整合和处理，各个环节的数据要与中心数据库进行交互，不断丰富数据库的同时，提高数据追溯的反应速度与准确性。中心数据库的构建及数据信息的查询与交互是构建质量安全追溯体系的直观表现。

7.4.3　物流基础设施

物流基础设施是指满足物资与产品的运送需求，具备传输与管理需要的组织或场所，通常包括公路、铁路、港口、机场、流通中心及网络通信基础等，具备单一功能或者复合功能用以实现物质资料的流动[41]。

物流基础设施的作用包括：物资保管的功能，发酵食品的储存和中转都需要具有一定空间的仓库来容纳，不仅仅局限于物料的存放，由于发酵食品产业的原材料与产品不同于工业制品，相比之下易腐败不易保存，因而物流基础设施还需要具备一定的保护与保值的功能；调节物资供需的功能，发酵食品市场的供应与需求存在波动时，以及需求不同导致的配送方案与配送能力不同，需要物流基础设施提供调节功能；物资的配送，随着物流理论与技术的发展，物流基础设施从只满足储存的功能向综合性的物流配送发展，其所负责的工作也包括从储存到接收、分拣、配套、包装及配送等多种不同的作业[42]。为了提高物流基础设施的建设，需要做到以下3个方面。

1）建设高效的配送系统。通过科学规划配送路线，合理制定配送方案，选择合适的交通运输工具，提高配送效率，降低配送成本，在减少发酵食品对保鲜剂与防腐剂需求的同时，保证发酵食品的新鲜度和风味，满足消费者对产品质量与口感的需求。

2）加强冷冻设施与设备的投入。冷冻设施与设备是冷链物流的基础。冷冻冷藏是食品保鲜最传统也是最有效的方式，当前要建立发酵食品的物流体系，全面建设冷冻设施是必不可少的一步，各地需要根据当地市场的产品需求及物流路线上的运量来合理配置冷冻设施，同时采用灵活的建设方式，对已有的冷冻设施进行整合，提高冷冻设施的综合效率，从而保障发酵食品物流的有效性。

3）建立信息共享平台。通过企业间的信息共享，建立发酵食品行业的信息共享平台，第一时间整合企业间的物流情况、资金需求及市场需求，加强产业链上不同企业之间的合作，为实现发酵食品物流体系的构建奠定信息基础。

7.5　小　　结

总体上看，为保障未来发酵食品产业的转型升级，需要不同的措施多管齐下，其中包括对消费端进行引导与科普，推广科学健康绿色的饮食文化；统筹协调发酵食品产业相关的产业政策、科技政策与财政政策；培养包括研发人才、工程人才、技能人才、管理人才及复合型人才在内的各种类型的发酵食品人才；推广政用产学研结合的产业发展模式，发挥政府的政策主导作用，基于市场与消费者的需求，坚持企业的主体地位，由高校提供各项服务及科研机构进行技术引导；推动发酵食品基础设施建设，发挥科研实验室对前沿技术进行研发与攻关的作用，推广质量安全追溯基础设施以保障食品安全，优化物流基础设施以保障发酵食品的口感与风味；打通整个发酵食品产业的产业链，实现全产业链的合作共赢，提升共享制造的水平。从多重维度保障发酵食品产业的转型升级，最终实现发酵食品产业的持续健康发展，从而提供更好的发酵食品产品与服务，满足人民群众对美好生活日益增长的追求。

为保障未来发酵食品产业的创新驱动发展，应在认清发展形势、理顺发展思路、明确发展目标的基础上，综合协调好产业、科技和财政三大政策。通过制定相关的产业政策，加快产业结构优化，提升产业升级水平；通过制定相关的科技政策，鼓励学习先进技术，持续提升我国发酵食品的自主创新能力；通过制定相关的财政政策，加大财政支持力度，坚持资金方面的支持和保障。并通过三大政策的相互协调，夯实产业综合实力，提高国际竞争力，从而促进未来发酵食品产业的转型升级。

参 考 文 献

[1] 国家发展和改革委员会, 工业和信息化部. 关于促进食品工业健康发展的指导意见, 2017.
[2] 刘延峰, 周景文, 刘龙, 等. 合成生物学与食品制造. 合成生物学, 2020, 1(1): 84-91.
[3] 陈梦瑶, 郭尉. 健康食品产业链系列报告之一: 疫情引爆需求, 健康食品正当风口. www.eastmoney.com. [2020-4-9].
[4] 丁香医生. 2020 国民健康洞察报告. 2020.

[5] 冯俊文. 企业物流供应链管理. 科技进步与对策, 2000, (9): 61-63.

[6] 张歆悦, 祝碧晨. 功能营养代餐市场消费趋势. www.eastmoney.com. [2020-7-13].

[7] 陈芳. 绿色食品产业结构优化研究——评《中国绿色食品产业发展与绿色营销》. 食品工业, 2020, 41(9): 353.

[8] 倪学志, 邓亚玲. 我国绿色食品认证制度的发展困境及对策. 农业经济, 2020, (12): 127-128.

[9] 陈鑫, 杨德利. 绿色农产品消费动机、认知水平与购买行为研究——基于上海市消费者的调查. 食品工业, 2019, 40(1): 246-250.

[10] 姜扬, 钟少颖, 杨中波, 等. 青年科研人员培养现状与建议——以中国科学院为例. 中国科学院院刊, 2017, 32(6): 641-648.

[11] 武莹浣. 构建高职食品专业工学结合教育模式的探究. 中国成人教育, 2008, (22): 126-127.

[12] 耿洁. 工学结合培养模式实施中的问题与对策. 中国职业技术教育, 2007, (8): 13-15.

[13] 孙薇. 浅谈工学结合培养模式实施中的问题与对策. 教育与职业, 2008, (18): 165-166.

[14] 李晓霞. 食品企业管理人才培养模式研究. 食品工业, 2018, 39(11): 239-242.

[15] 秦艳芬. 论政产学研的合作机制——兼谈大工程观背景下的工程教育发展. 高等工程教育研究, 2016, (4): 47-51.

[16] 金一平, 吴婧姗, 陈劲. 复合型人才培养模式创新的探索和成功实践——以浙江大学竺可桢学院强化班为例. 高等工程教育研究, 2012, (3): 132-136, 180.

[17] 辛涛, 黄宁. 高校复合型人才的评价框架与特点. 清华大学教育研究, 2008, (3): 49-53.

[18] 张庆君. 高校复合型人才培养变革：逻辑、实践与反思. 现代教育管理, 2020, (4): 47-53.

[19] 蔡三发, 缪铮铮. "政产学研用"五位一体模式探究. 中国高校科技, 2019, (12): 72-75.

[20] 陈坚. 中国食品科技：从 2020 到 2035. 中国食品学报, 2019, 19(12): 1-5.

[21] 国务院. 关于深化"互联网+先进制造业"发展工业互联网的指导意见. 2017.

[22] 石维忱. 生物制造产业"十二五"时期发展展望. 北京工商大学学报(自然科学版), 2011, 29(5): 1-5.

[23] 赵玉林, 汪芳. 产业经济学：原理及案例. 第五版. 北京：中国人民大学出版社, 2020.

[24] 工业和信息化部, 国家标准化管理委员会. 国家智能制造标准体系建设指南(2018). 2018.

[25] 高雪莲. 酿造产业集群竞争优势的形成机制研究. 中国酿造, 2008, (8): 50-51.

[26] 王薇. 增强自主创新能力促进食品工业跨越式发展. 食品科学, 2008, (6): 466-474.

[27] 乌尔里希·森德勒. 无边界的新工业革命：德国工业 4.0 与"中国制造 2025". 北京：中信出版社, 2018.

[28] 科技部. "十三五"食品科技创新专项规划. 2017.

[29] 文宗瑜. 支持经济转型及产业升级的财税政策——着眼于低碳经济等视角. 地方财政研究, 2010, (1): 25-30.

[30] 中共中央. 中共中央关于制定国民经济和社会发展第十四个五年规划和二〇三五年远景目标的建议. 2020.

[31] 工业和信息化部. 工业互联网创新发展行动计划(2021—2023 年). 2020.

[32] 工业和信息化部. 关于加快培育共享制造模式新业态促进制造业高质量发展的指导意见. 2019.

[33] 余东华. 制造业高质量发展的内涵、路径与动力机制. 产业经济评论, 2020, (1): 13-32.

[34] 肖兴政, 肖凯, 文洋. 职业院校产学研协同创新模式及对策研究. 四川理工学院学报(社会

科学版), 2019, 34(6): 52-73.

[35]　侯进慧, 王丹丹, 刘恩岐, 等. 应用型高校食品专业产教融合人才培养探索. 食品工业, 2017, 38(7): 219-222.

[36]　李兆丰, 徐勇将, 范柳萍, 等. 未来食品基础科学问题. 食品与生物技术学报, 2020, 39(10): 9-17.

[37]　杨怀祥. 试析博客对高校德育的影响及对策. 教育与职业, 2008, (18): 166-168.

[38]　国务院. 国家重大科技基础设施建设中长期规划(2012—2030 年). 2013.

[39]　陈飞, 叶春明, 陈涛. 基于区块链的食品溯源系统设计. 计算机工程与应用, 2021, 57(2): 60-69.

[40]　杨信廷, 钱建平, 孙传恒, 等. 农产品及食品质量安全追溯系统关键技术研究进展. 农业机械学报, 2014, 45(11): 212-222.

[41]　曾玉英. 中国食品物流业发展的问题审视与体系重构. 食品与机械, 2016, 32(8): 216-219.

[42]　李燕. 广西特色农产品物流信息体系构建研究. 物流技术, 2012, 31(21): 417-419.